高职高专"十三五"规划教材

单片机原理及应用
——接口与控制技术
（第 2 篇）

主　编　郑毛祥　张立平

华中科技大学出版社
中国·武汉

内容提要

《单片机原理及应用》共分为三篇，分别为单片机基础、接口与控制技术、单片机C 51编程。本书为第二篇——接口与控制技术。本书以51系列单片机为例，力求系统化、项目化。接口与控制技术共涉及9个项目：项目1为单片机接口与控制技术概述；项目2为存储器扩展；项目3为I/O口扩展；项目4为显示与键盘；项目5为过程输入通道与接口；项目6为过程输出通道与接口；项目7为数字控制器；项目8为抗干扰技术；项目9为微机控制系统设计及发展趋势。

本书适合作为高职高专类院校的电子信息工程、电子应用技术、通信工程、电气工程、自动化及计算机应用等专业的教学用书，也可作为其他院校及相关专业教学、培训班的教材，还可作为从事单片机应用领域工作的工程技术人员的业务参考书。

图书在版编目(CIP)数据

单片机原理及应用：接口与控制技术．第2篇/郑毛祥，张立平主编．—武汉：华中科技大学出版社，2015.6
高职高专“十三五”规划教材
ISBN 978-7-5680-0978-2

Ⅰ．①单…　Ⅱ．①郑…　②张…　Ⅲ．①单片微型计算机-高等职业教育-教材　Ⅳ．①TP368.1

中国版本图书馆CIP数据核字(2015)第139981号

单片机原理及应用——接口与控制技术(第2篇)　　郑毛祥　张立平　主编

策划编辑：周芬娜
责任编辑：周芬娜
封面设计：范翠璇
责任校对：张会军
责任监印：周治超
出版发行：华中科技大学出版社(中国·武汉)
武昌喻家山　邮编：430074　电话：(027)81321913
录　　排：华中科技大学惠友文印中心
印　　刷：武汉市籍缘印刷厂
开　　本：787mm×1092mm　1/16
印　　张：16
字　　数：395千字
版　　次：2015年9月第1版第1次印刷
定　　价：32.00元

前　言

《单片机原理及应用》共分为三篇，分别为单片机基础、接口与控制技术、单片机 C 51 编程。本书为第二篇——接口与控制技术。本书以 51 系列单片机为例，力求系统化、项目化。接口与控制技术共涉及 9 个项目，分别为：单片机接口与控制技术概述，存储器扩展，I/O 口扩展，显示与键盘，过程输入通道与接口，过程输出通道与接口，数字控制器，抗干扰技术，微机控制系统设计及发展趋势。全书循序渐进，实例引导，通俗易懂，容易激发学生的学习兴趣，增强学生的自信心和成就感。

本书注重理论与实践、教学与教辅相结合，深入浅出、层次分明、实例丰富、实用性强、可操作性强。本书每个任务的硬件电路和软件代码，都经过成功的调试，具有很强的实际操作性。每个项目的习题，全部是相关知识的衍生，有很强的趣味性和实用性。本书在具体的任务上，以 51 系列单片机为控制主体，结合传统的知识体系，将理论融入项目中，融实训教学和理论教学于一体，适合“做—学—教”的教学方法，达到“理实一体，学做合一”的目标。

本书由武汉铁路职业技术学院郑毛祥、张立平任主编，叶文、石烺峰任副主编，李冰参与了本书的编写，其中郑毛祥编写项目 2 和项目 3，张立平编写项目 4 和项目 8，叶文编写项目 1 和项目 6，石烺峰编写项目 5 和项目 7，李冰编写项目 9。全书由郑毛祥最终负责统稿完成。

为了方便教学，本书配有免费电子课件，有需要者请到华中科技大学出版社官方网站下载。网址：http://www.hustp.com。

由于作者水平有限，书中难免有不当之处，敬请读者批评指正。

编　者

2015 年 3 月

目录

项目1

单片机接口与控制技术概述

知识目标

1. 了解单片机接口的作用；
2. 了解I/O接口的功能；
3. 学习I/O接口与CPU交换数据的方式；
4. 了解微机控制系统的组成；
5. 了解微机控制系统的主要技术指标。

能力目标

1. 掌握I/O接口与CPU交换数据的方式；
2. 掌握微机控制系统的组成；
3. 了解微机控制系统的特点。

任务一　单片机接口概述

任务要求

✧了解单片机接口的作用
✧了解单片机接口的基本任务
✧掌握I/O接口的功能
✧掌握I/O接口的组成
✧掌握I/O接口与CPU交换数据的方式
✧了解单片机接口技术的发展

相关知识

在微机系统中，微处理器的强大功能必须通过外部设备（简称外设）才能实现，而外设与微处理器之间的信息交换及通信是靠接口来实现的，所以，微机应用系统的研究和微机化产品的开发,从硬件角度来讲,就是接口电路的研究和开发,接口技术,特别是嵌入式微机应用的基础技术已成为直接影响微机系统的功能和微机推广应用的关键之一。微机的应用随着外设不断更新和接口技术的发展而逐渐深入到各个领域。

1. 接口在微机系统中的作用

在微机系统中,接口处于微机总线与设备之间,进行 CPU 与设备之间的信息交换,如图 1-1 所示。接口在微机系统所处的位置决定了它在 CPU 与设备之间的桥梁与转换作用,接口与其两侧的关系极为密切。接口技术是随 CPU 技术及总线技术的变化而发展的(当然,也与被连接的设备密切相关),与总线的关系密不可分。

图 1-1 微机接口

2. 接口的基本任务

设置接口的目的是通过接口实现设备与微机的连接;连接起来以后,CPU 通过接口对设备进行访问,即操作或控制设备。

接口技术的内容就是围绕设备与接口如何进行连接及 CPU 如何通过接口对设备进行操作展开的。

3. I/O 设备接口的功能

I/O 设备接口是 CPU 与外界的连接电路,并非任何一种电路都可以叫作接口,它必须具备一些条件或功能,才称得上是接口电路。那么,接口应具备哪些功能呢? 从解决 CPU 与外设在连接时存在的矛盾的观点来看,一般有如下功能。

(1) 执行 CPU 命令

CPU 对被控对象外设的控制是通过接口电路的命令寄存器解释与执行 CPU 命令代码来实现的。

(2) 返回外设状态

接口电路在执行 CPU 命令过程中,外设及接口电路的工作状态是由接口电路的状态寄存器报告给 CPU 的。

(3) 数据缓冲

在 CPU 与外设之间传输数据时,主机高速与外设低速的矛盾是通过接口电路的数据寄存器缓冲来解决的。

(4) 信号转换

微机的总线信号与外设信号的兼容是由接口电路的逻辑模块进行转换来实现的,包括信号的逻辑关系、时序配合及电平匹配的转换。

(5) 设备选择

当一个 CPU 与多个外设交换信息时,通过接口电路的 I/O 地址译码电路选定需要与自己交换信息的设备端口,进行数据交换或通信。

(6) 数据宽度与数据格式转换

有的外设(如串行通信设备)使用串行数据,且要求按一定的数据格式传输,为此,接口电路就应具有数据并/串转换和数据格式转换的能力。

上述功能并非是每种接口都要求具备,对不同用途的微机系统,其接口功能不同,接口电路的复杂程度也大不一样，应根据需要进行设置。

4. I/O 设备接口的组成

一个能够实际运行的 I/O 设备接口，由硬件和软件两部分组成。其中，硬件电路一般包括接口逻辑电路（由可编程接口芯片实现）、端口地址译码电路及供选择的附加电路等部分；软件编程主要是接口控制程序，即上层用户应用程序的编写，包括可编程接口芯片初始化程序段、中断和 DMA 数据传输方式处理的程序段、对外设主控程序段及程序终止与退出程序段等。

5. I/O 设备接口与 CPU 交换数据的方式

I/O 设备接口与 CPU 之间的数据交换，一般有查询、中断和 DMA 三种方式。不同的交换方式对微机接口的硬件设计和软件编程会产生比较大的影响，故接口设计者对此颇为关心。

(1) 查询方式

查询方式是 CPU 主动去检查外设是否“准备好”传输数据的状态，因此，CPU 需花费很多时间来等待外设进行数据传输的准备，工作效率很低。但查询方式易于实现，在 CPU 不太忙的情况下，可以采用。

(2) 中断方式

中断方式是 I/O 设备做好数据传输准备后，主动向 CPU 请求传输数据，CPU 节省了等待外设的时间。同时，在外设做数据传输的准备时，CPU 可以运行与传输数据无关的其他指令，使外设与 CPU 并行工作，从而提高 CPU 的效率。因此，中断方式用于 CPU 的任务比较忙的场合，尤其适合实时控制及紧急事件的处理。

(3) 直接存储器存取(DMA)方式

DMA 方式是把外设与内存交换数据的那部分操作与控制交给 DMA 控制器去做，CPU 只做 DMA 传输开始前的初始化和传输结束后的处理，而在传输过程中 CPU 不干预，完全可以做其他的工作。这不仅简化了 CPU 对输入/输出的管理，更重要的是大大提高了数据的传输速率。因此，DMA 方式特别适合高速度、大批量数据传输。

6. 分析与设计 I/O 设备接口电路的基本方法

(1) 两侧分析法

I/O 设备接口是连接 CPU 与 I/O 设备的桥梁。在分析接口设计的需求时，显然应该从接口的两侧入手。CPU 一侧，接口面向的是本地总线的数据、地址和控制三总线，情况明确。因此，主要是接口电路的信号线要满足三总线在时序逻辑上的要求，并进行对号入座连接即可。I/O 设备一侧，接口所面对的是种类繁多、信号线五花八门、工作速度各异的外设，情况很复杂。因此，对 I/O 设备一侧的分析重点放在两个方面：一是分析被连 I/O 设备的外部特性，即外设信号引脚的功能与特点，以便在设计接口硬件时，提供这些信号线，满足外设在连接上的要求；二是分析被控外设的工作过程，以便在接口软件设计时，按照这种过程编写程序。这样，接口电路的硬件设计与软件编程就有了依据。

(2) 硬软结合法

以硬件为基础，硬件与软件相结合是设计 I/O 设备接口电路的基本方法。

① 硬件设计方法

硬件设计主要是合理地选用外围接口芯片和有针对性地设计附加电路。目前，在接口设计中，通常采用可编程接口芯片，因而需要深入了解和熟练掌握各类芯片的功能、特点、工作原理、使用方法及编程技巧，以便合理地选择芯片，把它们与微处理器正确地连接起来，并编写相应的控制程序。

外围接口芯片并非万能，因此，当接口电路中有些功能不能由接口的核心芯片完成时，就需要用户附加某些电路，予以补充。

② 软件设计方法

接口的软件设计，对用户来讲，实际上就是接口用户程序的编写。

7. 微机接口技术的发展

接口技术的发展是随着微机体系结构(CPU、总线、存储器)和被连接的对象，以及操作系统应用环境的发展而发展的。当接口的两端及应用环境发生了变化，作为中间桥梁的接口也必须变化。这种变化与发展，过去是如此，今后仍然如此。

在早期的计算机系统中并没有设置独立的接口电路，对外设的控制与管理完全由 CPU 直接操作。这在当时外设品种少、操作简单的情况下，可以勉强由 CPU 承担。然而，随着微机技术的发展，其应用越来越广泛，外设门类、品种大大增加，且性能各异，操作复杂，因此，不设置接口就不行了。首先，如果仍由 CPU 直接管理外设，会使主机完全陷入与外设打交道的沉重负担之中，主机的工作效率变得非常之低。其次，由于外设种类繁多，且每种外设提供的信息格式、电平高低、逻辑关系各不相同，因此，主机对每一种外设要配置一套相应的控制和逻辑电路，使得主机对外设的控制电路非常复杂，而且是固定的连接，不易扩充和改变，这种结构极大地阻碍了计算机的发展。

为了解决以上矛盾，开始在 CPU 与外设之间设置了简单的接口电路，后来逐步发展成为独立功能的接口和设备控制器，把对外设的控制任务交给接口去完成，这样大大地减轻了主机的负担，简化了 CPU 对外设的控制和管理。同时，有了接口之后，研制 CPU 时就无须考虑外设的结构特性如何，反之，研制外设时也无须考虑它是与哪种 CPU 连接。微处理器与外设按各自的规律更新，形成微机本身和外设产品的标准化和系列化，促进了微机系统的发展。

随着微机的发展，微机接口经历了固定式简单接口、可编程复杂接口和功能强大的智能接口几个发展阶段。各种高性能接口标准的不断推出和使用，超大规模接口集成芯片的不断出现，以及接口控制软件的固化技术的应用，使得微机接口向更加智能化、标准化、多功能化及高集成度化的方向发展。目前，又流行一种紧凑的 I/O 子系统结构，就是把 I/O 接口与 I/O 设备控制器及 I/O 设备融合在一起，而不单独设置接口电路，正如高速 I/O 设备(硬盘驱动器和网卡)中那样。

由于微机体系结构的变化及微电子技术的发展，目前微机系统所配置的接口电路的物理结构也发生了根本的变化，以往在微机系统板上能见到的一个个单独的外围接口芯片，现在都集成在一块超大规模的外围芯片中，原来的外围接口芯片在物理结构上已“面目全非”。但它们相应的逻辑功能和端口地址仍然保留下来，也就是说在逻辑上与原来的是兼容的，以维持在使用上的一致性。因此，尽管微机系统的接口电路的物理结构发生了变化，但用户编程时，仍可以照常使用它们。

尽管外设及接口有了很大的发展，但比起微处理器的突飞猛进，差距仍然很大。在工作速度、数据宽度及芯片的集成度等方面，尤其是数据传输速率方面，还存在尖锐的矛盾。那么，如何看待这种微处理器的高性能与外设和接口的低性能呢？首先，差距是客观存在的，正是这种差距和矛盾推动着外设及接口技术的不断发展，但发展应有一个过程。近几年来，研究和推出了不少新型外设、先进的总线技术、新的接口标准及芯片组，正是为了解决微机系统 I/O 的瓶颈问题。相信今后还会出现功能更强大，技术更先进，使用更方便的外设及接口标准。其次，微处理器、外设及接口在微机系统中所起的作用不同，因而对它们的要求也不一样。

思考与练习

1. 接口技术在微机应用中起什么作用？
2. 微机接口技术的基本任务是什么？
3. I/O 设备接口一般应具备哪些功能？
4. I/O 设备接口由哪几部分组成？
5. I/O 设备接口与 CPU 之间交换数据有哪几种方式？
6. 分析与设计 I/O 设备接口的基本方法是什么？

任务二 微机控制系统概述

任务要求

✧了解微机控制系统的组成
✧了解微机控制系统的工作原理
✧掌握直接数字控制系统的结构
✧了解微机控制系统的特点
✧了解微机控制系统的主要技术指标

相关知识

微机控制系统是以微型计算机为核心部件的自动控制系统或过程控制系统。微机控制系统作为当今工业控制的主流系统，已取代常规的模拟检测、调节、显示、记录等仪器设备和很大部分操作管理的人工职能，并具有较高级、复杂的计算方法和处理方法，使受控对象的动态过程按规定方式和技术要求运行，以完成各种过程控制、操作管理等任务。微机控制系统广泛应用于生产现场乃至生产各职能部门，并深入到各行业的许多领域。

微机控制技术是关于微机控制系统方面的技术，是计算机、控制技术、网络通信技术等多学科内容的集成。微机控制系统的过程包括输入/输出接口、人机接口、控制器的设计及使用、抗干扰技术、可靠性技术、网络与通信及系统的设计等。

1. 微机控制系统的组成

微机控制系统由微型计算机和工业对象组成,如图1-2所示。微型计算机多采用专门设计的工业控制微机,也有采用一般微机或单片机的。计算机由硬件和软件两部分组成,硬件是指计算机本身及外部设备实体,软件是指管理计算机的程序以及过程控制应用程序。生产过程包括被控对象、测量变送、执行机构和电气开关等装置。

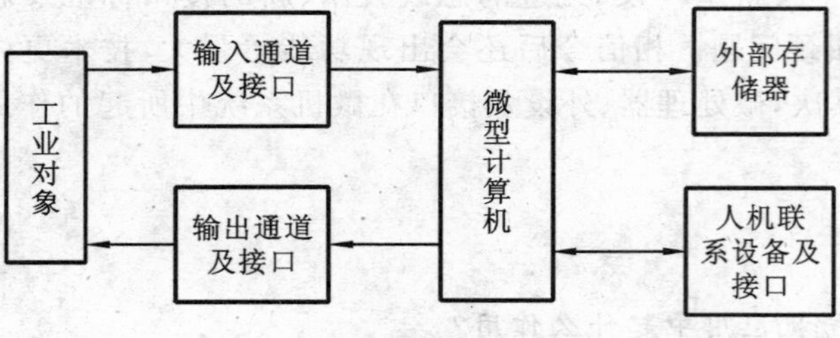

图1-2　微机控制系统的组成框图

(1) 硬件

硬件包括计算机、过程输入/输出通道及接口、人机联系设备及接口、外部存储器(简称外存)等。

计算机是计算机控制系统的核心,其关键部件是CPU。由CPU通过接口接收人的指令和各类工业对象的参数,向系统各部分发送各种命令数据,完成巡回检测、数据处理、控制计算、逻辑判断等工作。

过程输入/输出通道及接口分为模拟量和数字量两种,数字量包括开关量、脉冲量和数据数码,它负责计算机与工业对象的信息传递和转换。过程输入通道及接口把工业对象的参数转换成微机可以接受的数字编码。过程输出通道及接口把计算机处理结果转换成用于控制被控对象的信号。

人机联系设备及接口包括显示操作台、显示器、键盘、打印机、记录仪等,它们是操作人员和计算机进行联系的工具。

外部存储器包括磁盘、光盘、磁带,主要用于存储系统大量的程序和数据。它是内部存储器的扩充,应根据要求决定外部存储器的选用。

(2) 软件

软件由系统软件和应用软件组成。系统软件通常包括操作系统、程序设计系统、语言处理程序等,具有一定的通用性,一般由计算机生产厂家提供。应用软件通常指根据用户要解决的实际问题所配置的各种程序,包括完成系统内各种控制任务的程序。

2. 微机控制系统的结构和原理

对于按偏差进行调节的常规模拟闭环负反馈控制系统,如果把控制器换成微机和转换接口,就构成了微机控制系统,如图1-3所示。

计算机把通过测量元件、变送单元和A/D转换接口送来的数字信号直接反馈到输入端与设定值进行比较。然后,对其偏差按某种控制算法进行计算,所得数字量输出信号经D/A转换接口直接驱动执行装置,对控制对象进行调节,使其保持在设定值上。这种控制结构一般称为闭环控制结构。从本质上讲,微机控制系统的工作原理可归纳为以下3个

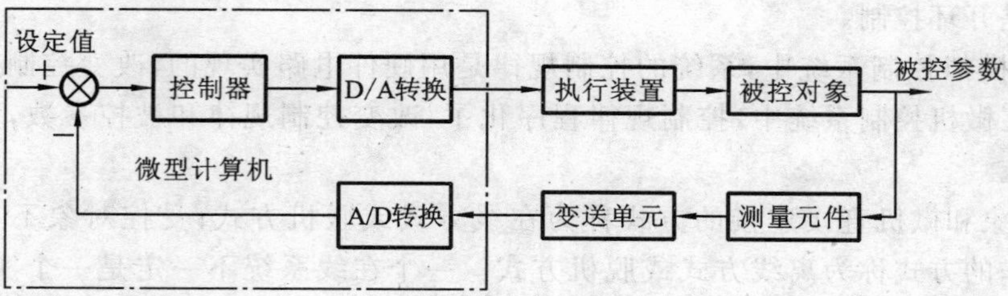

图 1-3 微机闭环控制系统结构图

步骤：

(1) 实时数据采集

对来自测量元件和变送单元的被控量的瞬时值进行检测和输入。

(2) 实时数据处理

对采集到的被控量进行分析和处理，按一定的控制规律运算，进行控制决策。

(3) 实时控制输出

根据控制决策，适时地对执行装置发出控制信号，完成工作任务。

工程实践中上述过程不断重复。所谓“实时”是指信号的输入、运算处理和输出能在一定的时间内完成，即要求微机对输入信号以足够快的速度进行测量与处理，并在一定的时间内作出反应或产生相应的控制。超过这个时间，就会失去控制时机。“实时”概念不能脱离具体过程，如炼钢的炉温控制，由于时间惯性很大，输出延迟几秒仍然是“实时”的；而轧钢机的拖动电机控制，一般需在几毫秒或更短的时间内完成对电流的调节，否则，电流失控将造成事故。

不同的生产过程所需要的控制结构形式是不同的，有的场合用开环控制，如计算机巡回检测及数据处理系统、顺序控制等均属于开环控制。其特点是：对控制对象的状态参数不进行检测，或检测后直接参与控制。这类系统的结构如图 1-4 所示。

(a) 微机顺序控制系统结构图

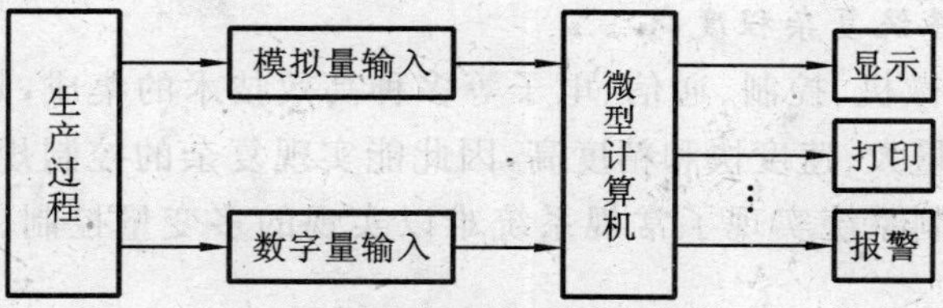

(b) 微机数据采集与处理系统结构图

图 1-4 微机开环控制系统结构图

微机数据采集及处理系统，只对被控对象的各物理量经计算机处理后进行显示和打印，给操作者提供一个参考值，而不是直接驱动执行机构去参与控制。微机顺序控制是根据事先设计的逻辑关系，按某种规律去顺序驱动执行机构，完成一定的工序。两者不形成回路,所以是开环控制。

在常规模拟控制系统中,系统的控制规律是用硬件电路实现的,改变控制规律需要改变硬件;而在微机控制系统中,控制规律程序化了,改变控制规律和被控参数,只需改变程序就可以了。

受控对象和微机直接连接的方式称为在线方式或联机方式;受控对象不和计算机相连,靠人操作的方式称为离线方式或脱机方式。一个在线系统不一定是一个实时系统,但一个实时系统必定是在线系统。

3. 直接数字控制系统(DDC)

直接数字控制(Direct Digital Control,DDC)系统,一般为在线实时系统,其结构如图1-5所示。微机通过模拟量输入通道及接口(AI),数字开关量输入通道及接口(DI)进行实时数据采集,然后按设定的控制规律进行实时控制决策,最后通过模拟量输出通道及接口(AO)、数字开关量输出通道及接口(DO)输出控制信号,实现对生产过程的直接控制。DDC属于计算机闭环控制系统,是计算机在工业生产过程中最普遍的一种应用方式。为提高利用率,一台计算机有时要控制几个或几十个回路。

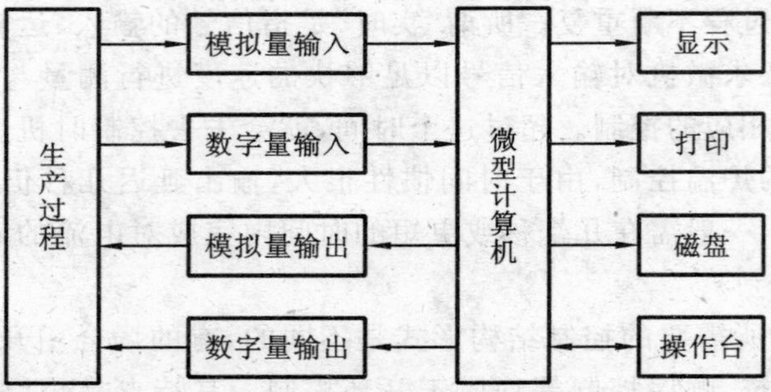

图 1-5 直接数字控制系统结构图

4. 微机控制系统的特点

工业控制机是比较有代表性的微机控制系统,与一般的常规模拟系统相比,有如下突出的特点。

(1) 技术集成和系统复杂程度高

微机控制系统是微机、控制、通信、电子等多种高效技术的集成,是理论方法和应用技术的结合。由于信息量大、速度快和精度高,因此能实现复杂的控制规律,从而达到较高的控制质量。计算机控制系统实现了常规系统难以实现的多变量控制、智能控制、参数自整定等。

(2) 可靠性高和可维修性好

这两个因素决定了系统的可用程度。由于采取有效的抗干扰、冗余、可靠性技术和系统的自诊断功能,计算机控制系统的可靠性高且可维修性好。如有的工控机一旦出现故障,就能迅速指出故障点和处理办法,便于立即修复。

(3) 环境适应性强

工业环境恶劣,要求工业控制机适应高温、高湿、腐蚀、振动、冲击、灰尘等环境。工业环境电磁干扰严重、供电条件不良，一般的工业控制机有较高的电磁兼容性。

(4) 控制的多功能性

计算机控制系统具有集中操作、实时控制、控制管理、生产管理等多功能。

(5) 应用的灵活性

由于软件功能丰富、编程方便和硬件体积小、重量轻以及结构设计上的模块化、标准化，所以在系统配置上有很强的灵活性。如一些工控机有操作简易的结构化、组态化控制软件，硬件的可装配性、可扩充性也很好。

另外，技术更新快、信息综合性强、内涵丰富、操作便利等也都是微机控制系统的一些特点。

5. 微机控制的技术性能指标

技术性能指标用以反映微机控制系统的稳定性、稳态精度、动态特性、使用特性、先进可靠程度和产品质量等，研究内容要围绕其具体要求而进行。

(1) 微机控制系统的稳定裕量

微机控制系统在给定输入作用或干扰作用下，输出量首先必须是稳定的，即过渡过程只能是振荡衰减或单调衰减，不允许出现发散或等幅振荡的情况。所以，稳定性分析是计算机控制理论中的一个重要方面。

在连续系统中为了衡量控制系统的稳定程度，引入了稳定裕量的概念，稳定裕量包括相角裕量和幅值量裕量。同样，微机控制系统中，可以引入连续系统中稳定裕量的概念。因此，也可以用相角裕量和幅值量裕量来衡量微机控制系统的稳定程度。

(2) 稳态指标

稳态指标是衡量微机控制系统精度的指标，用稳态误差来表征。稳态误差是表示输出量 $Y(t)$ 的稳态值 $Y(\infty)$ 与要求值 Y_0 的差值，定义为

$$e_{ss} = Y_0 - Y(\infty) \tag{1-1}$$

e_{ss} 表示了控制精度，越小越好。稳态误差 e_{ss} 与控制系统本身特性有关，也与作用于系统的输入信号类型有关。

(3) 动态指标

在古典控制理论中用动态时域指标来衡量系统性能的好坏。动态指标能够直观地反映系统过渡过程特性，其中包括超调量 σ_p、调节时间 t_s、峰值时间 t_p、振荡次数 N 和衰减比 η。图1-6是系统过渡过程特性。

① 超调量 σ_p

σ_p 表示了系统动态过程最大输出量相对稳态输出量的程度，设输出量 $Y(t)$ 的最大值为 Y_m，输出量 $Y(t)$ 的稳态值为 $Y(\infty)$，则超调量 σ_p 定义为

$$\sigma_p = \frac{|Y_m| - |Y(\infty)|}{|Y(\infty)|} \times 100\% \tag{1-2}$$

超调量通常以百分数表示。

② 调节时间 t_s

调节时间 t_s 表示过渡过程时间的长短，当 $t > t_s$ 时，若 $|Y(t) - Y(\infty)| < \Delta$，则 t_s 定义为调节时间，其中 $Y(\infty)$ 是输出量 $Y(t)$ 的稳态值，Δ 取 $0.02Y(\infty)$ 或 $0.05Y(\infty)$ 值。

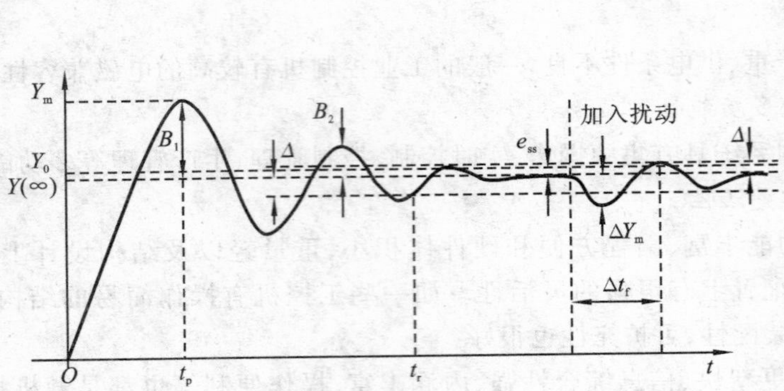

图 1-6　过渡过程特性

③ 峰值时间 t_p

峰值时间 t_p 表示过渡过程到达第一个峰值所需时间，它反映了系统对输入信号反应的快速性。

④ 振荡次数 N

振荡次数 N 反映了控制系统的阻尼特性。它定义为输出量 $Y(t)$ 进入稳态前，穿越 $Y(t)$ 的稳态值 $Y(\infty)$ 的次数的一半。如图 1-6 所示，过渡过程特性，$N=1.5$。

⑤ 衰减比 η

衰减比 η 表示了系统过渡过程衰减快慢的程度，它定义为过渡过程第一个峰值 B_1 与第二个峰值 B_2 的比值，即

$$\eta = B_1/B_2 \tag{1-3}$$

衰减比一般取 4∶1。

上述 5 项动态指标也叫做时域指标，使用最多的是超调量 σ_p 和调节时间 t_s，过程控制系统衰减比 η 也是一个较常用的指标。

时域指标中还有因负载变化引起的扰动信号下输出变量最大动态值 ΔY_m 和恢复时间 Δt_f，如图 1-6 所示。控制系统设计中也经常利用频率特性指标、各类优化性能综合指标等，作为控制系统必须考虑的问题，这里不再详细讲述。除此以外，作为计算机控制系统独有的一些技术指标也是很重要的，如采样周期、CPU 的速度和内存容量、通信速度和距离、检测点数和控制回路数、操作管理特性、后备冗余、可靠程度等诸多因素。

思考与练习

1. 微机控制系统由哪几部分组成？
2. 简述直接数字控制系统的结构。
3. 微机控制系统的主要技术指标有哪些？

项目小结

微机接口是 CPU 与外部设备之间信息交换的桥梁，通过接口电路可以达到执行 CPU 命令，采集外设状态、数据缓冲、信号转换、设备选择、数据格式转换功能。CPU 与外设之间的数据交换方式主要有查询方式、中断方式、直接存储器存取方式。

微机控制系统是以微型计算机为核心的自动控制系统，按照实时数据采集、实时数据处理、实时控制输出步骤进行自动控制。

项目测试

1. 接口在微机系统中的作用是什么？
2. I/O设备接口的功能主要有哪些？
3. I/O设备与CPU交换数据的方式有哪些？
4. 微机控制过程的工作原理是什么？
5. 微机控制系统动态指标有哪些？

项目2

存储器扩展

知识目标

1. 了解单片机系统的基本结构；
2. 掌握单片机系统扩展中常用锁存器、译码器的使用；
3. 熟练掌握外部程序存储器与外部数据存储器的扩展方法；
4. 掌握 I^2C 总线扩展外部串口数据存储芯片的方法；
5. 掌握 SPI 总线扩展外部串口数据存储芯片的方法。

能力目标

1. 单片机系统扩展；
2. 外部数据存储器扩展方法；
3. 外部程序存储器扩展方法；
4. 存储器综合扩展；
5. I^2C 总线接口与串口存储器的扩展；
6. SPI 总线与串口数据存储器的扩展。

任务一　单片机系统扩展结构

任务要求

✧了解单片机硬件系统的结构形式

✧掌握单片机硬件系统扩展的方法

✧掌握全译码方法

✧掌握线译码方法

相关知识

MCS-51 系列单片机芯片内集成了许多功能部件，具备很强的信息处理能力，但片内的资源是有限的，使用时一般都还需要外加各种专用的或标准的外围接口芯片以进一步扩展，才能构成一个功能更强的单片机系统。

1. 单片机系统扩展结构

单片机系统扩展通常采用总线结构形式。典型的单片机扩展结构如图 2-1 所示。

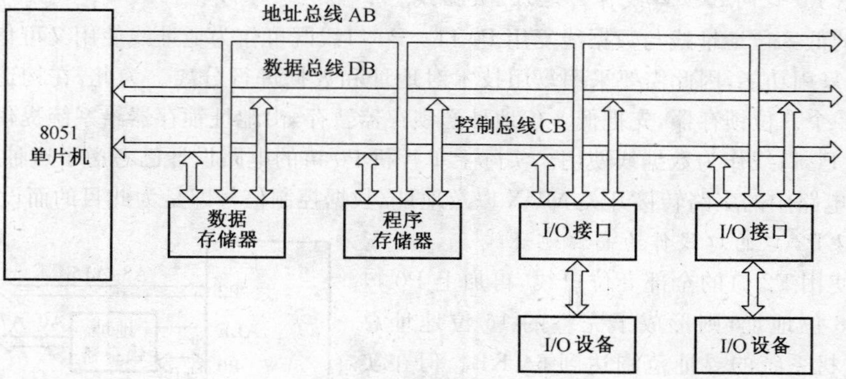

图 2-1　单片机扩展系统结构图

整个扩展系统以单片机为核心，通过芯片外部总线把各扩展部件连接起来，其情形就像是各扩展部件"挂"在总线上一样。因为扩展是在单片机芯片之外进行的，因此把扩展的 ROM 称为外部 ROM，把扩展的 RAM 称为外部 RAM。

外部总线，就是连接系统中各扩展部件的一组公共信号线。按其功能不同，通常把外部总线分为地址总线、数据总线和控制总线。

(1) 地址总线

地址总线(Address Bus，AB)用于传送单片机送出的地址信号，以便对外部存储单元和 I/O 端口进行选择。地址总线是单向的，只能由单片机向外发出。地址总线的数目决定着可直接访问的外部存储单元和 I/O 端口的数目。例如，使用 n 位地址可以产生 2^n 个连续地址二进制编码，因此可访问 2^n 个地址单元，即通常所说的寻址范围为 2^n。MCS-51 单片机有 16 位地址线扩展控制部件，因此扩展最多可达 64 KB，即 2^{16} 个地址单元。

(2) 数据总线

数据总线(Data Bus，DB)用于在单片机与存储器之间或单片机与 I/O 端口之间传送数据。单片机系统数据总线的位数与单片机处理数据的字长一致，MCS-51 单片机可处理 8 位字长的数据，所以数据总线的位数也是 8 位，数据总线是双向的，即可以进行两个方向的数据传送。

(3) 控制总线

控制总线(Control Bus，CB)实际上就是一组控制信号线，包括单片机发出的以及从其他部件送给单片机的信号线。对于一条控制信号线来说，其传送方向是单向的。

由于采用总线结构形式，大大减少了单片机系统中传输线的数目，提高了系统的可靠性，增加了系统的灵活性。此外，总线结构也使扩展易于实现，各功能部件只要符合总线规范，就可以很方便地接入系统，实现单片机系统的扩展。

2. 单片机系统扩展的实现

既然单片机系统的扩展是总线结构，那么单片机系统扩展的首要问题就是构造系统总线，然后再往系统总线上“挂”存储芯片或 I/O 接口芯片。“挂”存储芯片就是存储器扩展，“挂”I/O 接口芯片就是 I/O 扩展。

(1) 以 P0 口的 8 位口线作为地址/数据线

系统的低 8 位地址线与数据线复用 P0 口。P0 口线既可作为地址线使用又可作为数据线使用，具有复用功能，因此需要采用复用技术对地址和数据进行分离。为此，在构造地址总线时要增加一个 8 位锁存器，先把低 8 位地址送锁存器暂存，由地址锁存器给系统提供低 8 位地址，然后把 P0 口线作为数据线使用。实际上单片机 P0 口的电路设计已考虑了这种应用需要，P0 口内部电路中的多路转接开关 MUX 以及地址/数据控制信号即是为此目的而设计的。

(2) 以 P2 口的口线作为高位地址线

如果使用 P2 口的全部 8 位口线，再加上 P0 口提供的低 8 位地址，则形成了完整的 16 位地址总线，使单片机系统的寻址范围达到 64 KB。但在实际应用系统中，高位地址线并不固定为 8 位，而是根据需要用几位就从 P2 口中引出几条口线。当扩展存储器容量小于 256 单元时，就不需要构造高位地址。

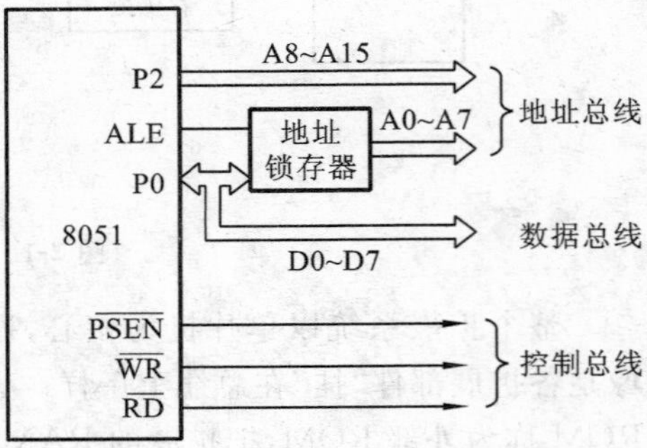

图 2-2　单片机扩展总线构造图

上述的地址线和数据线构造情况如图 2-2 所示。

根据时序，P0 口输出有效的低 8 位地址时，ALE 信号正好处于正脉冲顶部到下降沿时刻。为此应选择高电平或下降沿选通的锁存器作为地址锁存器，通常使用的地址锁存器有 74LS273 或 74LS373。

74LS373 引脚图如图 2-3 所示。

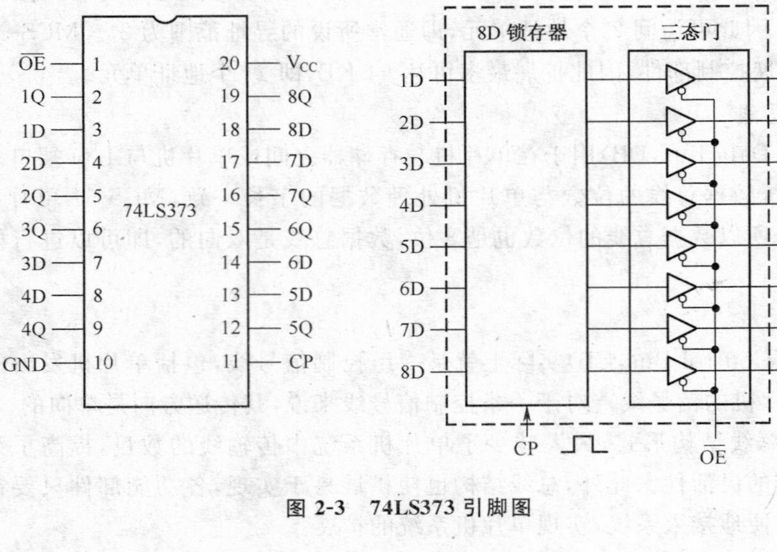

图 2-3　74LS373 引脚图

(3) 控制信号

除了地址线和数据线之外，在扩展系统中还需要单片机芯片的一些控制信号线，以构成扩展系统的控制总线。其中包括：

① 使用ALE作为地址锁存的选通信号，以实现低8位地址的锁存；

② 以$\overline{PSEN}$信号作为扩展外部程序存储器的读选通信号；

③ 以$\overline{EA}$信号作为内外程序存储器的选择信号；

④ 以$\overline{RD}$和$\overline{WR}$作为扩展外部数据存储器和I/O端口的读、写选通信号。

以上这些信号，有的是单片机引脚的第一功能信号，有的则是第二功能信号。

思考与练习

1. 简述单片机系统扩展的基本原理和实现方法。

2. 为什么在扩展外部存储器时，P0口要外接锁存器，P2口却不需要？

3. 在MCS-51扩展系统中，程序存储器和数据存储器共用16位地址线和8位数据线，为什么两个存储器空间不会发生冲突？

任务二 数据存储器扩展

任务要求

✧了解数据存储器的种类和特点

✧掌握数据存储器的扩展方法

相关知识

数据存储器又称随机存储器(Random Access Memory，RAM)，用于存放可随时修改的数据。对RAM可以进行读、写两种操作，但RAM是易失性存储器，断电后所存信息会立即消失。

MCS-51单片机内具有128B的RAM，CPU对内部RAM具有丰富的操作指令，这个RAM却是十分珍贵的资源，可作为工作寄存器、堆栈、软件标志和数据缓冲区。

在很多应用系统中，特别是数据采集和处理过程中，仅有片内RAM是不够的，在这种情况下，可利用MCS-51的扩展功能，外接RAM电路作为外部扩展数据存储器。

数据存储器按半导体工艺来分，可分为MOS型和双极型两种。MOS型集成度高、功耗低、价格便宜，但速度较慢，而双极型的特点则正好相反。在单片机系统中使用的大多数是MOS型的随机存储器，它们的输入/输出信号能与TTL相兼容，在扩展中信号连接比较方便。

数据存储器按工作方式来分，又可分为静态RAM(SRAM)和动态RAM(DRAM)两种。静态RAM只要电源加上，所存信息就能可靠保存；而动态RAM使用的是动态存储单元，需要不断进行刷新以便周期性地再生，才能保存信息，动态RAM的集成密度大、功耗低、价格便宜，但要增加刷新电路，因此一般用于较大系统。

单片机应用系统中一般采用静态 RAM，常见的芯片有 6116(2 KB×8 位)、6264(8 KB×8 位)、62256(32 KB×8 位)、628128(128 KB×8 位)。与动态 RAM 相比，静态 RAM 无须考虑为保持数据而设置刷新电路，故扩展电路简单，但由于静态 RAM 是通过有源电路来保持存储器中的数据，因此要消耗较多的功率，价格也较高。

1. 常用的静态数据存储芯片介绍

(1) 静态 RAM 6116

6116 是一种 2 KB×8 位的静态随机存储器，采用单一＋5 V电源供电，管脚配置如图 2-4 所示。

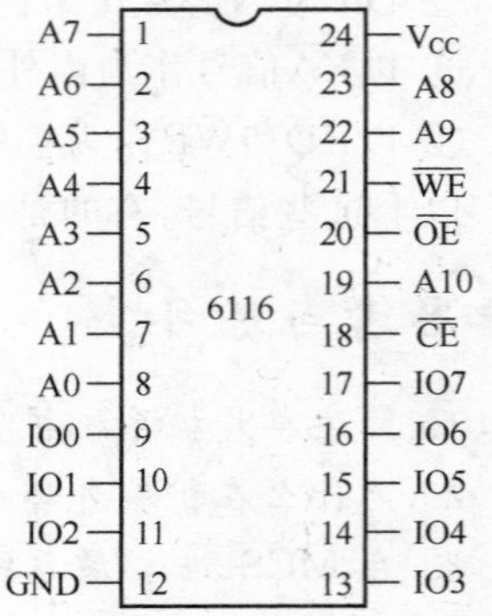

图 2-4　6116 管脚配置

引脚功能如下：

A0～A10：地址线；

IO0～IO7：数据线；

$\overline{CE}$：片选线；

$\overline{OE}$：读允许线；

$\overline{WE}$：写允许线；

V_{CC}：＋5 V 工作电源；

GND：电源接地线。

工作方式选择如表 2-1 所示。

表 2-1　6116 工作方式选择

$\overline{CE}$	$\overline{WE}$	$\overline{OE}$	方　式	功　能
0	0	1	写	将 IO0～IO7 上的内容写入 A0～A10 对应单元中
0	1	0	读	将 A0～A10 对应单元内容输出到 IO0～IO7
1	×	×	未选中	IO0～IO7 呈高阻态

(2) 静态 RAM 6264

6264 是一种 8 KB×8 位的静态随机存储器，采用单一＋5 V 电源供电，管脚配置如图2-5所示。

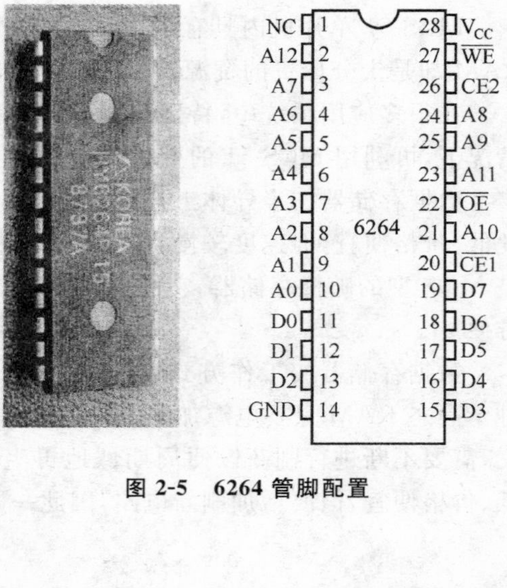

图 2-5　6264 管脚配置

引脚功能如下：

A0～A12：地址线；

D0～D7：数据线；

$\overline{CE1}$：片选线 1；

CE2：片选线 2；

$\overline{OE}$：读允许线；

$\overline{WE}$：写允许线；

V_{CC}：＋5 V 工作电源；

GND：接地线。

工作方式选择如表 2-2 所示。

表 2-2　6264 工作方式选择

$\overline{WE}$	$\overline{CE1}$	CE2	$\overline{OE}$	方　式	D0～D7
×	1	×	×	未选中	高阻
×	×	0	×	未选中	高阻
1	0	1	1	输出禁止	高阻
0	0	1	1	写	数据输入
1	0	1	0	读	数据输出

2. 数据存储器扩展

8051 的数据存储器地址空间是 64 KB，由 P2 口提供高 8 位地址，P0 口分时提供低 8 位地址和传送 8 位数据。数据存储器的读/写信号由$\overline{RD}$和$\overline{WR}$控制。

(1) 用 6116 芯片扩展 2 KB RAM

8051 与 6116 的硬件连接如图 2-6 所示。

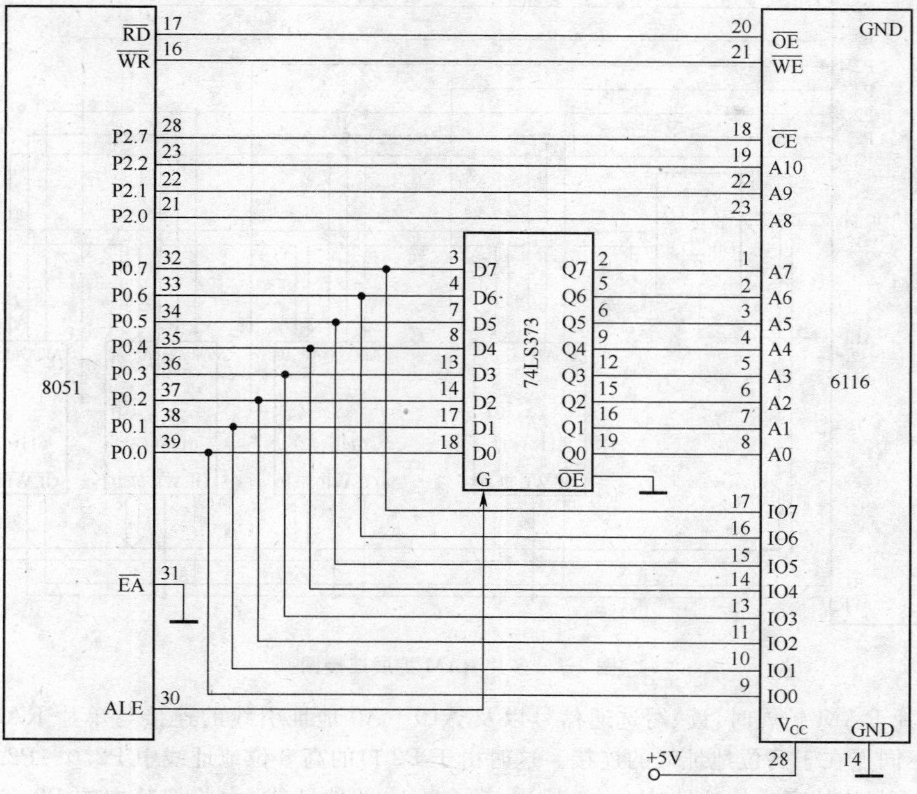

图 2-6　扩展 6116 静态 RAM

从图中可以看出，8051 的$\overline{WR}$(P3.6)和$\overline{RD}$(P3.7)分别与 6116 的写允许线$\overline{WE}$和读允许线$\overline{OE}$连接，实现读/写控制；$\overline{CE}$是 6116 的片选端，由于只有一片 6116，可以始终接地，使

6116 处于常选状态。

P2.0～P2.2 提供高 3 位地址，P0 口通过地址锁存器 74LS373 提供低 8 位地址。在 8051 访问外部 RAM 时(采用“MOVX A,@ DPTR”指令)，其中 P0 口输出低 8 位地址(DPL 内容)，P2 口输出高 8 位地址(DPH 内容)，为外部数据存储器提供一个 16 位地址，在读/写信号的控制下便可实现对 RAM 的读出和写入操作。

(2) 使用 6116 芯片扩展 8 KB RAM

当一片存储器容量不够时，可以采用多片存储器进行扩展，常见存储器扩展的方法有线选法和译码法。

① 采用线选法实现。线选法是用低位地址线对每片内的存储单元进行寻址，所需的地址线由每片的单元数决定，如 6116 为 2 KB，需要 11 根地址线。然后用余下的高位地址线分别与芯片各自的片选端相连。CPU 发送地址信号时，哪根高位地址信号线输出为低电平，就选中哪片芯片(若片选端是低电平有效)，在任何时候这些高位地址线中只能有一根为低电平，其余为高电平，保证任何时候只能选中一片芯片。用 4 片 6116 芯片实现扩展，其连接如图 2-7 所示。

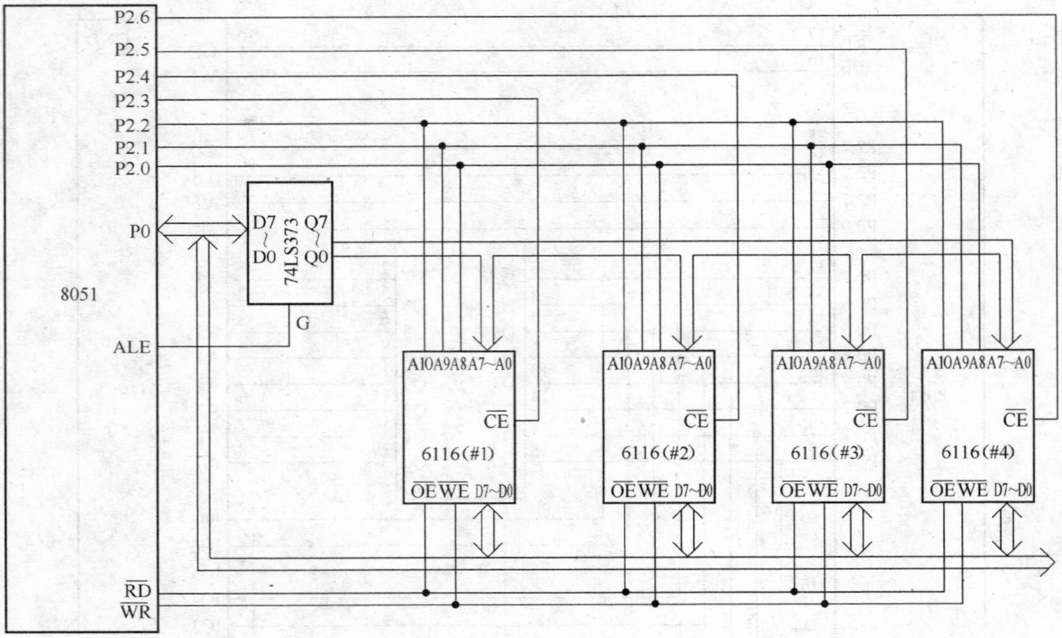

图 2-7　多片 RAM 扩展连接图

多片 RAM 扩展时，读、写选通信号以及 A10～A0 地址引线的连接与单片 RAM 扩展相同，不同点在于高位地址线的连接。这时由于 P2 口的高 8 位地址线中 P2.0～P2.2 已用作 RAM 芯片的高 3 位地址(A8～A10)。尚余下 5 条地址线，为此把其中的 P2.3、P2.4、P2.5、P2.6 分别作为 4 片 RAM 的片选信号，从而构成一个完整的线选法编址的 8 KB RAM 扩展存储器。本数据存储器扩展系统中各存储器芯片的地址范围如下：

	P2 口 76543210	P0 口 76543210	地址范围
1#	01110000 01110111	00000000 1111 1111	最低地址 7000H 最高地址 77FFH
2#	01101000 01101111	00000000 1111 1111	最低地址 6800H 最高地址 6FFFH
3#	01011000 01011111	00000000 1111 1111	最低地址 5800H 最高地址 5FFFH
4#	00111000 00111111	00000000 1111 1111	最低地址 3800H 最高地址 3FFFH

线选法编址的特点是简单明了，且不需要另外增加电路，故硬件连接简单，但这种编址方法对存储空间的使用断续且有地址重复，地址空间利用率低，不能充分有效地利用存储空间，扩充存储容量受限，只适用于小规模单片机系统的存储器扩展。

② 采用译码法实现。所谓译码法就是使用译码器对系统的高位地址进行译码，以其译码输出作为存储芯片的片选信号。常用的译码芯片有 74LS139（双 2-4 译码器）和 74LS138（3-8 译码器）等。

a. 74LS139 译码器。74LS139 芯片中共有两个 2-4 译码器，其引脚排列如图 2-8 所示。其中：G 为使能端，低电平有效；A、B 为选择端，即译码输入，控制译码输出的有效性；Y0、Y1、Y2、Y3 为译码输出信号，低电平有效。74LS139 对两个输入信号译码后得到 4 个输出状态，其真值表如表 2-3 所示。

表 2-3 74LS139 真值表

输入端			输出端			
使能	选择		Y0	Y1	Y2	Y3
$\overline{G}$	B	A				
1	×	×	1	1	1	1
0	0	0	0	1	1	1
0	0	1	1	0	1	1
0	1	0	1	1	0	1
0	1	1	1	1	1	0

b. 74LS138 译码器。74LS138 是 3-8 译码器，即对 3 个输入信号进行译码，得到 8 个输出状态。74LS138 的引脚排列如图 2-9 所示。其中：$\overline{E0}$、$\overline{E1}$、E2 为使能端，用于引入控制信号，$\overline{E0}$、$\overline{E1}$低电平有效，E2 高电平有效。

A、B、C 为选择端，即译码信号输入；

Y0～Y7 为译码输出信号，低电平有效。

74LS138 的真值表如表 2-4 所示。

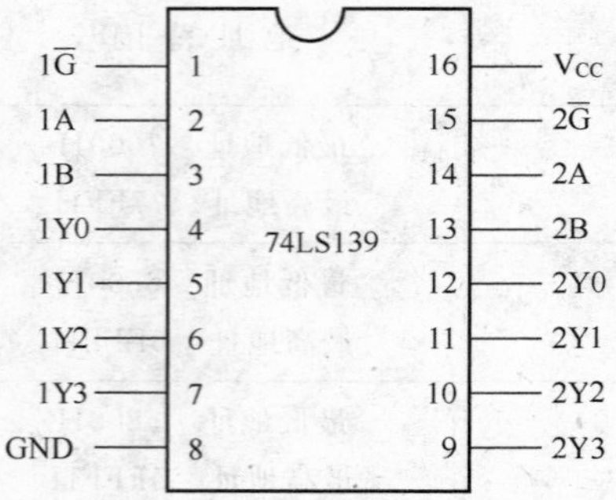

图 2-8　74LS139 译码器引脚图

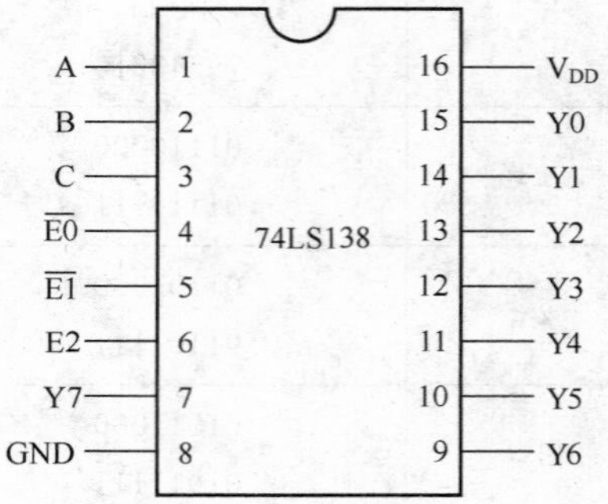

图 2-9　74LS138 译码器引脚图

表 2-4　74LS138 真值表

输入端						输出端							
使能			选择			Y0	Y1	Y2	Y3	Y4	Y5	Y6	Y7
E2	$\overline{E1}$	$\overline{E0}$	C	B	A								
1	0	0	0	0	0	0	1	1	1	1	1	1	1
1	0	0	0	0	1	1	0	1	1	1	1	1	1
1	0	0	0	1	0	1	1	0	1	1	1	1	1
1	0	0	0	1	1	1	1	1	0	1	1	1	1
1	0	0	1	0	0	1	1	1	1	0	1	1	1
1	0	0	1	0	1	1	1	1	1	1	0	1	1
1	0	0	1	1	0	1	1	1	1	1	1	0	1
1	0	0	1	1	1	1	1	1	1	1	1	1	0
0	×	×	×	×	1	1	1	1	1	1	1	1	1
×	1	×	×	×	1	1	1	1	1	1	1	1	1
×	×	1	×	×	1	1	1	1	1	1	1	1	1

用译码法实现，以 4 片 6116 芯片扩展 8 KB 数据存储器，其译码电路如图 2-10 所示。图中使用 74LS139 作译码器，其译码输出 Y0、Y1、Y2、Y3 依次作为 1＃～4＃存储芯片的片选信号。

各存储器芯片的地址范围如下：

	P2 口 76543210	P0 口 76543210	地址范围
1＃	00000000 00000111	00000000 1111 1111	最低地址　0000H 最高地址　07FFH
2＃	00001000 00001111	00000000 1111 1111	最低地址　0800H 最高地址　0FFFH
3＃	00010000 00010111	00000000 1111 1111	最低地址　1000H 最高地址　17FFH
4＃	00011000 00011111	00000000 1111 1111	最低地址　1800H 最高地址　1FFFH

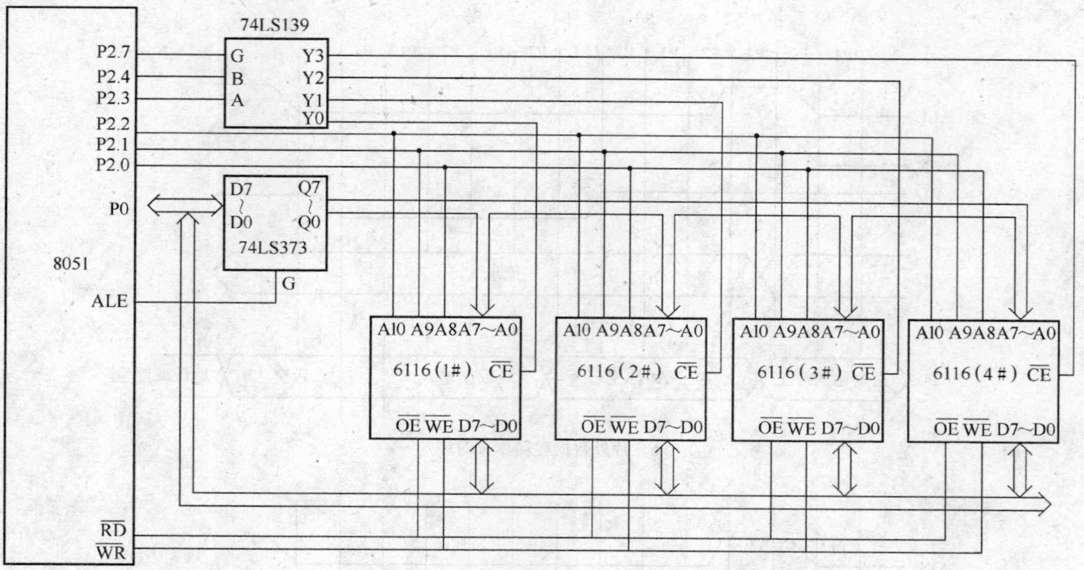

图 2-10　译码法 RAM 扩展使用的译码电路

这是一种最常用的存储器编址方法，能有效地利用存储空间，且存储单元地址连续，适用于大容量多芯片存储器扩展。

3. 外部数据存储器读操作时序

"MOVX A,@DPTR"或"MOVX A,@Ri"指令属于单字节双周期指令，操作时序如图 2-11(a)所示。在第一个机器周期内，取出指令码，操作时序与程序存储器读时序相同，在第一个机器周期的 S5Pl 相后，进入指令的执行阶段。对于"MOVX A,@DPTR"指令来说，外部数据存储器低 8 位地址存放在 DPL 寄存器中，这时 P0 口输出的信息就是 DPL 寄存器内容；高 8 位地址存放在 DPH 寄存器中，P2 口输出 DPH 寄存器内容。对于"MOVX A,@Ri"指令来说，外部数据存储器低 8 位地址存放在 Ri 寄存器中，通过 P0 口输出，而 P2 口的输出内容是 P2 口锁存器的内容，保持不变。

在第一个机器周期的 S5P1 结束时刻，ALE 由高电平变为低电平，将 P0 口输出的外部数据存储器低 8 位地址信息锁存在锁存器中。

在第一个机器周期的 S6P2 结束时刻，外部数据存储器的读选通信号$\overline{RD}$有效（该信号接外部数据存储器的输出允许端$\overline{OE}$），并保持到第二个机器周期的 S3P2 结束时刻，因此$\overline{RD}$有效时间为 $6T_{CLK}$（T 为时钟周期）。CPU 在第二个机器周期的 S3P1 结束前，读 P0 口引脚，将外部数据存储器数据总线上的信息传到 CPU 内部数据总线。因此，外部数据存储器必须在 S3Pl 结束前将数据送到数据总线上，即 P0 口引脚，以便 CPU 在读外部数据存储器控制信号$\overline{RD}$上升沿来到前读出数据总线上的信息。

在扩展输入口电路中，控制输入芯片数据总线与 CPU 数据总线连通的三态门控制信号$\overline{OE}$由 CPU 高位地址译码输出信号和 CPU 外部数据存储器读控制信号$\overline{RD}$经过或门得到，$\overline{RD}$信号延迟时间约为两个门电路的延迟时间(20 ns)，这完全满足要求。

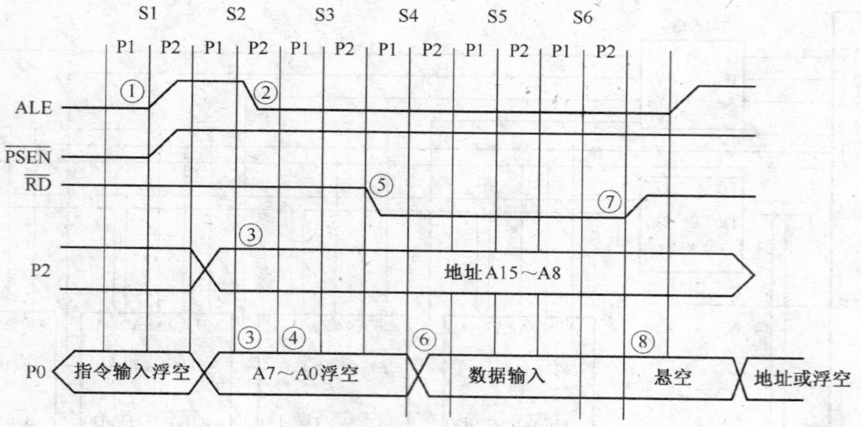

(a) 片外数据存储器读时序

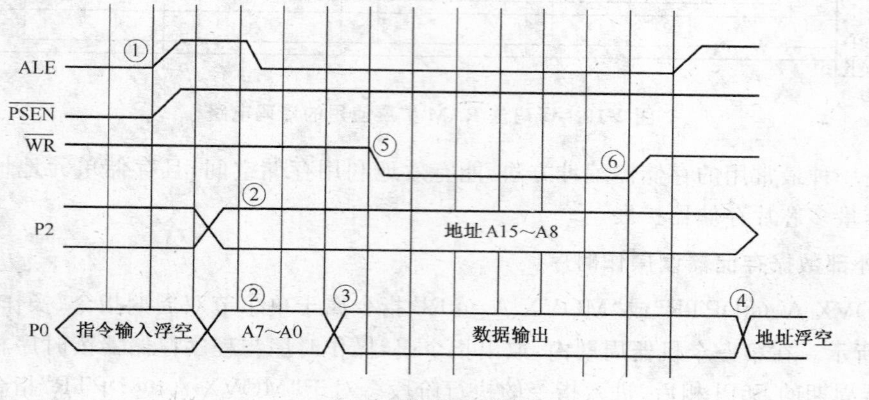

(b) 片外数据存储器写时序

图 2-11　8051 访问片外 RAM 操作时序

4. 外部数据存储器写操作时序

外部数据写操作时序与读操作时序相似，如图 2-11(b)所示。外部数据存储器地址信息锁存后，在第一个机器周期的 S6Pl 结束时，写数据就出现在 P0 口引脚上；在 S6P2 结束时刻，外部数据存储器写选通信号$\overline{WR}$有效（该信号接外部数据存储器芯片的写允许信号$\overline{WE}$），启动写操作，$\overline{WR}$保持时间 $6T_{CLK}$。因此，地址有效到写操作结束时间为 $10T_{CLK}$。而$\overline{WR}$无效后数据维持时间小于一个时钟周期，当时钟频率高时，将小于一个门电路的延迟时间，因此对外部数据存储器（包括扩展 I/O 口）写入时，只能利用 CPU 外部数据存储器写选通信号$\overline{WR}$的下降沿（前沿）作为外部 RAM、扩展输出口芯片数据输入锁存信号，一般不能利用$\overline{WR}$的上升沿（后沿）作为数据输入锁存信号。原因是锁存信号由 CPU 高位地址译码输出信号和 CPU 外部数据存储器写控制信号$\overline{WR}$经过或非门得到，当$\overline{WR}$信号传送到输出口扩展芯片（如 74LS273）的锁存信号 CLK 引脚时存在延迟，$\overline{WR}$上升沿来到时，CPU 数据总线上的输出数据很可能已无效。

思考与练习

1. RAM 有什么特点？

2. 图 2-12 所示是 4 片 8 KB×8 位存储器芯片的连接图，请确定每片存储器芯片的地址范围。

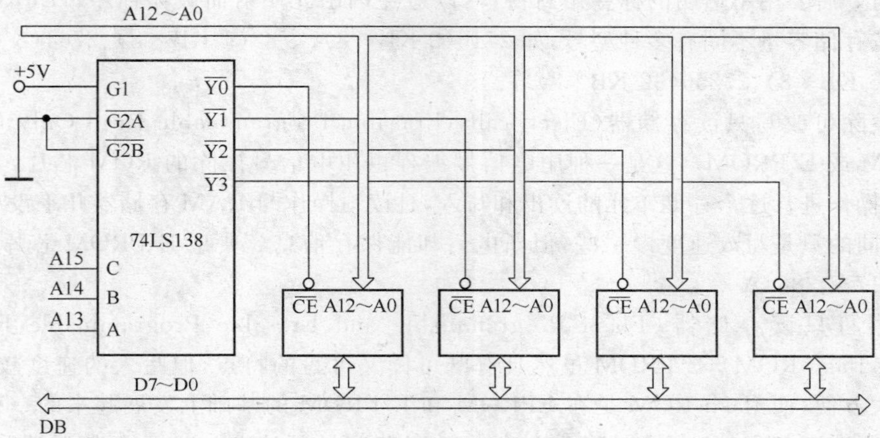

图 2-12　8031 扩展 4 片存储器芯片连接图

3. 采用一片 6116 扩展片外 RAM，使存储器起始地址为 100H。设计电路，编程将其片内 ROM 从 100H 单元开始的 10B 内容依次外移到片外 RAM 从 100H 单元开始的 10B 地址中去。

任务三　程序存储器扩展

任务要求

✧了解程序存储器的种类和特点

✧掌握程序存储器的扩展方法

相关知识

用 MCS-51 系列单片机开发的应用系统，通常是特定功能的专用控制系统。应用系统开发成功后，应用程序一般都要永久保存在程序存储器中，不能随意更改，所以称为固化程序。在 MCS-51 单片机应用系统中，程序存储器的扩展对于应用系统开发是不可缺少的工作，程序存储器扩展的容量根据应用系统的需要，可在 64 KB 范围内任意配置。

1. 程序存储器概述

程序存储器扩展使用只读存储器芯片(Read Only Memory，ROM)。ROM 中的信息一旦写入之后就不能随意更改，而只能读存储单元内容，故称之为只读存储器。ROM 存储器芯片种类较多，不同类型的 ROM 具有不同的特点。

可改写 ROM(Erasable Programmable Read Only Memory,EPROM),芯片出厂时并没有任何程序信息,其程序由用户写入,允许用户反复擦除重新写入程序。按擦除信息的方法不同,把可改写 ROM 分为用紫外线擦除的只读存储器和用电擦除的只读存储器。

紫外线擦除的可改写只读存储器(简称 EPROM),是在芯片外壳上方的中央有一个圆形窗口,通过这个窗口照射紫外线就可以擦除原有信息。由于阳光中有紫外线的成分,所以程序写好后要用不透明的标签贴封窗口,以避免因阳光照射而破坏程序。EPROM 的典型芯片按存储容量不同有多种型号,如 2716(2 KB×8)、2732(4 KB×8)、2764(8 KB×8)、27128(16 KB×8)、27256(32 KB×8)等。

电擦除可改写只读存储器(Electrically Erasable Programmable Read Only Memory,EEPROM 或 E^2PROM),这是一种用电信号编程也用电信号擦除的 ROM 芯片,它可以通过读、写操作进行逐个存储单元的读出和写入,且读写操作与 RAM 存储器几乎没有什么差别,所不同的只是写入速度慢一些,但断电后却能保存信息。典型 E^2PROM 芯片有 2816、2817、2817A、2864A 等。

快擦写只读存储器(Flash Programmable and Erasable Programmable Read-only Memory,flash ROM),E^2PROM 虽然具有既可读又可写的特点,但写入的速度较慢,使用起来不太方便,而 flash ROM 是在 EPROM 和 E^2PROM 的基础上发展起来的一种只读存储器,读写速度都很快,存取时间只有 70 ns,存储容量可达 2～16 KB,甚至达到 16～64 MB。这种芯片的可改写次数可从 1 万次到 100 万次。典型 flash ROM 芯片有 28F256、28F516、AT89 等。

2. 典型程序存储器芯片介绍

(1) 2764A EPROM 芯片

2764A 是一种 8 KB×8 位的紫外线擦除可编程只读存储器,单一+5 V 工作电源供电,工作电流为 75 mA,读取时间最长为 250 ns。2764A 为 28 脚双列直插式封装,其管脚配置如图 2-13 所示,2764A 有 5 种工作方式,如表 2-5 所示。

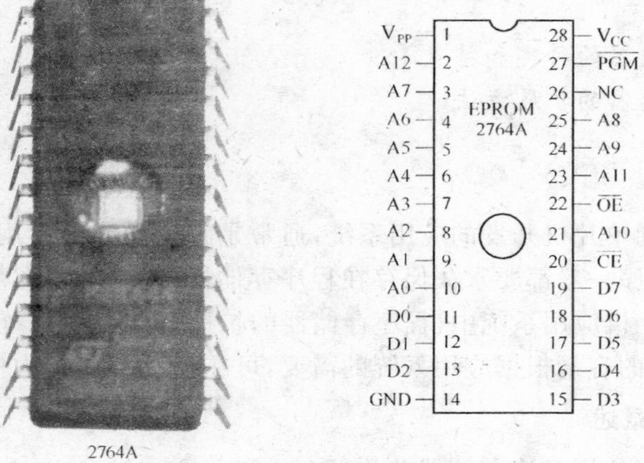

2764A

图 2-13　2764A 管脚配置图

表 2-5　2764A 工作方式选择

引脚 / 方式	$\overline{CE}$(20)	$\overline{OE}$(22)	$\overline{PGM}$(27)	V_{PP}	输入/输出 11～13，15～19
读	0	0	1	5 V	数据输出
维持	1	任意	任意	5 V	高阻
编程写入	0	1	0	12.5 V	数据输入
编程检验	0	0	1	12.5 V	数据输出
编程禁止	1	任意	任意	12.5 V	高阻

2764A 各引脚功能如下：

A0～A12：地址线；

D0～D7：数据输出线；

$\overline{CE}$：片选线；

$\overline{OE}$：读允许线；

$\overline{PGM}$：编程脉冲输入；

V_{PP}：12.5 V 编程电压；

V_{CC}：+5 V 工作电源。

(2) 2864 E^2PROM 芯片

电擦除可编程只读存储器 E^2PROM 是目前非常流行的一类只读存储器。它的最大特点是能在单片机系统中进行在线修改，并能在断电的情况下保持修改后的信息。目前，这种芯片已被广泛应用于智能化仪表、控制监测装置以及微机开发装置等方面。

2864 E^2PROM 容量为 8 KB×8 位，单一+5 V 供电，最大工作电流为 150 mA，维持电流为 55 mA，最大读出时间为 250 ns。由于其片内设有编程所需的高压脉冲产生电路，因而无须外加编程电源和写入脉冲即可工作。

2864 为 28 线双列直插式封装，其管脚配置如图 2-14 所示。其引脚功能如下：

A0～A12：地址线；

DO0～DO7：双向数据线；

$\overline{CE}$：片选线；

$\overline{OE}$：读允许线；

$\overline{WE}$：写允许线；

RDY/$\overline{BUSY}$：准备好写入/写入忙；

NC：空脚；

V_{DD}：+5 V 工作电源；

V_{SS}：接地线。

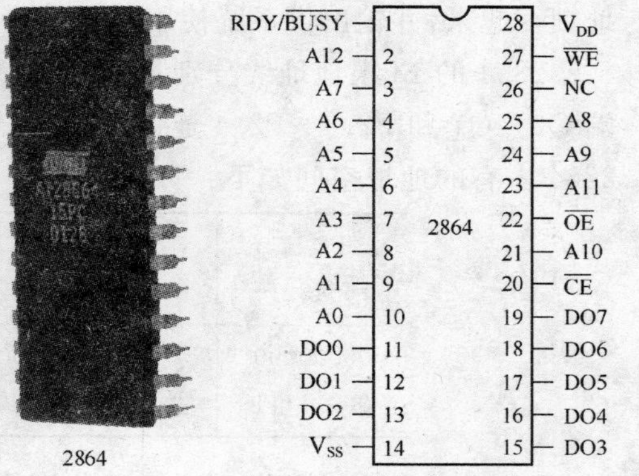

图 2-14　2864A 管脚配置图

2864 采用 HMOS-E 工艺生产，片内的集成度高，具有地址锁存器、数据锁存器以及定时电路，故无须外加硬件逻辑电路便可与 MCS-51 系列单片机相连接，大大简化了系统设计。

2864 在写入一个字节的指令码或数据之前,自动对所要写入的单元进行擦除,因而无须进行专门的字节/芯片擦除操作。

2864 的工作方式选择如表 2-6 所示。

表 2-6　2864 工作方式选择

方式＼引脚	$\overline{CE}$(20)	$\overline{OE}$(22)	$\overline{WE}$(27)	RDY/$\overline{BUSY}$(1)	输入/输出 11～13,15～19
读	0	0	1	高阻	数据输出
写入	0	1	0	0	数据输入
维持	1	任意	任意	高阻	高阻
字节擦除	字节写入之前自动擦除				

2864 的读操作与普通 EPROM 的读取相同,所不同的是它可以在线进行字节的写入。当向 2864 发出字节写入命令后,2864 便锁存地址、数据及控制信号,从而启动一次操作。2864 的写入时间为 16 ms 左右,在此期间,2864 的 RDY/$\overline{BUSY}$脚呈低电平,表示 2864 正在进行操作,此时它的数据总线呈高阻状态,因而允许处理器在此期间执行其他任务。一旦一次字节写入操作完毕,2864 便将 RDY/$\overline{BUSY}$脚置高电平,由此来通知处理器。此时,处理器可以对 2864 进行新的字节读、写操作。

3. 程序存储器扩展(扩展 8 KB EPROM)

8031 片内无程序存储器,必须外接程序存储器才能工作,图 2-15 所示为 8031 单片机组成的最小系统扩展 2764 接口电路,容量为 8 KB。

图中采用三态缓冲输出的 8 位 D 锁存器 74LS373 作为地址锁存器,三态控制端$\overline{OE}$接地,以保持输出常通。G 端是 74LS373 的 CP 脉冲输入端,G=1 时,D 端接收信号,G=0 时,数据锁存。它通常和 8031 的 ALE 信号相连,以便在 ALE 下跳变时,将 P0 口低 8 位地址锁存起来,并输出供系统使用。

2864 的 13 根地址线分别与 8031 的 P0.0～P0.7 经过地址锁存器 74LS373 的 8 个输出端 Q0～Q7 和 P2.0～P2.4 连接,片选信号$\overline{CE}$(低电平有效)取自 P2.7,根据上述电路接法,2864 占有的地址空间如下:

P2 口 76543210	P0 口 76543210	地 址 范 围
00000000 00011111	00000000 1111 1111	最低地址　0000H 最高地址　1FFFH

P2 口的 P2.0～P2.4、P2.7 已分别用作扩展程序存储器的高位地址线和片选信号,多余的 2 根口线 P2.5～P2.6 一般不宜作通用 I/O 口,以免带来不必要的麻烦。

4. 对外部程序存储器的读操作时序

MCS-51 系列单片机对外部程序存储器的读操作时序如图 2-16 所示。S1P2 相开始后,地址锁存信号 ALE 有效,经过一个振荡周期 T 的延迟后,在 S2P1 开始时刻,P0、P2 口分别

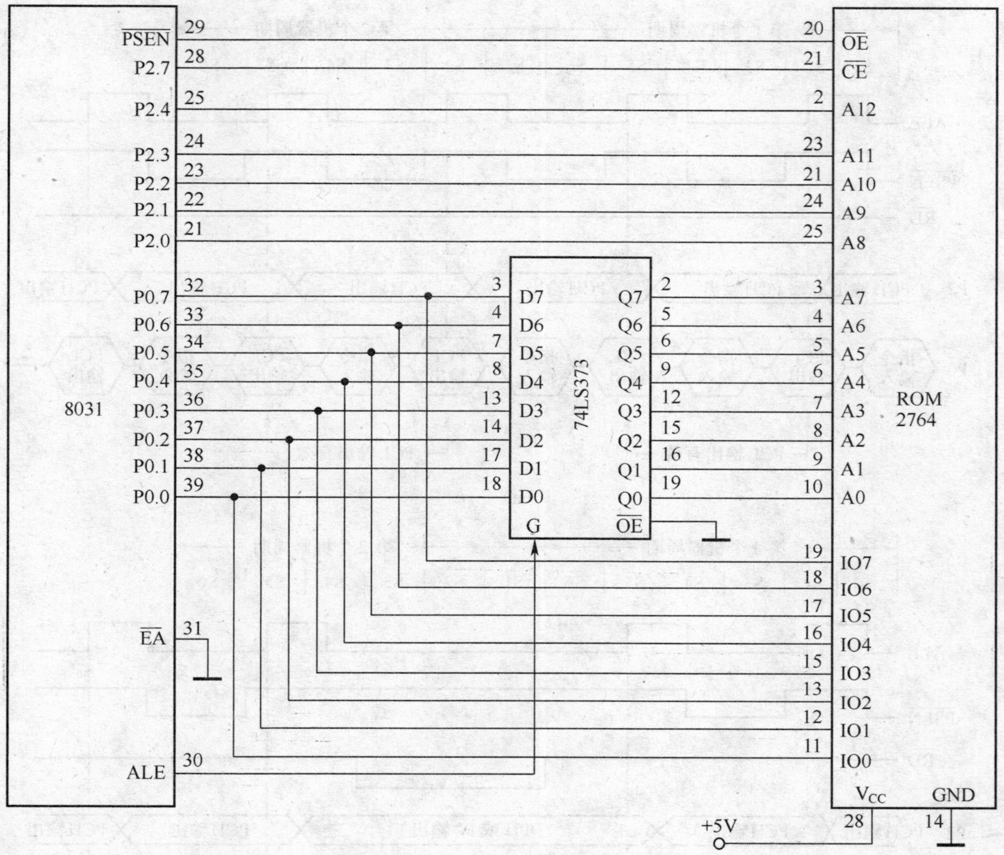

图 2-15 扩展 2764 接口电路

送出低 8 位地址信息和高 8 位地址信息(当前指令码所在的程序存储器单元地址),再经过一个振荡周期,待 P0 口地址信息稳定后,ALE 由高电平变为低电平,将 P0 口输出的低 8 位地址信息(A7～A0)锁存在 74LS373 锁存器中。因此,ALE 信号有效时间为 $2T_{CLK}$。

ALE 下降沿过后,再经过一个振荡周期,即在 S2P2 结束时刻,P0 地址信息消失,因此 ALE 无效后,P0 口地址信息保存时间等于 T_{CLK}。

外部程序存储器读选通信号$\overline{PSEN}$在 S2P2 相结束后开始有效,以选通外部程序存储器芯片(该信号一般接 EPROM 芯片的输出允许端 OE),并保持到 S4P1 相结束时刻,即$\overline{PSEN}$有效时间为 $3T_{CLK}$。在$\overline{PSEN}$由低电平变为高电平前,CPU 读取 P0 口引脚的信息(指令码),而不管程序存储器芯片是否已将数据送到 P0 口引脚。因此,程序存储器芯片的速度必须足够快,否则不能及时将数据输出到 P0 口引脚。

MCS-51 系列单片机在一个机器周期内,可以从程序存储器中读出两个字节的指令码,从 S5P1 相开始,P0、P2 口分别输出下一个存储单元的地址信息,重复取指过程。因此,在访问外部程序存储器时,一个机器周期内 ALE 信号及$\overline{PSEN}$信号出现两次,即在两个机器周期内,可以读取两个字节的指令码。对于单字节指令来说,第一次读出指令码后,PC 保持不变,并自动丢弃在下一周期的 S1P1 时刻读出的指令码;对于双字节单周期指令来说,

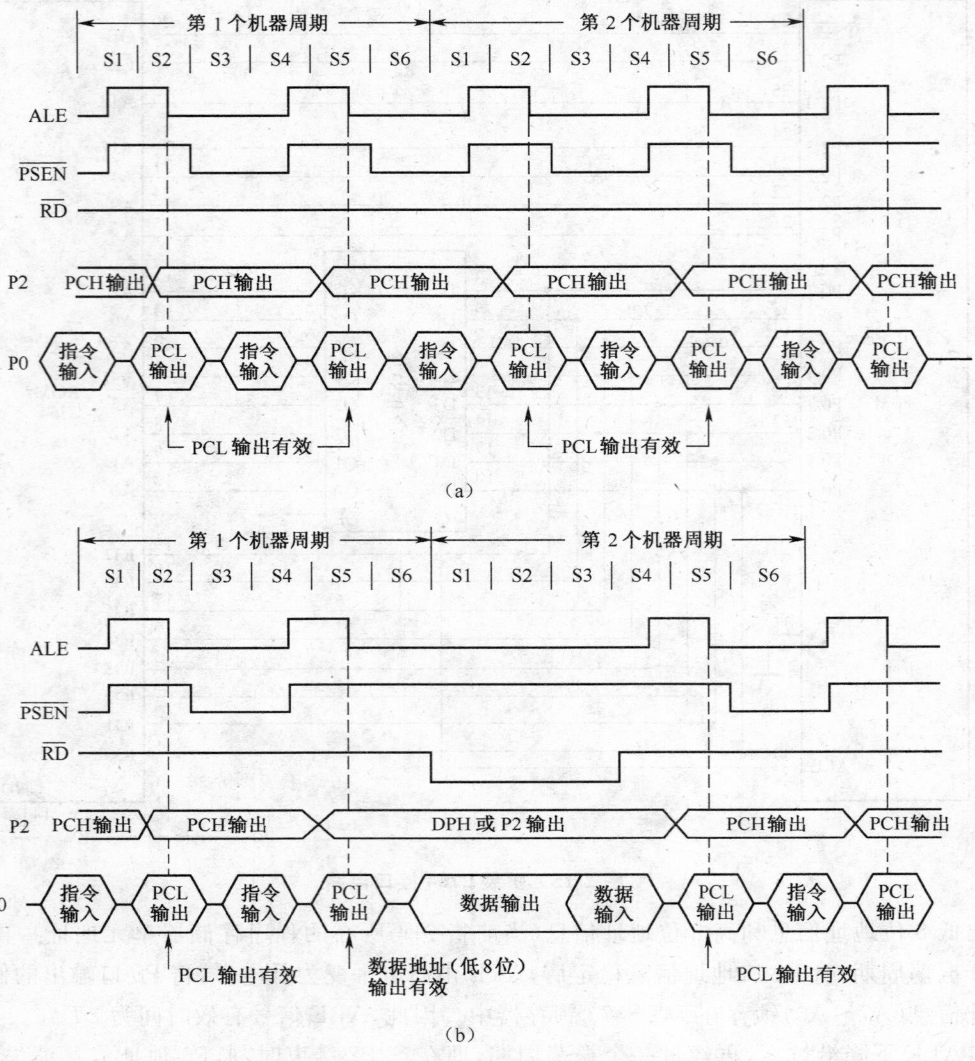

图 2-16　8051 访问外部 ROM 操作时序图

第一次读操作获得指令第一操作码后,PC 自动加 1,在下一机器周期的 S1P1 时刻读出指令第二操作码。

可见,为了保证在$\overline{\text{PSEN}}$上升沿前程序存储器将数据输出到 P0 引脚,必须确保:

① 存储器地址有效到数据输出有效的时间必须小于或等于 CPU 地址有效到采样 P0 口数据时间;

② 存储器$\overline{\text{OE}}$有效到数据输出有效的时间必须小于或等于$\overline{\text{PSEN}}$有效到 CPU 采样 P0 口数据时间。

当由单片存储器芯片组成程序存储器时,片选信号$\overline{\text{CE}}$接地,一直处于有效状态,不用考虑存储器片选信号有效到数据输出有效的时间;而当程序存储器由两个或两个以上的芯片组成时,应考虑片选信号$\overline{\text{CE}}$由高位地址译码产生,片选信号$\overline{\text{CE}}$有效到采样 P0 口数据的时间。

思考与练习

1. ROM有什么特点？

2. 采用2764(8 KB×8)芯片，分别用译码法和线选法扩展32 KB程序存储器，画出硬件连接图并指出每片的地址范围。

3. 以8031为主机的系统，采用2片2764 EPROM芯片扩展16 KB程序存储器。请设计出硬件结构图。

任务四 存储器综合扩展

任务要求

✧了解同时扩展数据存储器和程序存储器

✧掌握存储空间性能的拓展

✧掌握存储器扩展读写控制线的连接

相关知识

前面分别讲述了程序存储器和数据存储器的扩展，但在实际应用中见到最多的是两种存储器扩展都有的综合扩展。

1. 用6264、2864存储器扩展16 KB数据存储器和16 KB程序存储器

(1) 采用线选法实现(见图2-17)

地址锁存器74LS373输出低8位地址，8031的P2.0～P2.4输出高5位地址，13根地址线寻址范围为8 K。P2.5和P2.6分别选通1＃、3＃和2＃、4＃，对应的存储空间如下：

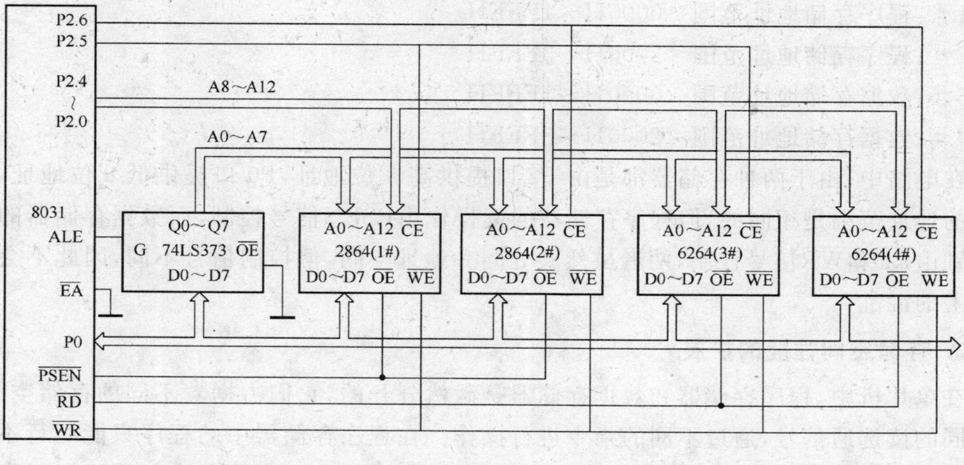

图2-17 扩展16 KB E^2PROM和16 KB RAM

1＃:程序存储地址范围　4000H～5FFFH

2＃:程序存储地址范围　2000H～3FFFH

3＃:数据存储地址范围　4000H～5FFFH

4＃:数据存储地址范围　2000H～3FFFH

(2) 采用译码法实现

采用译码法扩展 16 KB E^2PROM 和 16 KB RAM 如图 2-18 所示。

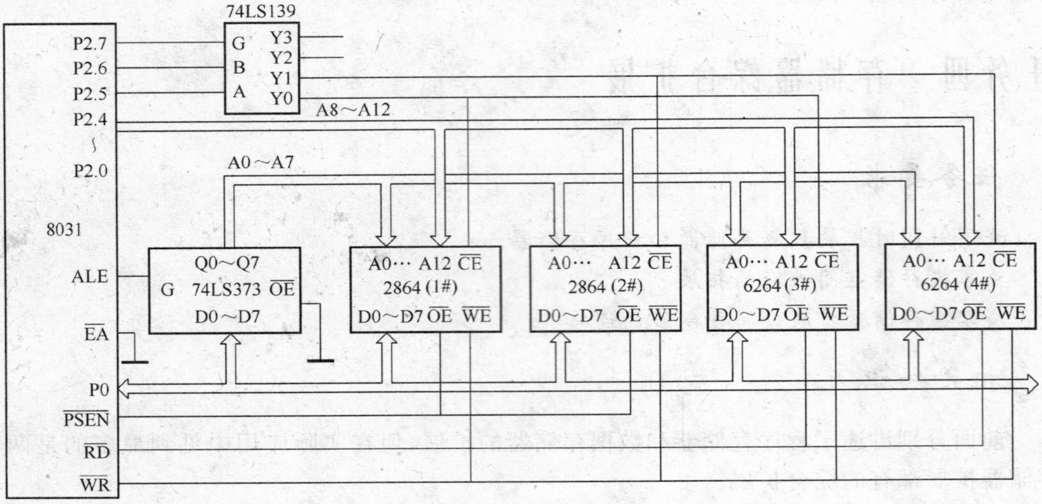

图 2-18　采用译码法扩展 16 KB E^2PROM 和 16 KB RAM

P2.7 输出为 0 时,74LS373 译码器有输出,P2.6 和 P2.5 两根地址线组成的 4 种状态与读写控制信号相结合,可选中位于不同地址空间的存储单元。各芯片对应存储空间如下:

1＃:程序存储地址范围　0000H～1FFFH

2＃:程序存储地址范围　2000H～3FFFH

3＃:数据存储地址范围　0000H～1FFFH

4＃:数据存储地址范围　2000H～3FFFH

在电路中,由于两种存储器都是由 P2 口提供高 8 位地址,P0 口提供低 8 位地址,所以它们的地址范围是相同的,但程序存储器的读操作由 $\overline{PSEN}$ 信号控制,而数据存储器的读和写分别由 $\overline{RD}$ 和 $\overline{WR}$ 信号控制,两者虽然共处同一地址空间,但控制信号不同,因此不会造成操作上的混乱。

2. 存储空间性能的扩展

在单片机中,程序存储器和数据存储器是截然分开的,它们占据着不同的存储空间,使用不同的读选通信号,通过不同的指令进行操作。在程序存储器中的程序只能运行不能修改,而在数据存储器中的内容虽可修改,但又不能运行程序。然而在诸如单片机开发系统中,为了程序调试的需要,希望有既能运行程序又能修改程序的存储器,这就是既可读又可写的程序存储器,这种存储器是可以通过把 RAM 存储芯片经过特殊的连接来实现的。

程序存储器与数据存储器的扩展连接在数据和地址线上没有什么区别，不同的只在于控制信号上。程序存储器使用$\overline{PSEN}$作读选通信号，而数据存储器使用$\overline{RD}$作读选通信号，如果把这两个读选通信号通过与门综合后，再作为 RAM 存储芯片的读选通信号，即可达到构造可读写程序存储器的目的。现以 6116 为例，说明把 RAM 芯片改造为既可读又可写的程序存储器的方法，如图 2-19 所示。

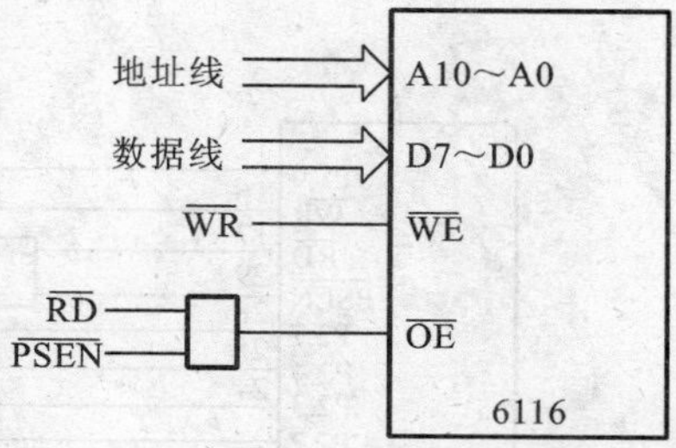

图 2-19 6116 的可读写程序存储器改造

按图中连接，如果$\overline{RD}$或$\overline{PSEN}$两个信号中的一个有效（低电平），则与门的输出就为低电平，在$\overline{OE}$端就可得到一个有效的读选通信号，从而使两个选通信号中任何一个都可以控制该存储芯片的读操作。这样，该芯片就既可以作为数据存储器使用，又可以作为程序存储器使用，图 2-20 所示是可读写程序存储器的应用举例。

此系统的两片存储芯片都是程序存储器，其中第Ⅰ片（2764）是只读的程序存储器，用于存放监控程序；第Ⅱ片（6264）是可读写的程序存储器，用于存放用户应用程序。设置一个双向开关，以便为 6264 进行地址选择。

这样扩展存储器，可以集开发与应用于一身，在系统开发阶段，开关扳向“开发”端，第Ⅰ片存储器首地址为 0000H，第Ⅱ片存储器首地址为 8000H。系统启动后，自动进入监控程序，这样就可在监控状态下进入用户应用程序的调试。把开关扳向“应用”端，系统处于应用状态，第Ⅱ片存储器首地址为 0000H（第Ⅰ片拔去）。这样，系统复位后，用户应用程序就能自动执行。

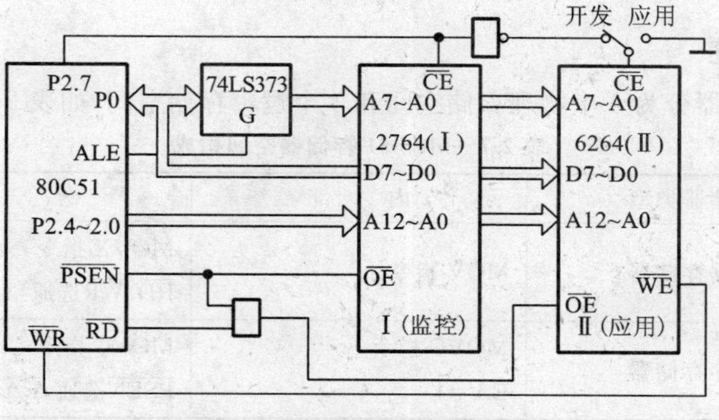

图 2-20 可读写程序存储器的应用

但同时应当注意到，经过这样改造而成的程序存储器虽然可以运行和修改程序，但是并不能掉电保存程序，它与真正的程序存储器毕竟不同。

可读写程序存储器的如此改造，也可在单片机系统中使用 E^2PROM 芯片实现，如图 2-21所示采用 2864A 扩展的存储器，不但解决了程序的调试问题，也解决了程序的保存问题。

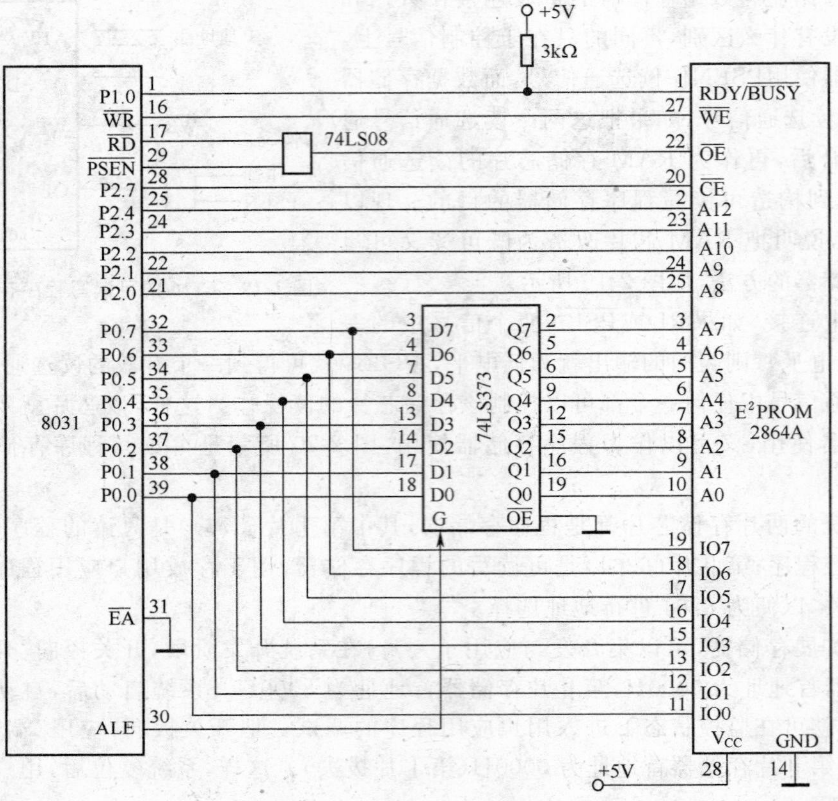

图 2-21 扩展 2864A 接口电路

3. 存储器综述

MCS-51 存储器分为 4 个物理存储空间和 3 个逻辑存储空间，如表 2-7 所示。

表 2-7 MCS-51 存储器空间构成

存储器类型	内 部	外 部
数据存储器	MOV 指令	MOVX 指令 $\overline{RD}$、$\overline{WR}$选通
程序存储器	MOVC 指令 $\overline{EA}$=1	MOVC 指令 $\overline{PSEN}$选通，$\overline{EA}$=0

在 MCS-51 中，为区分不同的存储空间采用了硬件和软件两种措施。所谓硬件措施是指对不同的存储空间使用不同的控制信号；而软件措施则指访问不同的存储空间使用不同的指令。

(1) 内部程序存储器与内部数据存储器的区分

芯片内部的 ROM 与 RAM 是通过指令来相互区分的。读 ROM 时使用“MOVC”指令，而读 RAM 时则使用“MOV”指令。

(2) 外部程序存储器与外部数据存储器的区分

对外部扩展 ROM 与 RAM，同样使用指令来加以区分，读外部 ROM 使用指令"MOVC"，而读外部 RAM 则使用指令"MOVX"。此外，在电路连接上还提供了两个不同的选通信号，以 $\overline{PSEN}$ 作为外部 ROM 的读选通信号，$\overline{RD}$、$\overline{WR}$ 为外部 RAM 的读、写选通信号。

(3) 内外数据存储器的区分

内部 RAM 和外部 RAM 是分开编址的，访问内部 RAM 使用"MOV"指令，访问外部 RAM 使用"MOVX"指令，因此不会发生操作混乱。

思考与练习

1. 程序存储器扩展与数据存储器扩展有何不同？

2. 试设计符合下列要求的 MCS-51 单片机系统：外接 8 KB 程序存储器（用一片 2764）和 2 KB 数据存储器（用一片 6116）。

任务五 I²C 总线接口与串口存储器扩展

任务要求

✧了解 I²C 总线的概念

✧掌握 AT24C02 串行数据存储器扩展

相关知识

1. I²C 总线

(1) I²C 总线的概念

I²C (Inter-Integrated Circuit)总线是由 PHILIPS 公司开发的一种两线式串行总线，用于连接微控制器及其外围设备，是单片机与外围器件连接的一种常用方法。

I²C 总线只有 SCL 和 SDA 两条线，其中 SCL(Serial Clock)为串行时钟线，SDA(Serial Data)为串行数据传送线，通过这两条线与系统连接。

(2) I²C 系列器件的操作方法

使用 I²C 系列器件时，根据数据传送方向和控制方法，将各个器件划分为主器件和从器件。

主器件：数据传送过程中必须有一个器件对传送过程进行控制，即产生串行时钟（SCL）信号，这个器件就称为主器件。

从器件：数据传送至少需要两个以上的器件参与，主器件只能有一个，其他器件为从器件，从器件可以为多个。

发送器：数据传送时送出数据的器件称为发送器。

接收器：数据传送时接收数据的器件称为接收器。

2. 24C02 串行存储器

(1) 24C02 器件的外观及引脚

24C02 是一种串行存储器,它的外部接口采用了典型的 I^2C 总线接口,其外形和各引脚的功能如图 2-22 所示。

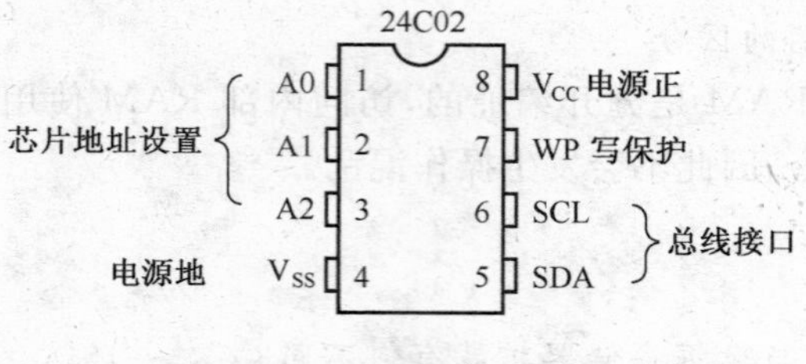

图 2-22　24C02 外部引脚图及各引脚功能

(2) 89C52 单片机与 24C02 的连接

当 89C52 单片机与 24C02 传送数据时各器件的作用如表 2-8 和图 2-23 所示。

表 2-8　89C52 与 24C02 传送数据

数据传送方向	主器件	从器件	发送器	接收器
从 89C52 送到 24C02	89C52	24C02	89C52	24C02
从 24C02 送到 89C52	89C52	24C02	24C02	89C52

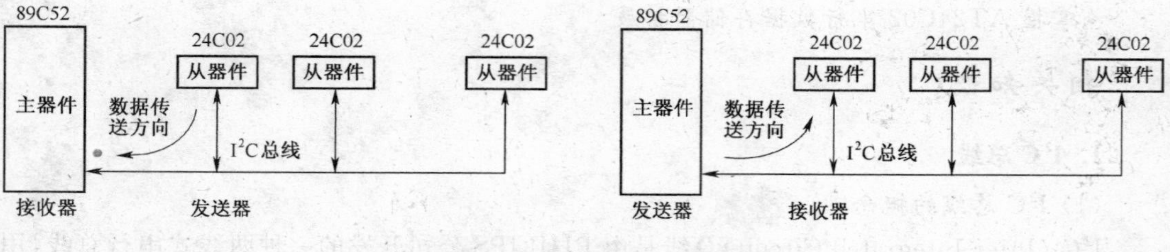

图 2-23　89C52 与 24C02 传送数据

89C52 与 24C02 的连接方式如图 2-24 所示。24C02 的外部数据接口(I^2C 总线)SCL 串行时钟线、SDA 数据传送线,分别将其连接到 89C52 的 P2.0 口和 P2.1 口。程序中将连接这两条线的引脚用指令分别定义为 SCL 和 SDA。

```
SCL   BIT   P2.0   ;定义 24C02 的串行时钟线
SDA   BIT   P2.1   ;定义 24C02 的串行数据线
```

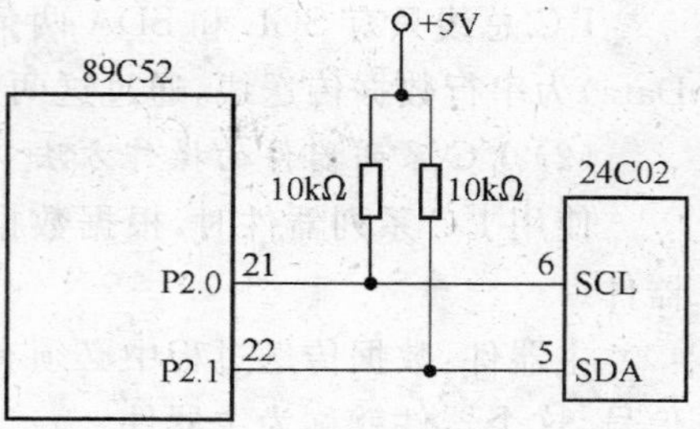

图 2-24　89C52 与 24C02 的连接

I^2C 总线上可以连接多个 I^2C 接口器件,SCL 线和 SDA 线分别接一只 10 kΩ的上拉电阻。

(3) I^2C 总线传送数据的规则

I^2C 总线传送数据的规则如图 2-25 所示。

对 24C02 的操作可分为以下几种。

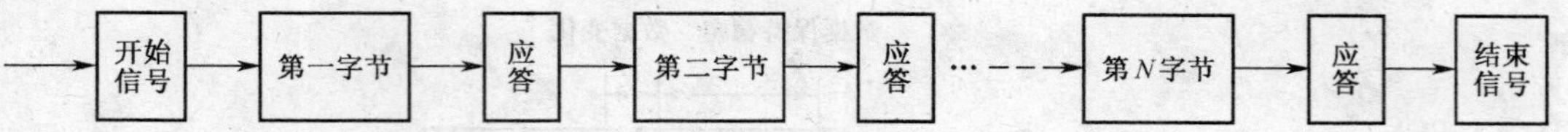

图 2-25　I^2C 总线传送数据的规则

① 开始/结束信号。

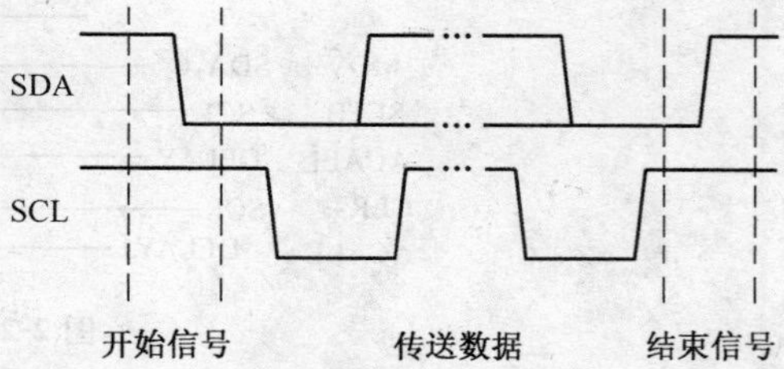

图 2-26　开始/结束信号

开始传送数据前必须由主器件发出开始信号,数据传送完成后也必须由主器件发出结束信号,这两种信号的规定如下。

开始信号:SCL 为高电平时,SDA 出现一个下降沿,即 SDA 线由高电平跳变为低电平。

结束信号:SCL 为高电平时,SDA 出现一个上升沿,即 SDA 线由低电平跳变为高电平,开始/结束信号如图 2-26 所示。

具体实现方法如图 2-27 和图 2-28 所示。为了保证数据传送的稳定性,在对每一个端口操作后加入了一个延时(DELAY1)。

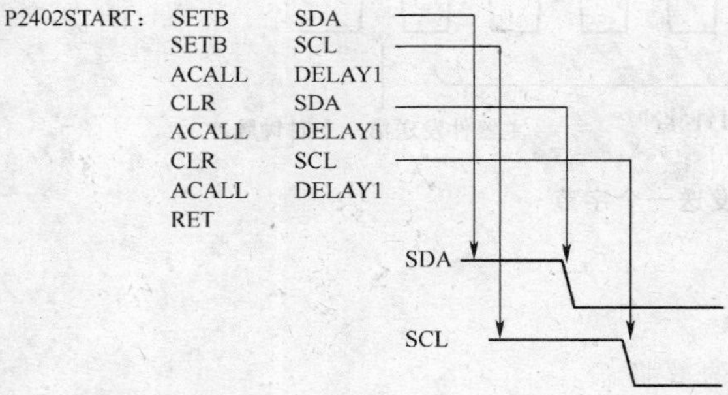

图 2-27　24C02 的开始信号

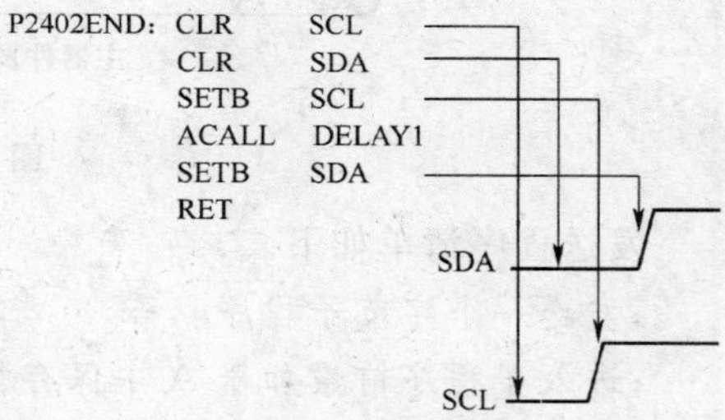

图 2-28　24C02 的结束信号

延时子程序:使用 12 MHz 晶振时,调用 DELAY 将产生 6 μs 延时,调用 DELAY1 将产生 5 μs 延时。指令如下:

```
DELAY:     NOP
DELAY1:    NOP
           RET
```

② 主器件发送一个字节。

主器件发出开始信号后就可以进行数据传送了。每一个 SCL 脉冲传送一位数据,当 SCL 为高电平时,SDA 不允许发生变化,只有当 SCL 为低电平时,才能改变 SDA 的数据。位传送的过程如图 2-29 所示,待传送的数据位在 C 中。

发送字节时,高位在前,从高到低顺序发送完 8 位数据后释放 SDA 线(置 1),接收器将 SDA 线拉低(置 0),发送器在下一个 SCL 周期检测 SDA 线,若为低电位,说明接收器接收正确,数据格式如图 2-30 所示。

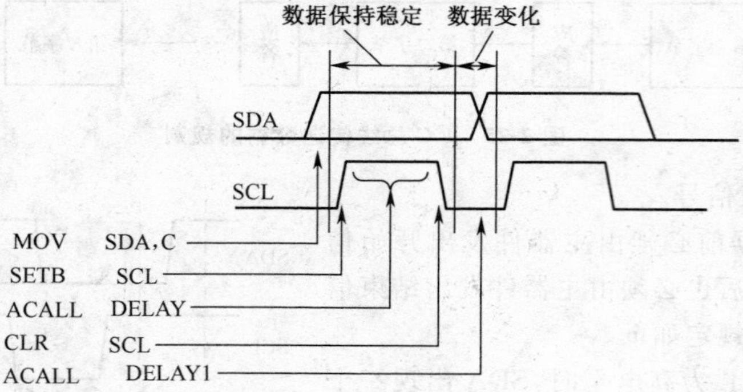

图 2-29　发送一位数据

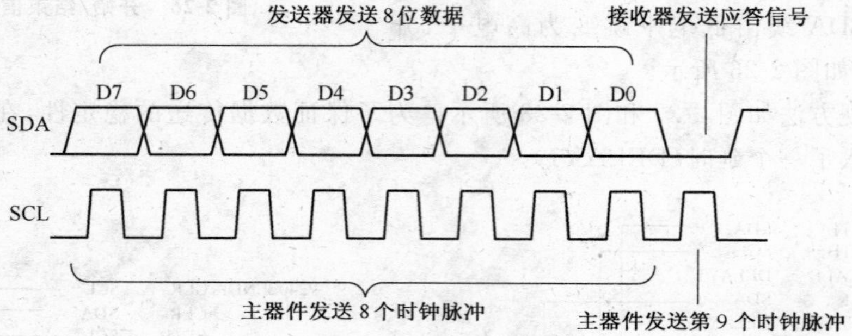

图 2-30　发送一个字节

发送程序清单如下。

```
;发送一个字节子程序
;进入子程序前累加器 A 中保存待发送的数据
;程序中使用 8 次循环,从高位到低位顺序发送各位
;发送完成后检查是否有应答,若无应答则置出错标志后返回
P2402S:   CLR      ERROR       ;清出错标志
          MOV      R3, #8      ;计数器
P2402SL:  RLC      A           ;取一位数据
          MOV      SDA, C      ;发送一位数据
          SETB     SCL         ;发 SCL 上升沿
          ACALL    DELAY1
          CLR      SCL         ;发 SCL 下降沿
          ACALL    DELAY1
          DJNZ R3, P2402SL     ;判断 8 位是否发送完
          SETB     SDA         ;已发送完,释放 SDA
          SETB     SCL         ;SCL=1,第 9 个脉冲的上升沿
          ACALL    DELAY       ;延时
```

```
          JNB      SDA,P2402SR      ;SDA=0,表示接收器件有应答,转 P2402SR
          SETB     ERROR            ;未收到应答,设置出错标志
P2402SR:  CLR      SCL              ;SCL=0,第 9 个脉冲的下降沿
          RET                       ;返回
```

③ 数据发送方法。

24C02 可以一次发送多个字节,其发送方法如图 2-31 所示。

开始信号	发送命令	应答	数据地址	应答	数据1	应答	…	数据n	应答	结束信号

图 2-31　数据发送格式

a. 发送命令由一个字节构成,每一位的含义如图 2-32 所示。

D7	D6	D5	D4	D3	D2	D1	D0
1	0	1	0	A2	A1	A0	R/$\overline{W}$

图 2-32　24C02 的命令格式

图中:D7～D4 为器件 24C02 的器件代码。

A2、A1、A0 三位为实际连接时 24C02 的第 1、2、3 脚连接方法,接地时对应位为 0 接电源正极时为 1,因此,在同一个总线下最多可以连接 8 个 24C02。

R/$\overline{W}$ 位为读写位,该位为 1 时表示从 24C02 读出数据,该位为 0 时表示向 24C02 写入数据。

按图 2-24 的连接方法,向 24C02 写数据时命令字为 0A0H,而从 24C02 读出数据时为 0A1H。

b. 数据地址为第 1 个数据存放到 24C02 中的地址,其后字节均从此地址开始顺序存放。

多字节写入 24C02 的程序清单如下。

```
;多字节写 2402
;入口:    R0 指向数据起点
;         R1 字节数
;         R2 目标地址
W2402:    MOV      A, #0A0H          ;命令字
          LCALL    P2402START        ;发送开始信号
          LCALL    P2402S            ;写命令字
          JB       ERROR,W2402E      ;无应答,出错转 W2402E
          MOV      A, R2             ;取数据地址
          ACALL    P2402S            ;写数据地址
          JB       ERROR,W2402E      ;无应答,出错转 W2402E
W24021:   MOV      A, @R0            ;取数据
          ACALL    P2402S            ;写数据
```

```
          JB       ERROR,W2402E      ;无应答,出错转 W2402E
          INC      R0                ;下一个数据
          DJNZ     R1, W24021        ;未发送完转 W24021 继续发送
W2402E:   ACALL    P2402END          ;发送结束信号
          RET                        ;返回
```

④ 主器件接收一个字节。

主器件接收一个字节时的波形与发送相同,只是主器件为接收器件,SCL 信号由主器件控制。每个 SCL 的上升沿后,从器件将数据发送到 SDA 线上,主器件检查 SDA 线的状态,即接收从器件发送的一位数据,如图 2-33 所示。8 个 SCL 脉冲后,主器件接收到 8 位数据完成接收一个字节。每接收一个字节后,主器件需要发送一个应答信号。但连续接收多个字节后,最后一个字节不需要应答信号。

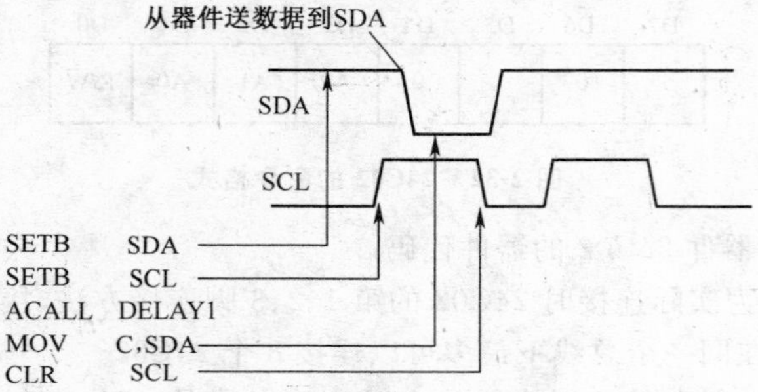

图 2-33　主器件接收一位数据

程序清单如下。

```
;接收一个字节子程序
;入口:     R1 接收字节计数器(R1)=1 说明当前为最后一个字节
;          接收完最后一个字节后不应答
;出口:     A 中为接收到的字节
P2402R:   MOV      R3, #8            ;计数器
P2402RL:  SETB     SCL               ;SCL 上升沿
          ACALL    DELAY1            ;延时
          MOV      C, SDA            ;从 SDA 线读数据
          RLC      A                 ;移入 A 中
          CLR      SCL               ;SCL 下降沿
          ACALL    DELAY1            ;延时
          DJNZ     R3,P2402RL        ;一个字节未完, 转 P2402RL
          PUSH     ACC               ;暂时保存接收到的数据
          MOV      A, R1             ;取接收字节数
          CJNE     A, #1,P2402R1     ;接收字节=1, 表示当前为最后一个字节
          SETB     SDA               ;最后一个字节不应答
          SJMP     P2402R2
```

```
P2402R1：CLR      SDA           ;SDA=0 应答
P2402R2：SETB     SCL           ;SCL=1 第 9 个脉冲上升沿
         POP      ACC           ;恢复接收数据
         ACALL    DELAY1        ;延时
         CLR      SCL           ;SCL=0 第 9 个脉冲下降沿
         SETB     SDA           ;SDA=1
         ACALL    DELAY         ;延时
         RET                    ;返回
```

⑤ 接收数据的方法。

接收数据的方法如图 2-34 所示。接收数据时一次可以连续接收多字节数据，但是最后一个字节不需要应答信号。

开始信号	发读数命令	应答	读数据1	应答	…	读数据n	结束信号

图 2-34　24C02 读数据

从图 2-34 可以看出，读数据的命令序列中没有数据地址，实际读的数据是从上一次操作后的地址开始读取，为了读取指定位置的数据可以先运行一个虚拟的写操作，其过程如图 2-35 所示。

开始信号	发送命令	应答	发数据地址	应答	开始信号	发读数命令	应答	读数据 1	应答	…	读数据n	结束信号

图 2-35　读取指定地址数据

程序清单如下。

```
;多字节读 2402
;入口：   R0 数据地址指针
;         R1 字节数
;         R2 目标地址
R2402：   MOV      A，#0A0H         ;准备“发送命令字”
          ACALL    P2402START       ;发送开始信号
          ACALL    P2402S           ;写命令字
          JB       ERROR，R2402E    ;无应答，出错转 R2402E
          MOV      A，R2            ;取数据地址
          ACALL    P2402S           ;写数据地址
          JB       ERROR,R2402E     ;无应答，出错转 R2402E
          MOV      A，#0A1H         ;准备“读命令字”
          ACALL    P2402START       ;发送开始信号
          ACALL    P2402S           ;写命令字
          JB       ERROR,R2402E     ;无应答，出错转 R2402E
R24021：  ACALL    P2402R           ;读一个字节
```

```
          MOV     @R0, A          ;保存数据
          INC     R0              ;调整数据指针
          DJNZ    R1, R24021      ;未读完继续
R2402E:   ACALL   P2402END        ;发送结束信号
          RET
```

任务六　SPI总线与串口数据存储器扩展

任务要求

✧了解 SPI 总线的概念

✧掌握 25C040 串口数据存储器扩展

相关知识

1. SPI 总线

SPI(Serial Peripheral Interface)是由摩托罗拉公司开发的全双工同步串行总线,在 SPI 串行同步通信系统中,有一个主设备和一个或多个从设备组成,主设备通过启动一个从设备的同步通信,从而完成数据的交换。

SPI 接口由 SI(串行数据输入)、SO(串行数据输出)、SLK(串行移位时钟)和$\overline{CS}$(从使能信号)4 种信号构成,$\overline{CS}$决定了唯一的与主设备通信的从设备,如没有$\overline{CS}$信号,则只能存在一个从设备,主设备通过产生移位时钟来发起通信。

SPI 总线大量用在与 EEPROM、ADC、FRAM 和显示驱动器之类的慢速外设器件通信。本节以 25C040 串行存储器为例,介绍 SPI 总线的使用方法。

2. 25C040 的简介

(1) 25C040 的主要功能

25C040 是 MICROCHIP 公司生产的一种使用 SPI 接口的串行存储器(E^2PROM)。容量为 4 KB(512×8 B),允许擦写 10 万次,断电后数据可保存 200 年。

(2) 25C040 的外观与引脚

25C040 的外观如图 2-36 所示,其外部共有 8 只引脚,各自的功能如表 2-9 所示。

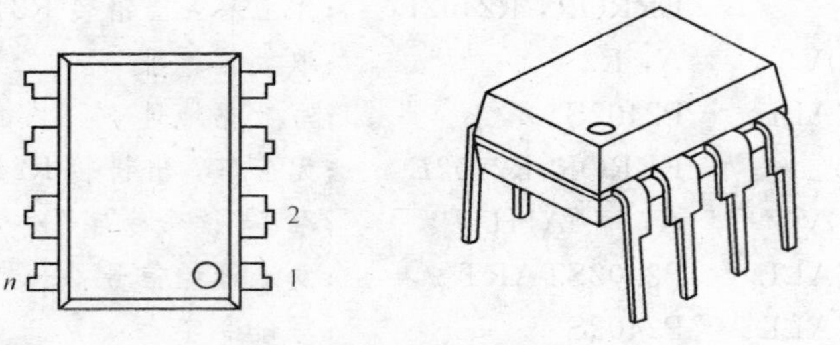

图 2-36　25C040 DIP 封装的外观

表 2-9 25C040 的引脚功能

引脚号	符 号	功 能	引脚号	符 号	功 能
1	$\overline{CS}$	片选端，低有效。此信号有效时才能进行读、写操作	5	SI	数据输入端。将数据写入存储器内
2	SO	数据输出端。读出存储器内保存的数据	6	SLK	串行时钟端
3	$\overline{WP}$	写保护端，低有效。此信号有效时，不能进行写操作	7	$\overline{HOLD}$	保持端，低有效。此信号有效时暂停数据的读、写操作
4	V_{SS}	电源地	8	V_{DD}	电源正端

(3) 25C040 与单片机的连接方法

为了演示 25C040 的读写方法，暂不使用$\overline{WP}$和$\overline{HOLD}$端。25C040 与 CPU 的连接举例如图 2-37 所示。

根据图 25C040 的连接方法，程序中对各端口的定义如下。

```
SPICS    DB  P2.0        ;定义 SPICS 为 25C040 的片选端CS
SPISO    DB  P2.1        ;定义 SPISO 为 25C040 的数据输出端 SO
SPISI    DB  P2.2        ;定义 SPISI 为 25C040 的数据输入端 SI
SPICLK   DB  P2.3        ;定义 SPICLK 为 25C040 的时钟端 CLK
```

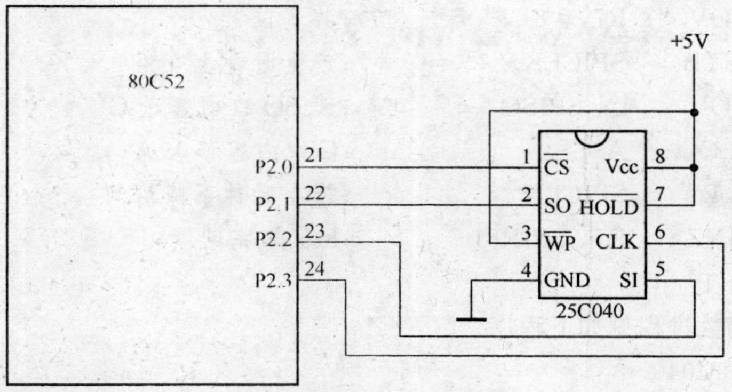

图 2-37 25C040 的连接举例

3. 25C040 的读、写方法

(1) 25C040 的读数方法

25C040 的读数据时序如图 2-38 所示。

根据时序图可以得知，25C040 的读数过程分以下几个步骤。

① $\overline{CS}$端控制读写过程，读数前$\overline{CS}$=0，操作结束后$\overline{CS}$=1。

② 首先发送读数指令(3H)。

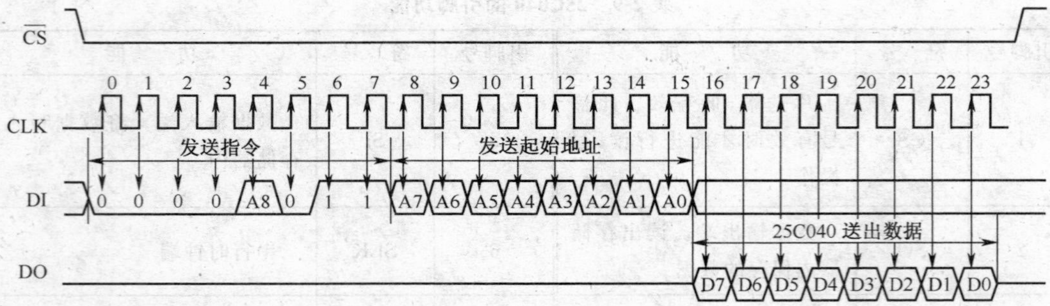

图 2-38　25C040 的读数时序

③ 由于 25C040 可寻址范围为 512（01FFH），其地址需要 9 位二进制数(A8A7A6A5A4A3A2A1A0)，而一个字节只有 8 位（A7A6A5A4A3A2A1A0），其最高位 A8 放在指令的第 3 位中。

④ 发送地址低 8 位。

⑤ 发送完地址后，从下一个时钟脉冲开始，CPU 接收 8 位数据。

⑥ 25C040 可以一次连续读取多个字节，即重复上一步操作，就可继续读下一个地址的数据。

⑦ 读数完成后使 $\overline{CS}=1$，结束本次操作。

25C040 的读写均以 8 位为一个单位，可将读写程序编写为如下子程序。

```
;SPI 读一个字节
;出口：  A 中为读出数据
SPIR8:   MOV    R7,#8           ;共 8 位
SPIR81:  SETB   SPICLK          ;产生时钟上升沿
         MOV    C, SPISO        ;读 SO 口内容送 C
         RLC    A               ;C 中内容移入 A
         CLR    SPICLK          ;产生时钟下降沿
         DJNZ   R7, SPIR81      ;8 位未完继续
         RET
```

25C040 的读数过程见如下程序。

```
;多字节读 25C040
;入口:A 中为地址低 8 位,位变量 A8 为地址第 8 位
;       R0 中为数据存放区地址指针,R1 为需读取的字节数
;出口:读出数据区中存放读出数据
SPIR:    PUSH   ACC             ;暂存地址低 8 位
         MOV    A,#03H          ;#03H 为读指令
         MOV    C,A8            ;设置地址 A8
         MOV    ACC.3,C         ;将地址为 A8 保存到 ACC.3 中
         CLR    SPICLK          ;
```

```
         CLR     SPICS      ;CS=0 启动读数过程
         LCALL   SPIW8      ;发送指令(时序图中第 0～7 个 CLK)
         POP     ACC        ;恢复地址低 8 位
         LCALL   SPIW8      ;发送地址(时序图中第 8～15 个 CLK)
SPIR1:   LCALL   SPIR8      ;读 8 位数据(时序图中第 16～23 个 CLK)
         MOV     @R0,A      ;保存数据
         INC     R0         ;指向下一个位置
         DJNZ    R1,SPIR1   ;未读完继续
         SETB    SPICS      ;CS=1 读数结束
         RET
```

(2) 25C040 的写入方法

25C040 的写数据时序见图 2-39 所示。

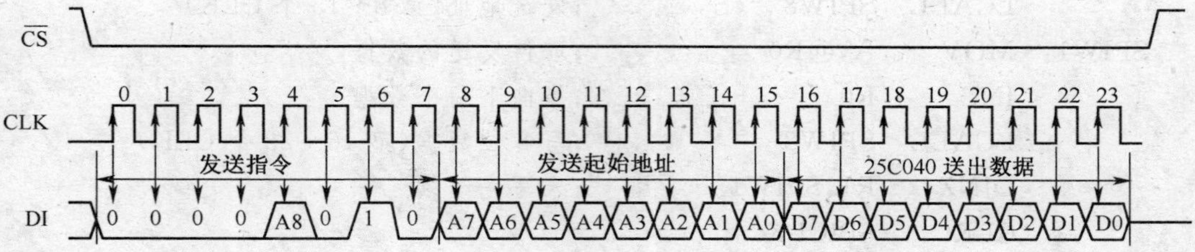

图 2-39　25C040 的写数据时序

根据上述时序图可知,写数据的操作过程如下。

① 使$\overline{CS}$=0,启动操作。

② 发送 8 位写指令,其中第 3 位为地址 A8。

③ 发送地址低 8 位。

④ 发送数据。

⑤ 25C040 可一次发送多个字节,顺序保存在指定地址的后续地址中。但 25C040 一次最多发送 16B。

⑥ 发送完成后,使$\overline{CS}$=1,结束本次操作。

```
; SPI 发送一个字节
;入口: A 中为发送数据
SPIW8:   MOV     R7, #8       ;共 8 位
SPIW81:  RLC     A            ;移出一位到 C 中
         MOV     SPISI, C     ;首先将数据位送到 SI 口
         SETB    SPICLK       ;产生时钟上升沿
         NOP
         CLR     SPICLK       ;产生时钟下降沿
         DJNZ    R7,SPIW81    ;8 位未完继续
         RET
```

25C040 的写数据过程见如下程序：

```
;多字节写 25C040
;入口：  A 中为地址低 8 位,位变量 A8 为地址第 8 位
;       R0 中为数据存放地址指针,R1 为连续写入的字节数(最多 16)
SPIW:   PUSH    ACC             ;暂存地址
        MOV     A,#02H          ;02H 为写指令
        MOV     C,A8            ;设置地址 A8
        MOV     ACC.3,C
        CLR     SPICLK
        CLR     SPICS           ;CS=0 启动读数
        LCALL   SPIW8           ;发送指令(第 0～7 个 CLK)
        POP     ACC             ;恢复地址
        LCALL   SPIW8           ;发送地址(第 8～15 个 CLK)
SPIW1:  MOV     A,@R0           ;取待发送的数据
        INC     R0              ;指向下一个数据
        LCALL   SPIW8           ;写 8 位数据(第 16～23 个 CLK)
        DJNZ    R1,SPIW1        ;未写完继续
        CLR     SPICLK
        SETB    SPICS           ;CS=1 写数结束
        RET
```

(3) 25C040 的状态寄存器

由于 25C040 写入时速度较慢,写指令发出后需要等待 25C040 操作完成。在 25C040 中包含有一个状态寄存器,其中最低位为工作状态(WIP)。将状态寄存器内容读出后,检查 WIP 位,若 WIP=1,说明写操作还未完成,不能进行下一步操作。

读状态寄存器的时序图如图 2-40 所示。

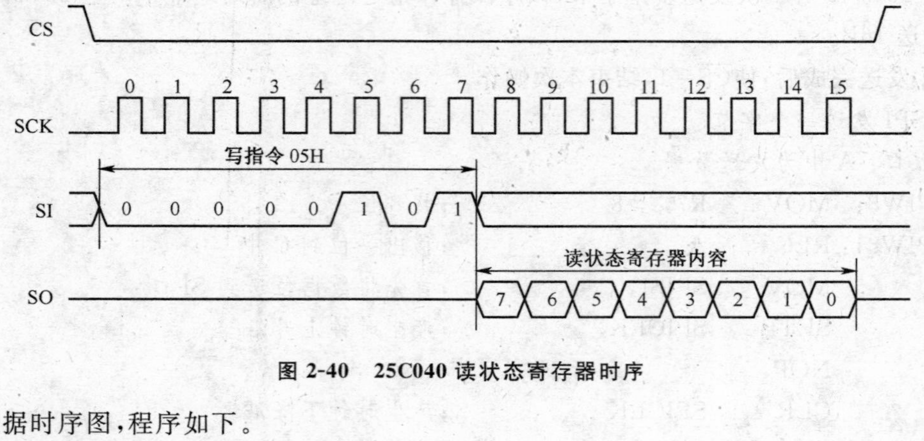

图 2-40　25C040 读状态寄存器时序

根据时序图,程序如下。

```
;读状态寄存器
;出口:A 中为状态寄存器内容
```

```
SPIRI: CLR    SPICLK
       CLR    SPICS
       MOV    A,#05H
       LCALL  SPIW8
       LCALL  SPIR8
       CLR    SPICLK
       SETB   SPICS
       RET
```

返回后A中为状态寄存器内容,其中ACC.0为WIP,即"忙标志"。若ACC.0=1说明器件正忙,暂不进行后续操作。

(4) 25C040的写保护措施

25C040外部有一个写保护引脚$\overline{WP}$,当$\overline{WP}$=0时,器件只能读不能写。当$\overline{WP}$=1时,器件引脚写保护不起作用,但是能否写入数据还取决于写允许指令与写禁止指令。

25C040设置了自动写保护功能,默认状态下为写保护,因此在写25C040之前必须执行写允许指令(#06H)。

```
;写允许
SPIWE: CLR    SPICLK
       CLR    SPICS
       MOV    A,#06H
       LCALL  SPIW8
       CLR    SPICLK
       SETB   SPICS
       RET
```

写禁止指令为#04H,向25C040发送此指令后器件不能再写数据。需要再写数据时必须重发写允许指令。

```
;写禁止
SPIWNE:CLR    SPICLK
       CLR    SPICS
       MOV    A,#04H
       LCALL  SPIW8
       CLR    SPICLK
       SETB   SPICS
       RET
```

4. 测试程序

使用下列测试程序可以测试25C040的读写过程,此程序向25C040中写入一个字符串"WTZY",然后再从25C040中读回。程序如下。

```
       ORG    000
       SJMP   MAIN
```

```
SPICS   BIT P2.0             ;定义 SPICS 为 25C040 的片选端CS
SPISO   BIT     P2.1         ;定义 SPISI 为 25C040 的数据输入端 SO
SPISI   BIT     P2.2         ;定义 SPISO 为 25C040 的数据输出端 SI
SPICLK  BIT     P2.3         ;定义 SPICLK 为 25C040 的时钟端 CLK
A8      BIT     00H          ;定义一个位变量,用于保存地址第 8 位
STR:    DB      "WTZY",0H    ;放置一个字符串,以 00H 结尾
MAIN:   MOV     DPTR,#STR    ;将字符串移如内部数据区(30H 为起点)
        MOV     R0,#30H
        MOV     R1,#0        ;用于字符串长度计数
MAIN1:  CLR     A
        MOVC    A,@A+DPTR
        JZ      MAIN2        ;读回数据=0 说明字符串读完
        MOV     @R0,A        ;将数据保存到数据区
        INC     R0           ;数据指针+1
        INC     R1           ;数据字节数+1
        INC     DPTR         ;下一个数据
        SJMP    MAIN1
MAIN2:  CLR     SPICLK
        LCALL   SPIWE        ;执行写允许指令
        MOV     A,#0         ;准备将数据写入 25C040
        CLR     A8
        MOV     R0,#30H
        LCALL   SPIW         ;写入
MAIN3:  LCALL   SPIRI        ;读状态寄存器内容
        JB      ACC.0,MAIN3  ;若 ACC.0=1 说明器件正忙,等待
        MOV     A,#0         ;准备从 25C040 中读出数据
        MOV     R0,#40H      ;保存在 40H 开始的地址中
        MOV     R1,#4        ;共读 4B
        LCALL   SPIR         ;读数
        SJMP    $
```

项目小结

8051 内部继承了计算机的基本部件,这对于一般小型单片机应用系统已经足够,但在应用系统较为复杂的情况下,某些器件必须扩展。

常用的扩展方法有并行法和串行法,并行法速度快,串行法接线较少,所有的外部芯片都通过三组总线进行扩展。扩展总线包括地址总线(AB),P 口提供低 8 位地址 A0～A7,P2 口提供高 8 位地址 A8～A15;数据总线(DB)由 P0 口提供;控制总线(CB)包括 ALE、

$\overline{EA}$、$\overline{WR}$、$\overline{PSEN}$、$\overline{RD}$等。

地址译码的方法有线选法和译码法。译码法地址空间连续，不存在重叠现象，但电路连接较复杂；线选法电路简单，但地址重叠且不连续。

扩展片外 ROM、E^2PROM 和片外 RAM 时分别以 2764、2864 和 6264 为例，介绍它们的扩展电路，工作过程的异同，读片外 ROM 由$\overline{PSEN}$选通，读片外 RAM 由$\overline{WR}$、$\overline{RD}$选通。此外，介绍了扩展超过 64 KB 容量 ROM 的方法。

扩展 I/O 接口通常有简单扩展和使用可编程接口芯片两种途径。所谓简单扩展就是利用 74LS377、74LS373、74LS244、74LS245 等锁存器三态门或双向缓冲器构造一个简单的输入/输出端口；专用接口芯片扩展是采用 8155、8255 等具有特殊功能的专用接口芯片来扩展输入/输出端口。

为了能进一步缩小单片机及其外围芯片的体积、降低价格、简化互连线路，近年来，各制造厂商先后推出专门用于串行数据传输的各类器件和接口，主要有 I^2C 总线、串行外围接口 SPI、Micro wire、1-wire 总线和串行接口移位寄存方式。本章以 I^2C 总线为例详细介绍了其特点、工作原理，以及与 8051 单片机的接口电路。

对于存储器的扩展，读者要掌握其扩展原理。I/O 接口的扩展是本章乃至全书的重点，对于这部分内容，读者一定要多实践。

项目测试

一、填空题

1. 8051 外扩 ROM、RAM 或 I/O 时，它的数据总线是________口。

2. 74LS138 是具有 3 个输入的译码器芯片，其输出作为片选信号时，最多可以选中________个芯片。

3. 并行扩展存储器，产生片选信号的方式有________法和________法两种。

4. 11 根地址线可选________个存储单元，16 KB 存储单元需要________根地址线。

5. 在存储器扩展中，无论是线选法还是译码法，最终都是为了扩展芯片的________端提供信号。

6. 32 KB RAM 存储器的首地址若为 2000H，则末地址为________ H。

7. I^2C 总线是由________和________构成的串行总线。

8. SPI 总线的通信方式是________(同步/异步)。

二、选择题

1. 6264 芯片是________。

A. E^2PROM　　B. EPROM　　C. RAM　　D. FLASH RAM

2. 74LS138 是________。

A. 驱动器　　B. 译码器　　C. 锁存器　　D. 编码器

3. 单片机要扩展一片 EPROM 2764 需占用________个 P2 口。

A. 3　　B. 4　　C. 5　　D. 6

4. 在存储器扩展电路中，74LS373 的主要功能是________。

A. 存储数据　　B. 存储地址　　C. 锁存数据　　D. 锁存地址

5. 对于 8031 来说，$\overline{EA}$端总是________。

A. 接地　　B. 接电源　　C. 悬空　　D. 不用

三、简答题

1. 为什么要进行系统的扩展？

2. 在 8051 扩展系统中，程序存储器和数据存储器共用 16 位地址线和 8 位数据线，为什么两个存储空间不会发生冲突？

3. 绘制 8051 扩展外部程序存储器的一般连接方式。

4. 8051 访问 6264 时，其指令是什么？

5. 绘制 8051 与 74LS373 接口电路。

项目 3

I/O 口扩展

知识目标

1. 掌握单片机系统 I/O 口扩展的基本方法；
2. 掌握单片机系统中常用锁存器的使用方法；
3. 掌握 8255 并行接口芯片的扩展方法；
4. 掌握 8155 接口芯片扩展的方法。

能力目标

1. 简单 I/O 口扩展；
2. 8255 可编程接口芯片扩展；
3. 8155 可编程接口芯片扩展。

任务一 I/O 口扩展的必要性

任务要求

◇了解 I/O 口扩展的必要性

相关知识

1. 单片机本身 I/O 口功能有限

虽然单片机本身的 I/O 口能实现简单的数据 I/O 操作，但其功能十分有限。在单片机的 I/O 口电路中，只有数据锁存和缓冲功能，而没有控制功能，难以满足复杂的 I/O 操作要求，其次是单片机本身的 I/O 功能有限，除了结构及功能上的原因之外，还有数量上的原因。单片机虽然有 4 个 8 位双向 I/O 口，但在实际应用中，这些口并不能全部用于 I/O 目的。P0 口被作为低 8 位地址线和数据线使用，P2 口被作为高 8 位地址线使用，而 P3 口线的第二功能是提供重要的控制信号，更是系统扩展必不可少的。这样，剩下来真正能作为数据 I/O 使用的就只有 P1 口了。鉴于单片机的 I/O 资源比较有限，所以在实际应用中不得不使用扩展的方法，来增加I/O口的数量，增强I/O口的功能。

2. 单片机控制中的复杂接口要求

在单片机系统中主要有两类数据传送操作，一类是单片机和存储器之间的数据读/写操作；另一类则是单片机和其他设备之间的数据输入/输出(I/O)操作。其复杂性主要表现在以下几个方面。

(1) 速度差异大

慢速设备如开关、继电器、机械传感器等，每秒钟传送不了一个数据；而高速采样设备，每秒钟要传送成千上万个数据。面对速度差异如此之大的各类设备，单片机无法以一个固定的时序同它们按同步方式协调工作。

(2) 设备种类繁多

单片机应用系统中的控制对象或外部设备种类繁多，它们既可能是机械式的，又可能是机电式的，还可能是电子式的。由于不同设备之间性能各异、对数据的要求互不相同，因此无法按统一格式进行数据传送。

(3) 数据信号形式多种多样

单片机应用系统所面对的数据形式是多种多样的。例如，既有电压信号，也有电流信号；既有数字形式，也有模拟形式。

正是由于这些原因，使单片机的I/O操作变得十分复杂，单靠单片机本身的I/O口电路是无法实现的。为此，必须扩展接口电路，对单片机与设备之间的数据传送进行协调和控制。

3. 扩展I/O接口电路的目的

在单片机应用系统中，扩展I/O接口电路主要具有如下几项功能。

(1) 速度协调

由于速度上的差异，使得单片机的I/O数据传送只能以异步方式进行，即只能在确认设备已为数据传送做好准备的前提下才能进行I/O操作。而要知道设备是否准备好，就需要通过接口电路产生并传送设备的状态信息，以此实现单片机与设备之间的速度协调。

(2) 输出数据锁存

在单片机应用系统中，数据输出都是通过系统的公用数据通道(数据总线)进行的，但是由于单片机的工作速度快，数据在数据总线上保留的时间十分短暂，无法满足慢速设备的需要。为此，在扩展I/O接口电路中应具有数据锁存器，以保存输出数据直至能为设备所接收。可见，数据锁存应成为扩展I/O接口电路后应具备的一项重要功能。

(3) 输入数据三态缓冲

数据输入时，设备向单片机传送的数据要通过数据总线，但数据总线是系统的公用数据通道，上面“挂”着多个数据源，工作比较繁忙。为了维护数据总线上数据传送的“秩序”，因此只允许当前时刻正在进行数据传送的数据源使用数据总线，其余数据源都必须与数据总线处于隔离状态。为此，要求接口电路能为数据输入提供三态缓冲功能。

(4) 数据转换

单片机只能输入和输出数字信号，但是有些设备所提供或所需要的并不是数字信号形式。为此，需要使用接口电路进行数据信号的转换，其中包括：模/数转换和数/模转换。

由此可见，扩展接口电路对数据的 I/O 传送是非常重要的，是比较复杂的单片机应用系统中不可缺少的组成部分。

思考与练习

1. 扩展 I/O 接口电路的目的。

任务二　简单 I/O 口的扩展

任务要求

◇掌握简单 I/O 口的扩展

相关知识

1. 简单输入口扩展

简单输入口扩展功能单一，用于解决数据输入缓冲问题，实际上就是一个三态缓冲器，以达到当输入设备被选通时，使数据源能与数据总线直接连通的目的；而当输入设备处于非选通状态时，则把数据源与数据总线隔离，缓冲器输出呈高阻抗状态。

简单输入口扩展使用中小规模集成电路芯片即可完成，比较典型的芯片如 74LS244。图 3-1(a)所示为 74LS244 芯片的引脚排列。由于该芯片内部有 2 个 4 位的三态缓冲器，因此一片 74LS244 可以扩展一个 8 位输入口，其电路连接如图 3-1(b)所示。使用时以 $\overline{CE}$ 作为数据选通信号。

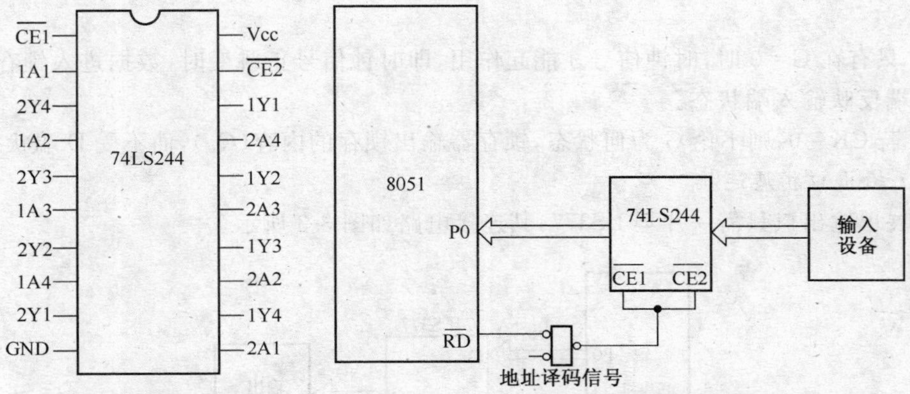

(a) 74LS244引脚排列　　(b) 74LS244实现输入口扩展

图 3-1　74LS244 芯片的引脚排列及电路连接

2. 简单输出口扩展

输出口的主要功能是进行数据保持，或者说是数据锁存。所以简单输出口扩展应使用锁存器芯片实现。常用的输出口扩展芯片有 74LS377、74LS273、74LS373 等。

(1) 74LS377 芯片

简单输出口扩展通常使用 74LS377 芯片，该芯片是一个具有“使能”控制端的八 D 锁存器。其信号引脚排列如图 3-2 所示。其中：

① 8D～1D：8 位数据输入线；

② 8Q～1Q：8 位数据输出线；

③ CK：时钟信号，上升沿数据锁存；

④ $\overline{G}$：使能控制信号；

⑤ V_{CC}：+5 V 电源。

74LS377 是由 D 触发器组成，D 触发器在上升沿输入数据，即在时钟信号(CK)由低变高正跳时，数据进入锁存器。74LS377 的功能逻辑真值表如表 3-1 所示。

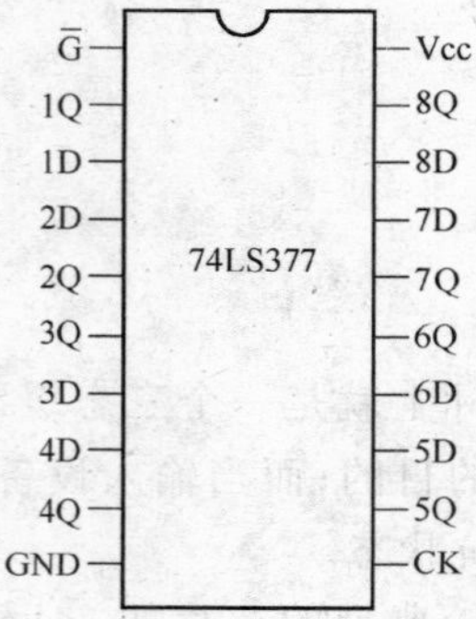

图 3-2　74LS377 引脚排列图

表 3-1　74LS377 真值表

$\overline{G}$	CK	D	Q
1	×	×	Q_0
0	↑	1	1
0	↑	0	0
×	0	×	Q_0

从真值表可以看出：

① 若 $\overline{G}$= 1，则不管数据和时钟信号(CK)是什么状态，锁存器均输出锁存的内容(Q_0)。

② 只有在 $\overline{G}$=0 时，时钟信号才能起作用，即时钟信号正跳变时，数据进入锁存器。也即输出端反映输入端状态。

③ 若 CK=0，则不论 $\overline{G}$ 为何状态，锁存器输出锁存的内容(Q_0)，而不受 D 端状态影响。

(2) 输出口扩展连接

扩展单输出口只需一片 74LS377，其连接电路如图 3-3 所示。

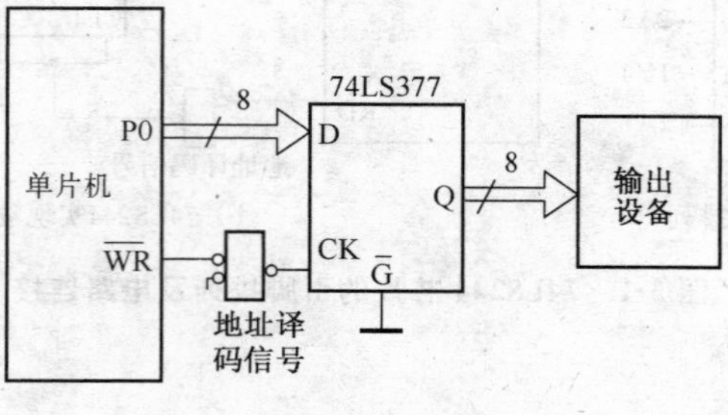

图 3-3　输出口扩展

输出扩展使用$\overline{WR}$作为输出选通，因此以 MCS-51 的$\overline{WR}$信号在地址信号的配合下接CK。因为在$\overline{WR}$信号由低变高时，数据总线上出现的正是输出的数据，因此，$\overline{WR}$接 CK 正好控制输出数据进入锁存器。

此外，74LS377 的 $\overline{G}$ 信号端固定接地（有效），其目的是使锁存器的工作只受 CK（$\overline{WR}$）信号的控制。

思考与练习

1. 用到 3 片 74LS373 的某 8051 应用系统的电路如图 3-4 所示。现要求通过 74LS373 输出 80H，请编写相应的程序。

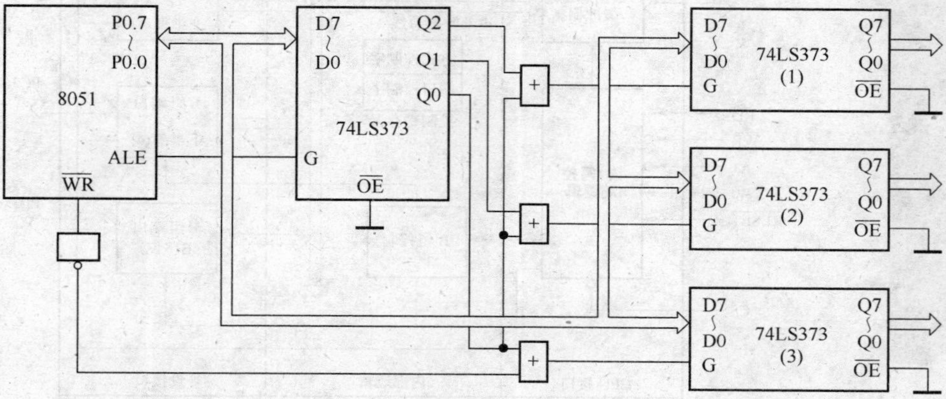

图 3-4 习题图

任务三 8255 可编程并行 I/O 接口扩展

任务要求

✧了解 8255 内部结构

✧掌握 8255 与 CPU 的连接

✧掌握 8255 的应用

相关知识

8051 单片机有 32 根 I/O 线，但在实际应用系统中，8051 本身提供给用户使用的输入/输出线并不多，因此在大多数应用系统中，都需要扩展单片机的输入/输出接口。8255 就是一种典型的用于扩展并行 I/O 接口的可编程接口芯片，可编程是指可用编程的方法改变接口芯片的逻辑功能。在扩展 I/O 接口的电路中，单片机的外部 RAM 和扩展的 I/O 接口统一编址，用户可以把外部 64 KB RAM 存储单元的一部分地址作为扩展 I/O 接口的地址空间，每一个接口相当于一个 RAM 存储单元，CPU 可以像访问外部 RAM 存储器那样访问外部接口。

1. 可编程的并行接口 8255A 芯片内部构成

8255A 的芯片及内部结构框图如图 3-5 所示。8255A 有 3 个 8 位并行口,即 PA、PB、PC,它们都可以选择输入或输出工作方式,但在功能和结构上有些差异。

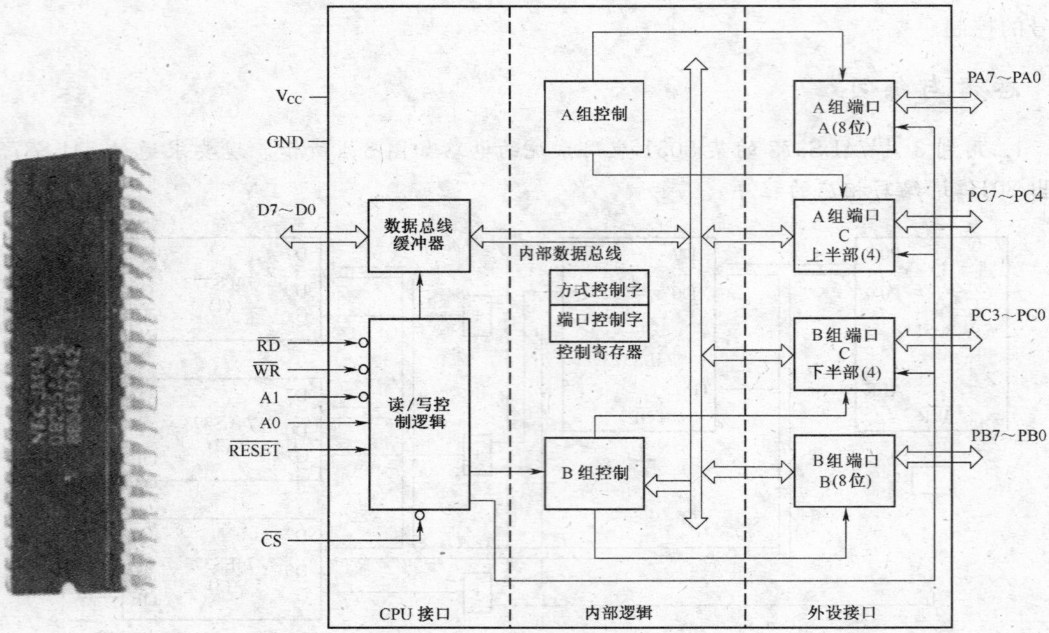

图 3-5　8255A 结构框图

(1) PA、PB、PC 端口

PA 口有 1 个 8 位数据输出锁存器和缓冲器,1 个 8 位数据输入锁存器;PB 口有 1 个 8 位数据输入/输出锁存缓冲器,1 个 8 位的数据输入/输出缓冲器;PC 口有 1 个 8 位的输出锁存缓冲器,1 个 8 位输入缓冲器。PA 口和 PB 口作输入/输出口,PC 口可作为输入/输出口,也可传送 PA、PB 口选通方式操作时的状态控制信号。

(2) A 组和 B 组控制电路

这是两组根据 CPU 命令控制 8255A 工作方式的控制电路:A 组控制 PA 口和 PC4～PC7,B 组控制 PB 和 PC0～PC3。

(3) 双向三态数据总线缓冲器

这是 8255A 和 CPU 数据总线的接口,CPU 和 8255A 之间的命令、数据和状态的传送部分是通过双向三态总线缓冲器传送的。D0～D7 接 CPU 的数据总线。

(4) 读写和控制逻辑

A0、A1、$\overline{CS}$为 8255A 的端口选择信号与片选信号,$\overline{RD}$、$\overline{WR}$为 8255A 的读写控制信号,这些信号分别和 CPU 的地址线和读写信号线相连接,实现 CPU 对 8255A 端口的选择和数据传送。这些控制信号的组合可以实现 CPU 对 8255A 的 PA 口、PB 口、PC 口和控制端口的选择。对 8255A 的端口寻址如表 3-2 所示。

表 3-2 8255A 的 A0～A1、$\overline{RD}$、$\overline{WR}$的控制作用

A1	A0	$\overline{RD}$	$\overline{WR}$	所选端口	功 能
0	0	0	1	A 口	读端口 A
0	1	0	1	B 口	读端口 B
1	0	0	1	C 口	读端口 C
0	0	1	0	A 口	写端口 A
0	1	1	0	B 口	写端口 B
1	0	1	0	C 口	写端口 C
1	1	1	0	控制寄存器	写入控制字

(5) 控制寄存器

控制寄存器包括端口工作方式控制字和 C 口复位/置位控制字，通过程序设置可确定端口的工作方式和 C 口的状态。

2. 8255A 各引脚功能

8255A 的引脚配置如图 3-6 所示。

各引脚功能如下：

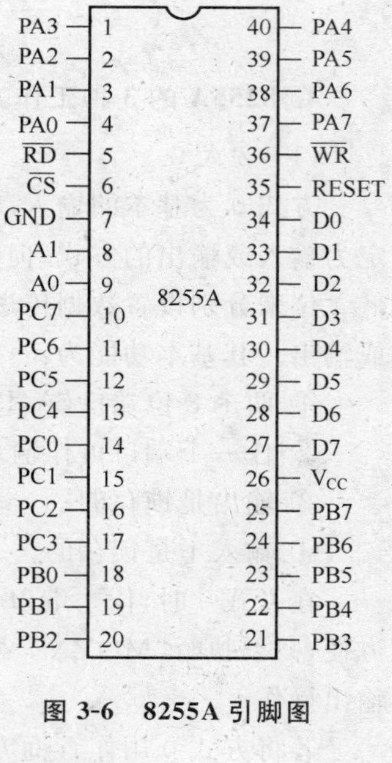

图 3-6 8255A 引脚图

① D0～D7：双向数据总线；

② PA0～PA7：A 端口线；

③ PB0～PB7：B 端口线；

④ PC0～PC3：C 端口低 4 位线；

⑤ PC4～PC7：C 端口高 4 位线；

⑥ A1A0：地址线；

A1A0＝00 时，选择端口 A；

A1A0＝01 时，选择端口 B；

A1A0＝10 时，选择端口 C；

A1A0＝11 时，选择控制寄存器；

⑦ $\overline{RD}$：读控制线。当$\overline{RD}$＝0 时，可以把端口 PA、PB、PC 的数据读入 CPU；

⑧ $\overline{WR}$：写控制线。当$\overline{WR}$＝0 时，CPU 可以把数据写入端口 PA、PB、PC 或者控制寄存器中；

⑨ $\overline{CS}$：片选信号。当$\overline{CS}$＝0 时，该片被选中，允许工作；

⑩ RESET：复位输入信号，高电平有效。复位后，控制寄存器被清零。

3. 8255A 控制字

① 方式控制字，如图 3-7 所示。

② 端口 C 置位/复位控制字，如图 3-8 所示。

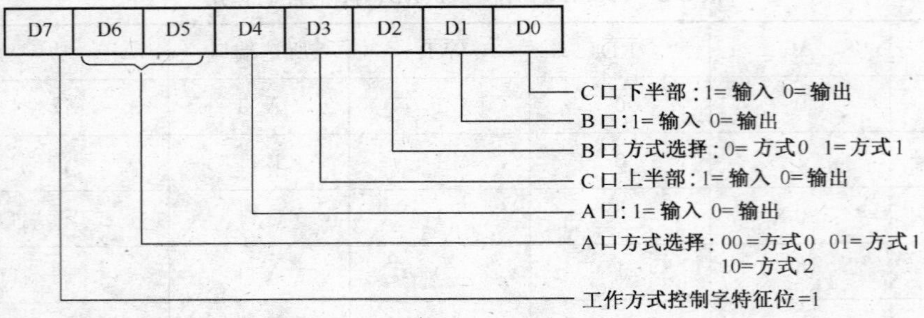

图 3-7　方式控制字

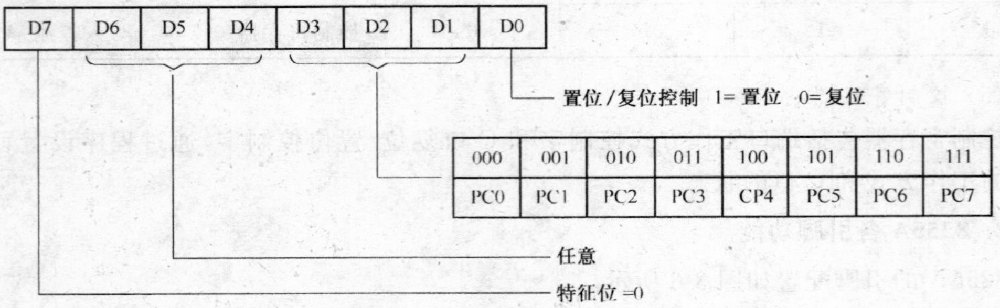

图 3-8　端口 C 控制字

4. 8255A 的 3 种工作方式

(1) 方式 0

方式 0 为基本的输入/输出方式。在这种工作方式下，A、B、C 三个端口都可由程序选定为输入或输出的方式，但不能既作输入又作输出。端口 C 可以分成两部分，即高 4 位和低 4 位来分别设置数据传送方向，如高 4 位设置为输入，低 4 位设置为输出，也可都作输入或输出。其基本功能为：

① 两个 8 位端口(A,B)和两个 4 位端口(C)；

② 任一个端口可作输入或输出；

③ 输出是锁存的；

④ 输入不是锁存的。

在方式 0 时，任一端口都可由简单的传送指令来实现端口读或写，用于无条件传送十分方便，只要执行“MOVX　A,@DPTR”和“MOVX　@DPTR,A”指令，便可完成数据输入/输出操作。

若将方式 0 用作查询方式输入或输出接口电路，则 A 口和 B 口分别作数据端口使用，而用 C 口的某些位可传送这两个数据端口的控制和状态信息。

(2) 方式 1

方式 1 为选通的输入/输出方式。端口 A、端口 B 均可工作在此工作方式，端口 C 传送联络信号。A 口的动作可通过 C 口的高 4 位进行控制。B 口的动作可通过 C 口的低 4 位进行控制。其主要功能如下。

① A口、B口为两个选通I/O端口。

② 每一个端口包含8位数据线、3条控制线(固定的,不能用编程改变)提供中断逻辑。

③ 任一端口都可作输入或输出口。

④ 若只有一个端口工作于方式1,则余下13位(另一个端口的8位和C口的5位)可工作在方式0(由控制字决定)。

⑤ 若两个端口都工作于方式1,则端口C还剩下的2位可由程序指定为输入或输出,同时它也具有置位/复位功能。

a. 输入控制信号的定义。

$\overline{STB}$(Strobe Input,选通输入):由外部输入,低电平有效。$\overline{STB}$有效时,将外部输入的数据锁存到所选端口的输入锁存器中。对于A组,指定端口C的第4位(PC4)用来接收向端口A输入的$\overline{STB}$信号;对于B组,指定端口C的第2位(PC2)用来接收向端口B输入的$\overline{STB}$信号。

IBF(Input Buffer Full,"输入缓冲器满"触发器):向外部输出,高电平有效。IBF有效时,表示由输入设备输入的数据已占用该端口的输入锁存器,它实际上是对$\overline{STB}$信号的回答信号,待CPU执行数据输入指令时$\overline{RD}$有效,将输入数据读入CPU,其后沿置IBF为"0",表示输入缓冲器已空,外设可继续向端口输入后续数据。对于A组,指定端口C的第5位(PC5)作为从端口A输出的IBF信号;对于B组,指定端口C的第1位(PC1)作为从端口B输出的IBF信号。

INTR(Interrupt Request,中断请求):向CPU输出,高电平有效。在A组和B组控制电路中分别设置一个内部中断请求触发器INTEA和INTEB,前者由$\overline{STBA}$(PC4)控制置位,后者由$\overline{STBB}$(PC2)控制置位。

当任一组中的$\overline{STB}$有效时,置IBF为"1",表示当前输入缓冲器已满,并由$\overline{STB}$后沿置"1"各组的INTE,于是,输出INTR有效,向CPU发出中断请求信号。待CPU响应这一中断请求,可在中断服务程序中安排输入指令读取数据后置IBF为"0",这时外设才可继续向端口输入后续数据。

8255A中的端口A和端口B均可工作于方式1完成输入操作功能,这种情况下工作方式控制字的具体格式如图3-9所示,经这样定义的端口状态如图3-10所示。

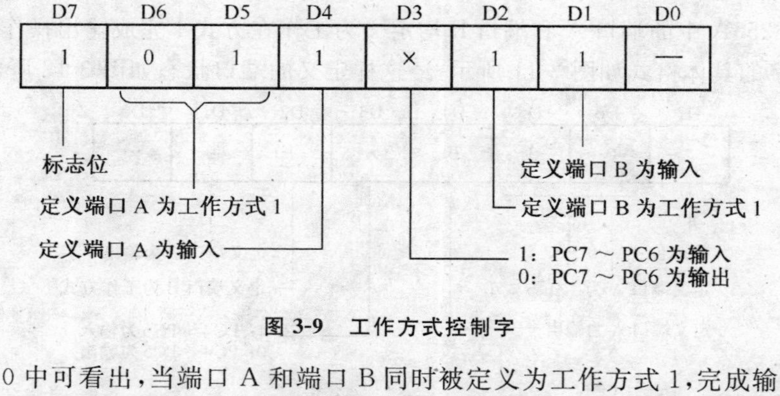

图3-9　工作方式控制字

从图3-10中可看出,当端口A和端口B同时被定义为工作方式1,完成输入操作时,端口C的PC0～PC5被用作控制信号,只有PC7和PC6位可完成数据输入或输出操作,这实

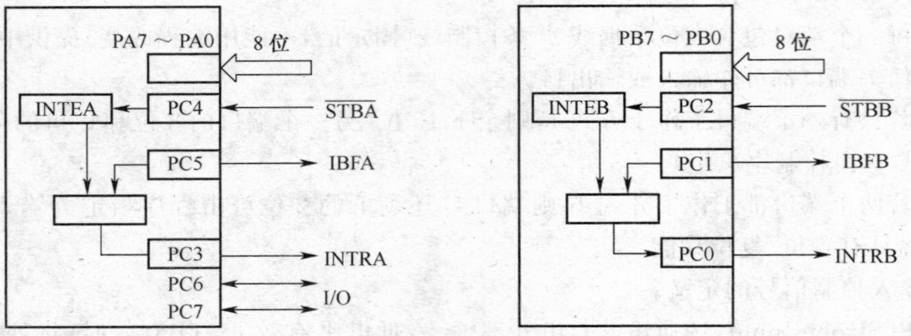

图 3-10　端口状态

际上可以构成组合状态：端口 A、B 输入，PC7、PC6 输入和端口 A、B 输入，PC7、PC6 输出。

b. 输出控制信号的定义。

$\overline{OBF}$(Output Buffer Full,"输出缓冲器满"触发器)：向外部输出，低电平有效。当$\overline{OBF}$有效时，表示 CPU 已将数据写入该端口并等待输出。当 CPU 执行输出指令，$\overline{WR}$有效时，表示将数据锁存到数据输出缓冲器，由$\overline{WR}$的上升沿将$\overline{OBF}$置为有效。对于 A 组，系统规定端口 C 的第 7 位(PC7)用作从端口 A 输出的$\overline{OBF}$信号；对于 B 组，规定端口 C 的第 1 位(PC1)用作从端口 B 输出的$\overline{OBF}$信号。

ACK(Acknowledge,外部应答信号)：由外部输入，低电平有效。$\overline{ACK}$有效，表示外部设备已收到由 8255A 输出的 8 位数据，它实际上是对$\overline{OBF}$信号的回答信号。对于 A 组，指定端口 C 的第 6 位(PC6)用来接收向端口 A 输入的$\overline{ACK}$信号；对于 B 组，指定端口 C 的第 2 位(PC2)用来接收向端口 B 输入的$\overline{ACK}$信号。

INTR(中断请求信号)：向 CPU 输出，高电平有效。对于端口 A，内部中断触发器 INTEA 由 PC6($\overline{ACKA}$)置位，对于端口 B，INTRB 由 PC2($\overline{ACKB}$)置位。当$\overline{ACK}$有效时，$\overline{OBF}$被复位为高电平，并置"1"相应端口的 INTR，于是 INTR 输出高电平，向 CPU 发出输出中断请求，待 CPU 响应该中断请求，可在中断服务程序中安排输出指令继续输出后续字节。对于 A 组，指定端口 C 的第 3 位(PC3)作为由端口 A 发出的 INTR 信号；对于 B 组，指定端口 C 的第 0 位(PC0)作为由 B 口发出的 INTR 信号。

如果将 8255A 中的端口 A 和端口 B 均定义为工作在方式 1 完成输出操作功能，那么工作方式控制字的具体格式如图 3-11 所示，经这样定义的端口状态如图 3-12 所示。

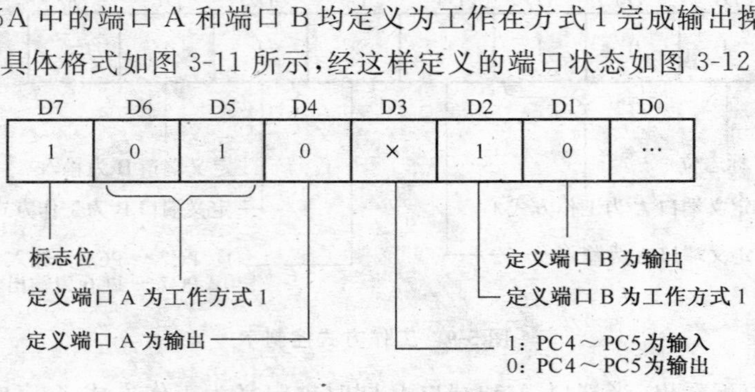

图 3-11　工作方式控制字格式

从图 3-12 中可看出，当端口 A 和端口 B 同时被定义为工作方式 1 完成输出操作时，端口 C 的 PC6、PC7 和 PC0～PC3 被用作控制信号，只有 PC4 和 PC5 位可完成数据的输入或输出操作。因此可以构成组合状态：端口 A、B 输出，PC4、PC5 输入和端口 A、B 输出，PC4、PC5 输出。

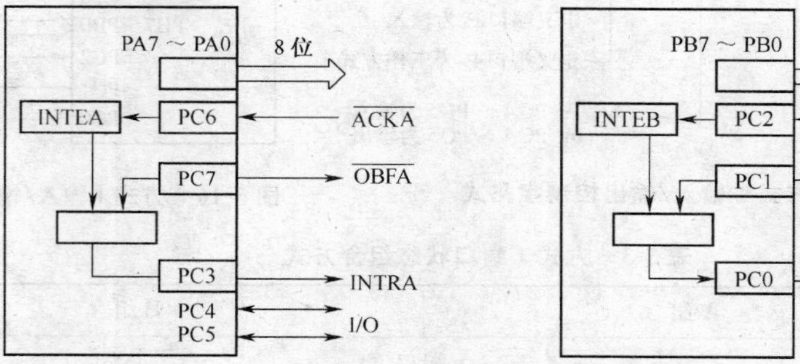

图 3-12　端口状态

采用工作方式 1 时，还允许将端口 A 和端口 B 分别定义为输入和输出端口。如果将端口 A 定义为方式 1 输入，而将端口 B 定义为方式 1 输出，则其方式控制字格式如图 3-13 所示。经过这样定义的端口状态如图 3-14 所示。

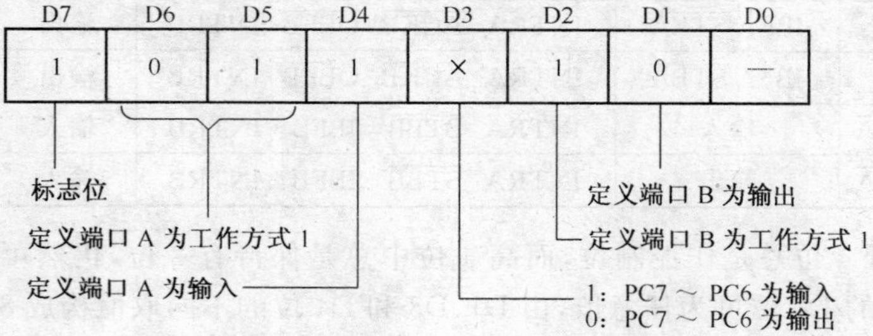

图 3-13　定义方式 1 输入/输出控制字格式

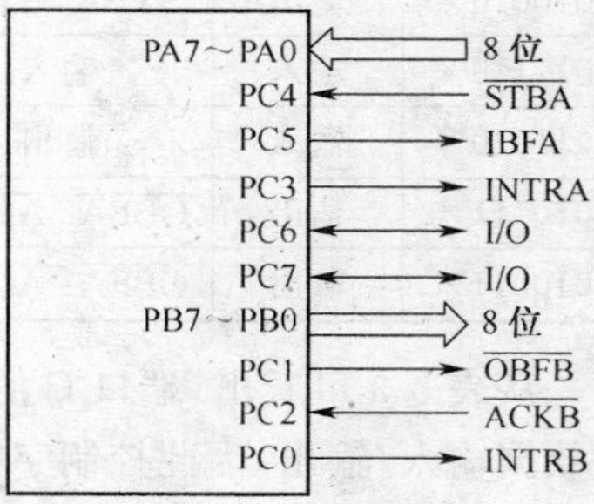

图 3-14　方式 1 输入/输出端口状态

从图 3-14 可看出，这种情况下端口 C 的 PC0～PC5 用作控制信号，只有 PC7、PC6 可作数据输入/输出。这又构成两种组合状态：端口 A 输入，端口 B 输出，PC7、PC6 输入；端口 A 输入，端口 B 输出，PC7、PC6 输出。

反之，如果将端口 A 定义为方式 1 输出，将端口 B 定义为方式 1 输入，其方式控制字如图 3-15 所示，这样定义的端口状态如图 3-16 所示。

从图 3-16 可看出，端口 C 的 PC6、PC7 和 PC0～PC3 分别用作控制信号，只有 PC4 和 PC5 可作数据输入或输出用，这又构成组合状态：端口 A 输出，端口 B 输入，PC4、PC5 输入和端口 A 输出，端口 B 输入，PC4、PC5 输出。

如此可见 8255A 的端口 A 和端口 B 工作在方式 1 时，可构成 8 种不同的状态组合方式，如表 3-3 所示。

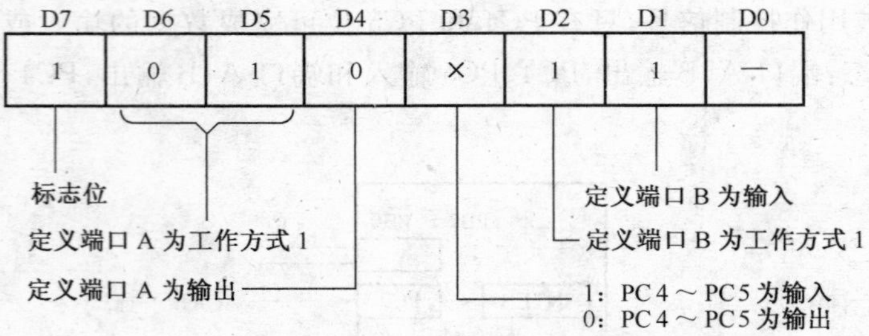

图 3-15　定义方式 1 输入/输出控制字格式

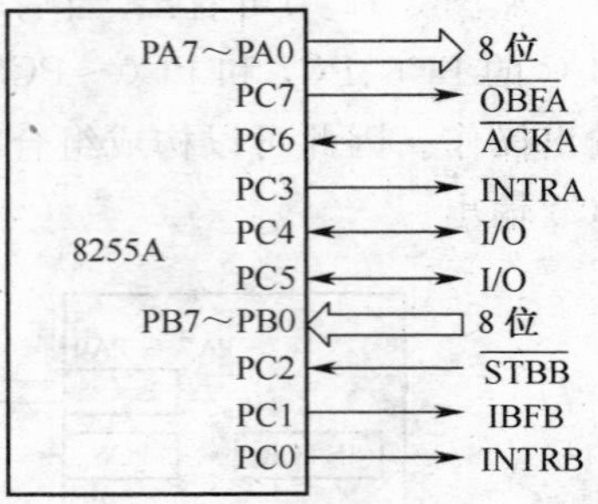

图 3-16　方式 1 输入/输出端口状态

表 3-3　方式 1 端口状态组合方式

控制字	A 组					B 组				
	端口 A	端口 C								端口 B
D7…D0		PC7	PC6	PC5	PC4	PC3	PC2	PC1	PC0	
1011111×	输入	输入		IBFA	$\overline{STBA}$	INTRA	$\overline{STBB}$	IBFB	INTRB	输入
1011011×	输入	输出		IBFA	$\overline{STBA}$	INTRA	$\overline{STBB}$	IBFB	INTRB	输入
1010110×	输出	$\overline{OBFA}$	$\overline{ACKA}$	输入		INTRA	$\overline{ACKB}$	$\overline{OBFB}$	INTRB	输出
1010010×	输出	STBA	STBA	输入		INTRA	$\overline{ACKB}$	$\overline{OBFB}$	INTRB	输出
1011110×	输入	输入		IBFA	$\overline{STBA}$	INTRA	$\overline{ACKB}$	$\overline{OBFB}$	INTRB	输出
1011010×	输入	输出		IBFA	$\overline{STBA}$	INTRA	$\overline{ACKB}$	$\overline{OBFB}$	INTRB	输出
1010111×	输出	$\overline{OBFA}$	$\overline{ACKA}$	输入		INTRA	$\overline{STBB}$	IBFB	INTRB	输入
1010011×	输出	$\overline{OBFA}$	$\overline{ACKA}$	输出		INTRA	$\overline{STBB}$	IBFB	INTRB	输入

从表 3-3 可看出，端口 C 的低 4 位总是作控制位，而高 4 位中总是保持有 2 位，仍然可作数据输入/输出，因此控制字中的 D0 位可为任意值，由 D1、D3 和 D4 位的不同取值构成 8 种不同的状态组合方式。当然应该允许将端口 A 或端口 B 定义为方式 0，与另一端口的方式 1 配合工作，这种组合状态下所需控制信号少，情况更简单。

(3) 方式 2

方式 2 为双向方式。只有端口 A 可编程为双向方式，通过 C 口的高 5 位进行控制，A 口既可作输入也可作输出。PC0～PC2 及 PB 口可工作于方式 0。这种方式使外设可在单一的 8 位总线上，既能发送，也能接收数据(双向总线 I/O)。工作时可用程序查询方式，也可工作于中断方式，其主要功能如下。

① 方式 2 只用于端口 A；

② 一个 8 位的双向总线端口(A)和一个 5 位控制端口(C)；

③ 输入和输出是有锁存的；

④ 5 位控制线用作端口 A 的控制和状态信息。

各个信号的意义如下：

INTRA(中断请求)：高电平有效。在输入和输出方式时，都可用来向 CPU 发送中断请求信号。

$\overline{OBFA}$(输出缓冲器满):低电平有效。是对外设的一种命令信号,表示 CPU 已把数据输出至端口 A。

$\overline{ACKA}$(响应信号):低电平有效。$\overline{ACKA}$的有效沿启动端口 A 的三态输出缓冲器,送出数据;否则,输出缓冲器处在高阻状态。$\overline{ACKA}$的上升沿是数据已输出的回答信号。

INTEA(与输出缓冲器相关的中断屏蔽触发器):由 PC6 置位/复位控制。

$\overline{STBA}$(选通输入):低电平有效。这是外设供给 8255A 的选通信号,它把输入数据选通至输入锁存器。

IBFA(输入缓冲器满):高电平有效。它是一个状态信号,指示数据已进入输入锁存器。在 CPU 未把数据读走前,IBFA 始终为高电平,阻止输入设备送来新的数据。

INTEB(与输出缓冲器相关的中断屏蔽触发器):由 PC2 的置位/复位控制。

端口 A 在工作方式 2 时的方式控制字格式如图 3-17 所示。这样定义的端口状态如图 3-18 所示。

8255A 工作方式的选择由"方式选择字"决定,下面介绍该控制字的作用。

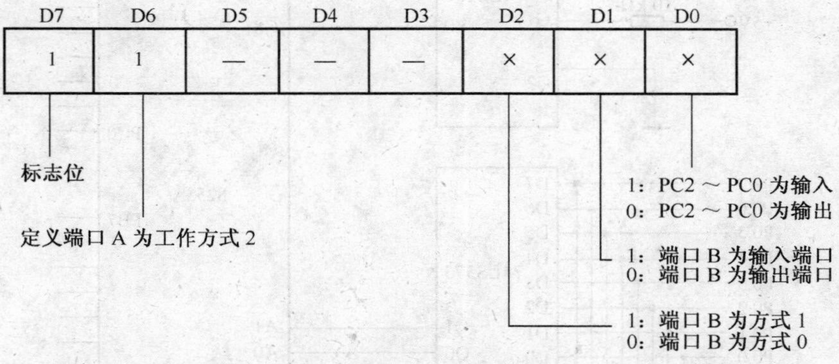

图 3-17 端口 A 方式 2 控制字

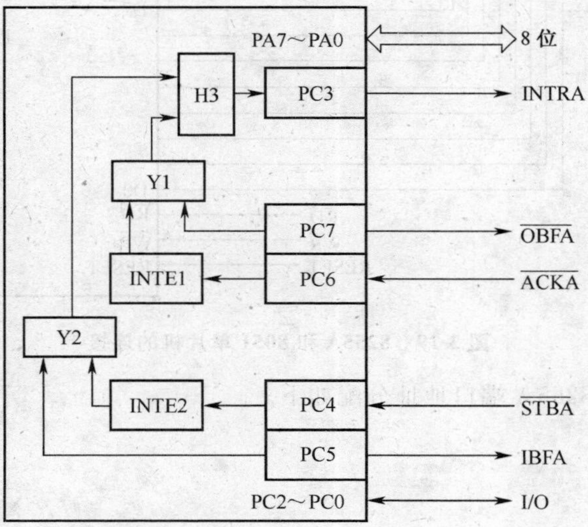

图 3-18 端口 A 工作方式 2 的端口状态

例 3.1 将方式选择控制字 91H 写入控制寄存器分析端口的工作方式。

由方式选择控制字可知:8255A 被编程为 A 口工作在方式 0 输入,B 口工作在方式 0 输出,C 口高 4 位为输出,C 口低 4 位为输入。

C 口的各位可以通过控制字使之按位操作。需要注意的是,这个控制字必须写入控制寄存器中。

例 3.2 分析 07H,08H 分别写入端口 C 置位/复位控制寄存器后的情况。

07H 写入端口 C 置位/复位控制字,将 PC3 位置"1",若 08H 写入端口 C 置位/复位控制字,PC4 位被置为"0",其他位不变。

5. 8255A 和 8051 单片机的连接

图 3-19 是 8255A 和 8051 单片机的硬件连接图。

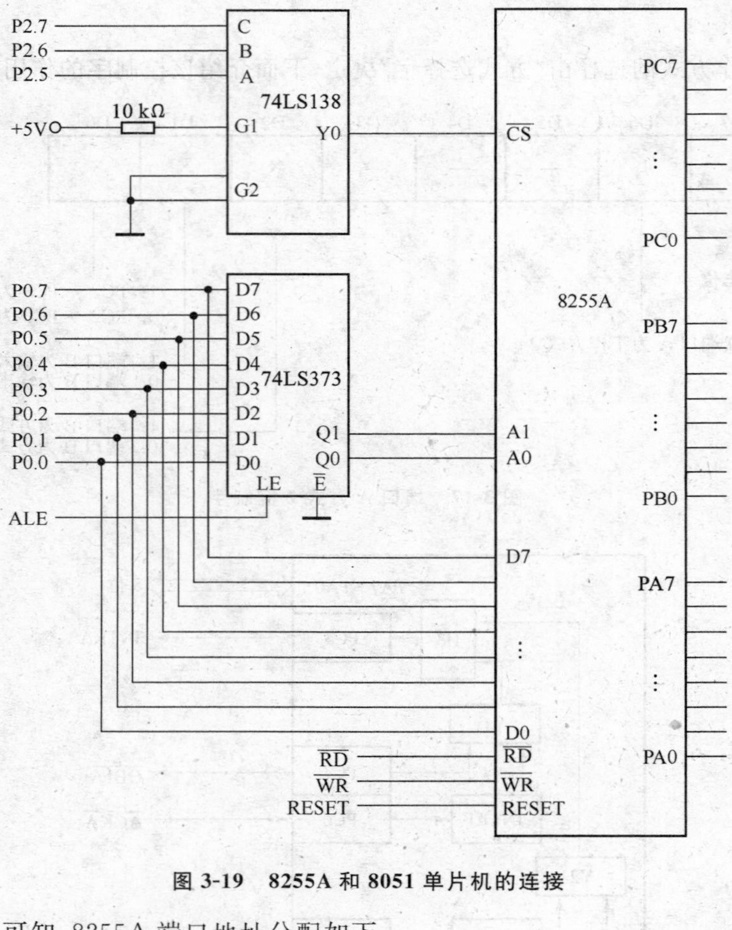

图 3-19 8255A 和 8051 单片机的连接

由图 3-19 可知,8255A 端口地址分配如下。

PA 口:8000H

PB 口:8001H

PC 口:8002H

控制口:8003H

在使用8255A前，需对8255A进行初始化编程。若定义PA口为方式0输出，PB口为方式0输入，PC4～PC7为输出，PC0～PC3为输入，则端口控制字为83H，初始化编程如下：

```
MOV     DPTR,    ＃8003H          ;送控制寄存器地点
MOV     A,       ＃83H            ;端口控制字送累加器A
MOVX    @DPTR,   A                ;控制字送控制端口寄存器
```

端口C除了可按字节对其操作外，还具有位操作功能，例如，PC0输出1，PC3输出0，可通过以下指令实现初始化编程：

```
MOV     DPTR,    ＃8003H          ;送控制寄存器地址
MOV     A,       ＃01H
MOVX    @DPTR,   A                ;PC0置1
MOV     A,       ＃06H
MOVX    @DPTR,   A                ;PC3置0
```

思考与练习

1. 画出当8255A端口A工作在方式2输入，而端口B工作在方式1输出时端口控制线的连接。

2. 画出8255A的端口A、端口B分别工作在方式1输入时端口控制线的连接。

3. 设8255A中端口A地址为2F00H，编写初始化程序将3个端口定义为工作方式0，其中端口A作输出，端口B作输入，端口C作输出。

4. 用8255A扩展I/O口，其中PA口接8个发光二极管，PB口接8个开关。每个开关控制一个发光二极管。当开关闭合时，对应的发光二极管亮，画出8051和8255A的连接图，并设计相应的程序。

任务四 8155可编程接口芯片的扩展

任务要求

✧了解8155内部结构

✧掌握8155与CPU的连接

✧掌握8155的应用

相关知识

1. 8155芯片的结构

Intel 8155是一种多功能的可编程的常用外围接口芯片，它由内部命令/状态控制寄存器，3个可编程I/O端口（A口和B口是8位，C口是6位），1个可编程14位定时计数器和256字节的RAM组成，芯片采用40线双列直插式封装，其引脚配置与内部结构如图3-20所示。

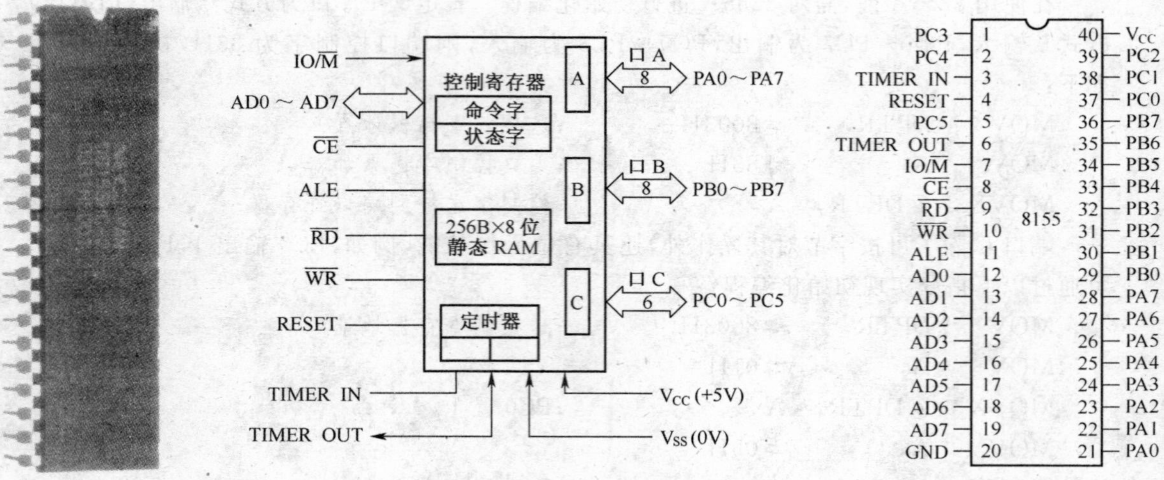

图 3-20　8155 引脚配置与内部结构

芯片引脚功能如下：

① RESET：复位输入信号；

② AD0～AD7：三态地址/数据复用线；

③ $\overline{CE}$：片选信号；

④ $\overline{RD}$：读选通信号线，低电平有效；

⑤ $\overline{WR}$：写选通信号线，低电平有效；

⑥ IO/$\overline{M}$：RAM/IO 选择。当 IO/$\overline{M}$＝0，$\overline{CE}$＝0 时，单片机选择 8155 的 RAM 读写。当 IO/$\overline{M}$＝1，$\overline{CE}$＝0 时，单片机选择 8155 的 I/O 口读写；

⑦ ALE：地址锁存信号线。8155 片内有地址锁存器，ALE 信号的下降沿将 AD0～AD7 上的地址信息以及 $\overline{CE}$、IO/$\overline{M}$ 的状态锁存在 8155 内部寄存器中；

⑧ PA0～PA7：端口 A，I/O 线；

⑨ PB0～PB7：端口 B，I/O 线；

⑩ PC0～PC5：端口 C，I/O 线；

⑪ TIME IN：定时计数器的输入端；

⑫ TIME OUT：定时计数器的输出端。

2. RAM 和 I/O 端口寻址方式及应用

当片选信号 $\overline{CE}$＝0 时，选中该片；当 $\overline{CE}$＝1 时该片未选中。AD0～AD7 是低 8 位地址线和数据复用线，当 ALE＝1 时，输入的是地址信息，否则是数据信息。因此，AD0～AD7 应与 8051 的 P0 口连接。

IO/$\overline{M}$ 是 RAM 或 I/O 选择线。当 IO/$\overline{M}$＝0 时，选中 8155 片内 RAM，AD0～AD7 为 RAM 地址(00H～FFH)；当 IO/$\overline{M}$＝1 时，选中 8155 片内 3 个 I/O 端口(A、B、C)，AD0～AD7 为 I/O 端口地址，其分配如表 3-4 所示。

表 3-4 8155 I/O 口编址

A7	A6	A5	A4	A3	A2	A1	A0	选中 I/O 口及寄存器
×	×	×	×	×	0	0	0	内部命令状态寄存器
×	×	×	×	×	0	0	1	通用 I/O,A 口
×	×	×	×	×	0	1	0	通用 I/O,B 口
×	×	×	×	×	0	1	1	通用 I/O,C 口或控制口
×	×	×	×	×	1	0	0	定时器低 8 位
×	×	×	×	×	1	0	1	定时器高 6 位

例 3.3 图 3-21 所示是 8155 与 8051 接口的一种方案。设 P2.7=1,将电路中 8051 的 P2.6 与 8155 的 $\overline{CE}$ 相连,8051 的 P2.5 与 8155 的 IO/$\overline{M}$ 相连。若 8051 的 P0.0~P0.7 与 8155 的 AD0~AD7 相连,分析 8155 片内 RAM 的地址范围和 I/O 口地址。

当 P2.6=0,P2.5=0 时,选中 8155 片内 RAM,地址范围是 9F00H~9FFFH;

当 P2.6=0,P2.5=1 时,选中 I/O 口,各口的地址分配如下。

BF00H:命令状态寄存器地址;

BF01H:A 口地址;

BF02H:B 口地址;

BF03H:C 口地址;

BF04H:定时器低 8 位地址;

BF05H:定时器高 6 位地址。

这时可以用外部数据传送指令 MOVX 访问 8155。如写入端口 A,可用下面程序段:

```
MOV     DPTR, #0BF01H        ;指向 A 口
MOVX    @DPTR, A             ;A 中内容写入 A 口
```

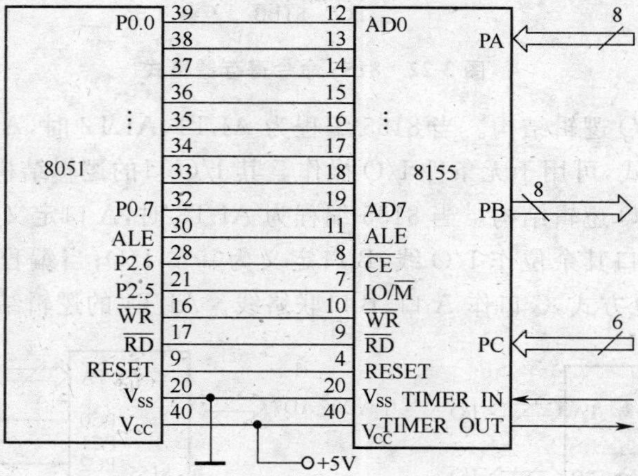

图 3-21 8155 与 8051 接口电路

例 3.4 8155 内部 RAM 的应用。

根据图 3-21 接口电路,8155 内部 RAM 地址为 9F00H~9FFFH。将 05H 写入 8155 内部 RAM 中的 F0H 单元。编程如下:

```
MOV     DPTR，#9FF0H          ;指向 8155RAM 的 F0H 单元
MOV     A,#05H                ;数据送入累加器 A
MOVX    @DPTR, A              ;05H→F0H 单元
```

3. 命令寄存器及状态寄存器

(1) 命令字

8155 在工作前,必须由 CPU 向命令寄存器送命令字,设定其工作方式,命令字只能写入不能读出,各位定义如图 3-22 所示。

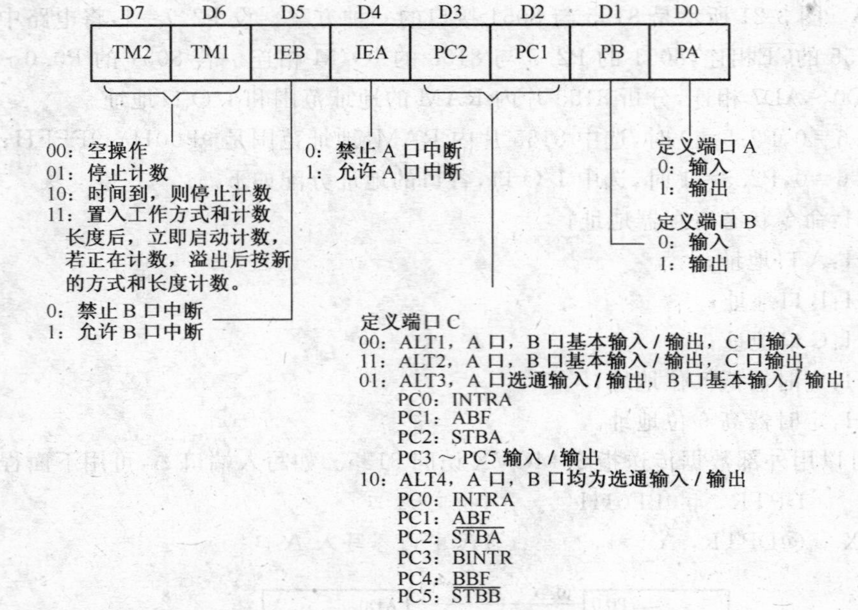

图 3-22　8155 命令寄存器格式

① 8155 基本 I/O 逻辑结构。当 8155 编程为 ALT1,ALT2 时,A 口、B 口、C 口均工作在基本输入/输出方式,可用于无条件 I/O 操作。其 I/O 口的逻辑结构如图 3-23 所示。

② 8155 选通 I/O 逻辑结构。当 8155 编程为 ALT3 时,A 口定义为选通 I/O,C 口低 3 位作 A 口联络线,C 口其余位作 I/O 线,B 口定义为基本 I/O;当编程为 ALT4 时,A 口、B 口均定义为选通 I/O 方式,C 口作 A 口、B 口联络线。ALT4 的逻辑结构如图 3-24 所示。

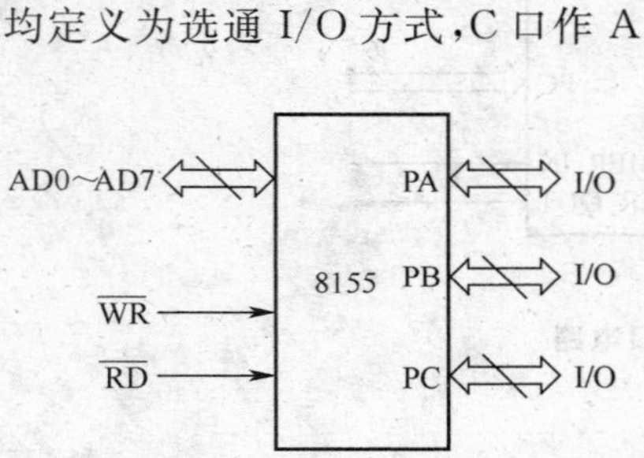

图 3-23　I/O 的基本逻辑结构图

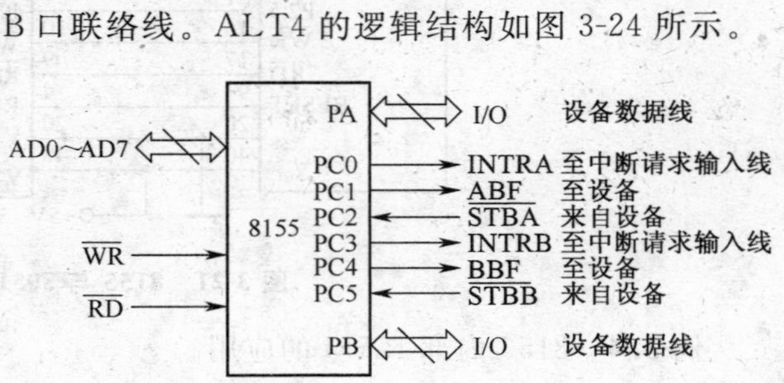

图 3-24　8155 选通 I/O 逻辑结构图

INTR：中断请求输出线，作单片机的外部中断源，高电平有效，当8155A口（或B口）缓冲器接收到设备输入的数据，或设备从缓冲器中取走数据时，中断请求线INTR变为高电平（仅当命令寄存器相应中断允许位为1时变为高电平），向单片机请求中断。单片机对8155的相应I/O口进行一次读/写操作，INTR变为低电平。

BF：缓冲器状态标志输出线。缓冲器有数据时BF为高电平，否则为低电平。

$\overline{STB}$：设备选通信号输入线，低电平有效。

在I/O口设定为输出时，仍可用对应的口地址执行读操作，读取输出口的内容；在I/O口设定为输入口时，输出锁存器被清除，无法将数据写入输出锁存器。所以每次通道由输入方式转为输出方式时，输出端总是低电平。8155复位时，清除所有输出寄存器，3个端口都为输入方式。

（2）状态字

8155有一个状态寄存器，锁存8155 I/O口和定时器的当前状态，供CPU查询。状态寄存器只能读出不能写入。状态字各位的格式定义如图3-25所示。

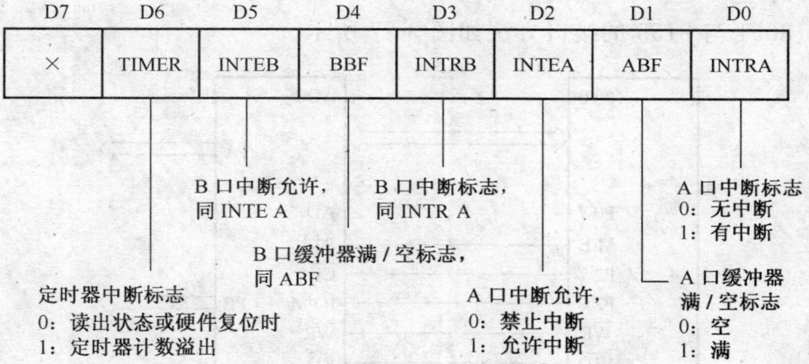

图3-25　8155状态字格式

命令寄存器和状态寄存器共用一个地址，端口地址00H口是命令/状态口，CPU向00H口写入的是其命令字，而从00H口读出的是其状态字。

4. 8155内部定时器

8155片内有一个14位减法计数器，可对输入脉冲进行减法计数，外部有两个定时器引脚端TIMER IN、TIMER OUT。TIMER IN为定时器时钟输入端，可接系统时钟脉冲，作定时方式；也可接外部输入脉冲，作计数方式。TIMER OUT为定时器输出，输出各种信号脉冲波形。

定时器的14位计数器由04H端口（低8位）和05H端口（高6位）组成，定时器输出有4种波形，可由定时器输出方式选择编程来确定，定时器输出方式与输出波形如图3-26所示。

对定时器编程时，首先将计数常数及定时器输出方式送入定时器口04H及05H。计数常数在0002H～3FFFH选择。计数器的启动与停止计数由8155命令口的最高两位控制，如图3-22所示。

任何时候都可以设置定时器长度和工作方式，但必须先将启动命令写入命令寄存器，

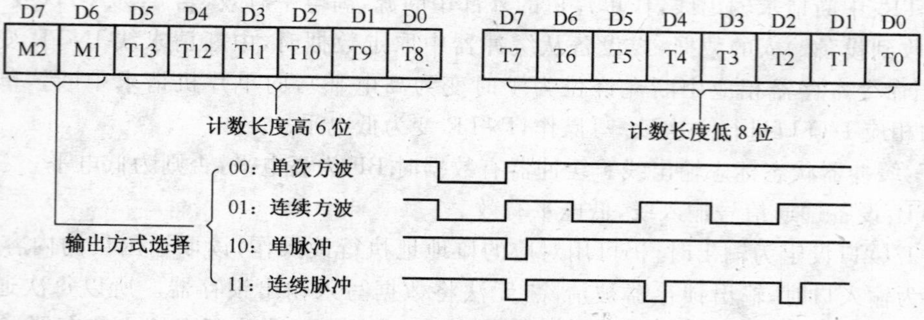

图 3-26　8155 定时器格式及输出波形

即使计数器已经计数，在写入启动命令后仍可改变定时器的工作方式。

5. MCS-51 与 8155 的接口方法和应用实例

MCS-51 单片机可以直接与 8155 接口连接而不需要任何外加逻辑电路，系统可增加 256 字节的片外 RAM 单元、22 位 I/O 线及一个 14 位定时器。

例 3.5　8051 与 8155 的接口方法如图 3-27 所示。

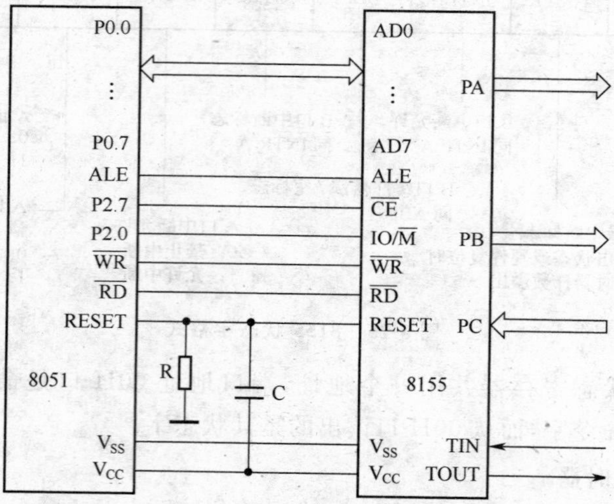

图 3-27　8051 与 8155 接口逻辑

8155 RAM 单元地址：	7E00H～7EFFH
命令状态口：	7F00H
PA 口：	7F01H
PB 口：	7F02H
PC 口：	7F03H
定时器低 8 位：	7F04H
定时器高 6 位：	7F05H

要求：将 A 口定义为基本输入方式，B 口定义为基本输出方式，C 口定义为输入方式，定时器作为方波发生器对输入脉冲进行 24 分频（注意：8155 定时器最高计数频率为

4 MHz)。8155 I/O口初始化程序如下：

```
MOV    DPTR,  #7F04H    ;指向定时器低8位
MOV    A,     #18H      ;计数常数18H=24
MOVX   @DPTR,A          ;送计数常数
INC    DPTR             ;指向定时器高8位
MOV    A,     #40H      ;设置定时器输出连续方波
MOVX   @DPTR,A          ;送定时器高8位
MOV    DPTR,  #7F00H    ;指向命令口
MOV    A,     #C2H      ;命令字设为A口、C口输入,B口输出
MOVX   @DPTR,A          ;启动定时器
```

在需要扩展RAM和I/O口的MCS-51系统中，选择8155十分经济，8155的256字节RAM单元可作数据缓冲器；I/O口可外接A/D、D/A及作为控制信号的开关量输入、输出；同时定时器可作分频与定时等。

思考与练习

1. 说明8155的内部结构特点。

2. 8155与8051的连接如图3-28所示。

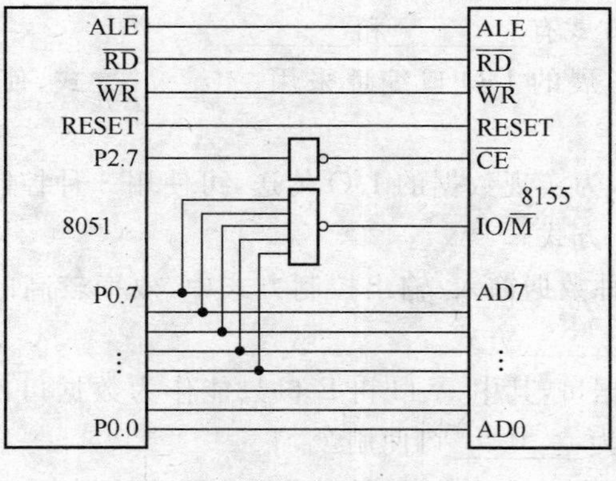

图3-28 8155与8051的连接

(1) 确定8155端口以及RAM地址；

(2) 若PA口用作输入,PB口、PC口用作输出,试编写初始化程序；

(3) 编程将8155片内RAM中16B传送到8051片内RAM之中。

3. 使用8155扩展I/O口，其中PA口接8个发光二极管，PB口接8个开关，每个开关控制一个发光二极管。当开关闭合时，对应的发光二极管亮，画出8051和8155的连接图，并设计相应的软件。

项目小结

在单片机的I/O口电路中，虽然有4个8位双向I/O口，但在实际应用中，这些口并不

能全部用于 I/O 目的。需要扩展 I/O,来增加 I/O 口的数量,增强 I/O 口的功能。

简单输入口扩展功能单一。用于解决数据输入缓冲问题,实际上就是一个三态缓冲器,以达到当输入设备被选通时,使数据源能与数据总线直接连通的目的;当输入设备处于非选通状态时,把数据源与数据总线隔离,缓冲器输出呈高阻抗状态。

8255 是一种典型的用于扩展并行 I/O 接口的可编程接口芯片,8255A 有 3 个 8 位并行口,在扩展 I/O 接口的电路中,单片机的外部 RAM 和扩展的 I/O 接口统一编址。它们都可以选择输入或输出工作方式,但在功能和结构上有些差异。PA 口和 PB 口作输入输出口,PC 口可作为输入输出口,也可传送 PA、PB 口选通方式操作时的状态控制信号。8255A 有 3 种工作方式。方式 0 为基本的输入/输出方式,方式 1 为选通的输入/输出方式,方式 2 为双向方式。只有端口 A 可编程为双向方式。

Intel 8155 是一种多功能的可编程的常用外围接口芯片,它由内部命令/状态控制寄存器,3 个可编程 I/O 端口(A 口和 B 口是 8 位,C 口是 6 位),1 个可编程 14 位定时计数器和 256 字节的 RAM 组成,芯片采用 40 线双列直插式封装。

项目测试

一、填空题

1. I/O 端口的编址方式有________和________。

2. MCS-51 单片机扩展的 I/O 口编址采用________方式,使用________指令访问 I/O 口。

3. 在单片机系统中,为实现数据的 I/O 传送,可使用 3 种控制方式,即________方式、________方式和________方式。

4. 在查询和中断两种数据输入/输出控制方式中,效率较高的是________。在实时性要求高的场合,应采用________方式。

5. 8255A 有三个数据口,其中 A 口和 B 口只能作为数据口使用,而 C 口则既可作为________口使用,又可作为________口使用。

6. 与 8255A 比较,8155 的功能有所增强,主要表现在 8155 具有________单元的________和一个________位的________。

二、选择题

1. 下列功能中不是由 I/O 接口实现的是(　　)。

A. 速度协调　　B. 数据缓冲和锁存　C. 数据转换　　D. 数据暂存

2. 在接口电路中的"端口"通常是指一个(　　)。

A. 已赋值的寄存器　　　　B. 数据寄存器

C. 可编址的寄存器　　　　D. 既可读又可写的寄存器

3. 如果把 8255A 的 A1、A0 分别与 MCS-51 单片机的 P0.1、P0.0 连接,则 8255A 的 A、B、C 口和控制寄存器的地址可能是(　　)。

A. ××00H~××03H　　　　B. 00××H~03××H

C. 0×××H～3×××H　　　　D. ×00×H～×03×H

4. 在 8155 芯片中，决定端口和 RAM 单元编址的信号是(　　)。

A. AD7～AD0 和$\overline{WR}$　　　　B. AD7～AD0 和$\overline{CE}$

C. AD7～AD0 和 IO/$\overline{M}$　　　　D. AD7～AD0 和 ALE

5. MCS-51 的并行 I/O 口信息有两种读取方法，一种是读引脚，还有一种是(　　)。

A. 读锁存器　　B. 读数据　　C. 读 A 累加器　　D. 读 CPU

三、简答题

1. 已知 8255A 的口地址为 7FF0H～7FF3H，阅读下述程序，回答问题：

(1) 执行 1～3 条指令后，要求 A、B、C 三个端口各干什么？

(2) 已知 A 口＝FFH，B 口＝78H，C 口＝7FH，(30H)＝32H，执行 4～9 条指令后，A 口、B 口、C 口、(30H)中的值发生了什么变化？

```
        ORG     8000H
1       MOV     DPTR,#7FF3H
2       MOV     A,0A6H
3       MOVX    @DPTR,A
4       MOV     DPTR,#7FF1H
5       MOVX    A,@DPTR
6       MOV     30H,A
7       MOV     DPTR,#7FF0H
8       MOV     A,#79H
9       MOVX    @DPTR,A
```

2. 已知 8255A 的口地址为 7FF0H～7FF3H，单片机时钟频率为 12 MHz，其机器周期为 1 μs，执行下述程序，从 8255A 的输出口线产生什么样的信号，是正脉冲或是负脉冲？持续时间为多少？

```
        ORG     2000H
        MOV     DPTR,#7FF3H
        MOV     A,#0A6H
        MOVX    @DPTR,A
        MOV     DPTR,#7FF0H
        MOV     A,0FH
        MOVX    @DPTR,A
        NOP                         ;延时 1 μs
        NOP                         ;延时 1 μs
        MOV     A,#0EH              ;延时 1 μs
        MOVX    @DPTR,A             ;延时 2 μs
        MOV     A,#06H
        MOVX    @DPTR,A
        NOP                         ;延时 1 μs
```

```
MOV     A,#07H          ;延时 1 μs
MOVX    @DPTR,A         ;延时 2 μs
END
```

四、编程题

1. 某单片机系统用8255A扩展I/O口,设其A口为方式1输入、B口为方式1输出,C口余下的口线用于输出。试确定其方式控制字;设A口允许中断、B口禁止中断,试确定出相应的置位/复位控制字。

2. 假定8255A的口地址为7FF0H～7FF3H,要求A口为选通方式1输入口,B口、C口两个为基本方式0输出口,将输入数据暂存于30H单元中,而将31H单元的值写入到B口中,试编写初始化程序。

3. 已知8255A的口地址为7FFCH～7FFFH,要求从PC4输出一个正脉冲,脉冲宽度为6 μs,由PC6输出一个负脉冲,其脉冲宽度为4 μs。试编写该程序。

项目4

显示与键盘

知识目标

1. 了解LED显示原理；
2. 了解LCD显示原理；
3. 熟悉单片机系统独立式键盘接口的设计；
4. 掌握行列式键盘的设计。

能力目标

1. LED显示接口的设计；
2. LCD显示接口的设计；
3. 独立式键盘的设计；
4. 行列式键盘的设计。

任务一 LED显示接口

任务要求

✧了解LED显示原理
✧掌握静态显示电路工作原理
✧掌握动态显示电路工作原理
✧学会两种显示方式的实现与优缺点比较

相关知识

在单片机应用系统中常用的显示器主要有发光二极管(Light Emitting Diode，LED)显示器和液晶显示器(Liquid Crystal Display，LCD)。这两种显示器具有耗电少、价格低、配置灵活、线路简单、安装方便、耐振动、寿命长等优点。

1. LED 显示原理

LED 显示器是由发光二极管显示字段的显示器件，也称为数码管，其外形结构如图 4-1 所示，它由 8 个发光二极管(以下简称字段)构成，通过不同的组合可用来显示 0～9、A～F 及小数点“.”等字符。

图 4-1　LED 外形结构图

数码管有共阴极和共阳极两种结构规格，如图 4-2(b)和图 4-2(d)所示。

图中电阻为外接的，一般共阳极数码管必须外接电阻，共阴极不一定有外接电阻。共阴极数码管的发光二极管阴极共地，当某发光二极管的阳极为高电平(一般为+5 V)时，此二极管点亮；共阳极数码管的发光二极管是阳极并接到高电平，对于需点亮的发光二极管，使其阴极接低电平(一般为地)即可。显然，要显示某字形就应使此字形的相应字段点亮，实际就是将一个用不同电平组合代表的数据送入数码管。这种送入数码管中显示字形的数据称为字形码。

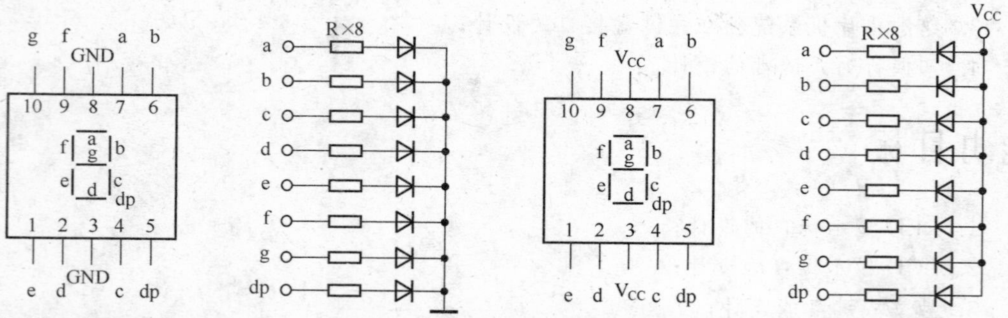

(a) 共阴极结构的管脚配置　(b) 共阴极　(c) 共阳极结构的管脚配置　(d) 共阳极

图 4-2　数码管结构规格

对照图 4-2(a)、图 4-2(c)中的字段，7 段发光二极管，再加上一个小数点位，共计 8 段。因此提供给 LED 显示器的字形码正好一个字节，字形码各位定义如下：

代码位	D7	D6	D5	D4	D3	D2	D1	D0
显示段	dp	g	f	e	d	c	b	a
引脚编号	5	10	9	1	2	4	6	7

数据线 D0 与 a 字段，D1 与 b 字段对应，……，依此类推。由参考图 4-2(a)和 4-2(c)可以看出，如要显示“7”字形，a、b、c 三字段应点亮，所以共阳极时对应的字形码为 11111000B=F8H，共阴极时对应的字形码为 00000111B=07H。

常用的显示字形码如表 4-1 所示，按照显示字符顺序排列。通常显示代码存放在存储器中的固定区域中，构成显示代码表。当要显示某字符时，可根据地址查表。

表 4-1　十六进制数字形代码表

字　形	共阳极代码	共阴极代码	字　形	共阳极代码	共阴极代码
0	C0H	3FH	9	90H	6FH
1	F9H	06H	A	88H	77H
2	A4H	5BH	B	83H	7CH
3	B0H	4FH	C	C6H	39H
4	99H	66H	D	A1H	5EH
5	92H	6DH	E	86H	79H
6	82H	7DH	F	84H	71H
7	F8H	07H	不显示	FFH	00H
8	80H	7FH			

2. LED 显示方式

LED 显示有静态显示与动态显示两种方式。

(1) 静态显示方式

① 直接利用并行口输出。LED 显示工作于静态显示方式时，各位的共阴极(或共阳极)连接在一起接地(或接+5 V)；每位的段选线(a～dp)分别与一个 8 位锁存器的输出相连。之所以称为静态显示，是由于显示器中的各位相互独立，而且各位的显示字符一经确定，相应锁存器的输出将维持不变，直到显示另一个字符为止。也正因为如此，静态显示器的亮度都较高。

图 4-3 为一个 4 位静态 LED 显示器电路。该电路各位可独立显示，只要在该位的段选线上保持段选码电平，该位就能保持相应的显示字符。由于各位分别由一个 8 位输出口控制段选码，故在同一时间里，每一位显示的字符可以各不相同。若已知各端口地址从左到右依次为 8000H、8001H、8002H 和 8003H，欲使 4 位 LED 显示出“ABCD”字样，其指令序列如下：

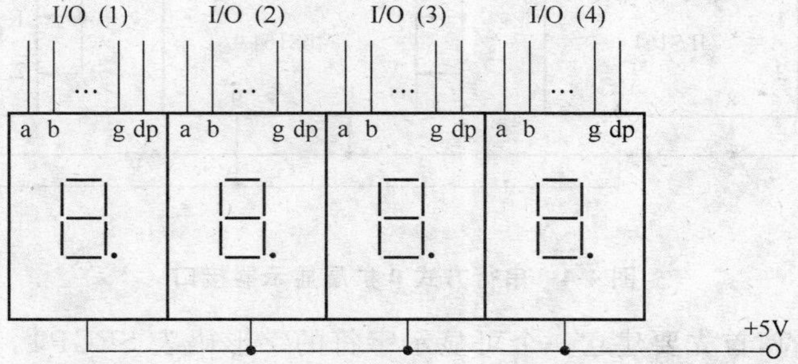

图 4-3　4 位静态 LED 显示器电路

```
MOV     DPTR,＃8000H
MOV     A,＃88H
MOVX    @DPTR,A
```

```
MOV     DPTR,#8001H
MOV     A,#83H
MOVX    @DPTR,A
MOV     DPTR,#8002H
MOV     A,#0C6H
MOVX    @DPTR,A
MOV     DPTR,#8003H
MOV     A,#0A1H
MOVX    @DPTR,A
```

上述静态显示方式接口,编程容易,管理也简单,但是占用口线资源较多。如果 LED 显示器位数增多,硬件电路也越来越复杂,成本也较高。

② 利用通信号串行输出。实际应用中,在多位 LED 显示时,为了简化电路,在系统不需要通信功能时,经常采用串行通信口工作在方式 0 外接移位寄存器 74LS164 来实现静态显示。

例 4.1　利用串行口方式 0 外接串入-并出的移位寄存器 74LS164 来扩展 8 位并行口输出,如图 4-4 所示。显示器为 8 段共阳极 LED 数码显示器,6 位显示器从左到右依次为 LED0～LED5。每个移位寄存器 74LS164 的输出端 Q0～Q7 分别连接到对应位的 LED 显示器的对应端 a～g 段和"·"段。前级 74LS164 的最后数据输出位 Q0 与后级数据串行输入端 A、B(1、2 脚)相连。

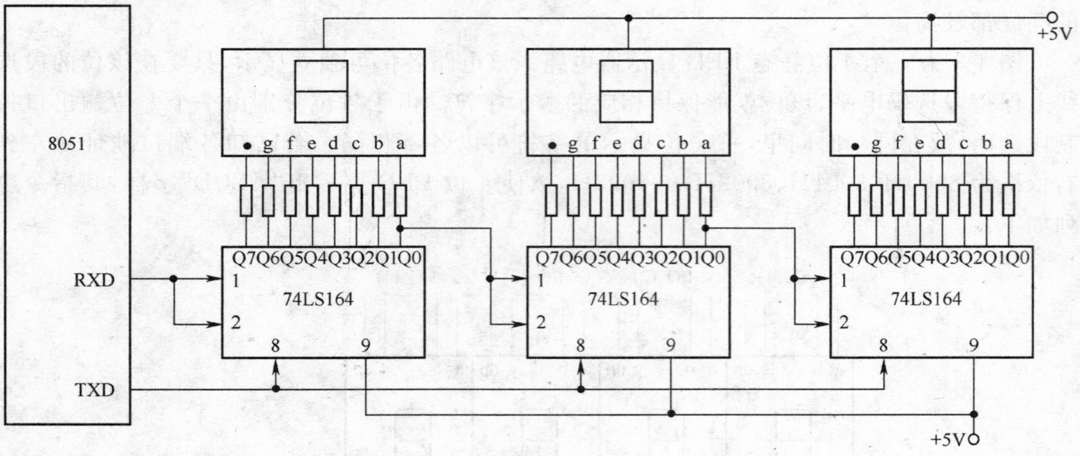

图 4-4　串行方式 0 扩展显示器接口

要显示各种字符,首先要建立一个可显示字符的字形码表 SEGPT,其次要在 RAM 中安排 6 个单元作为显示缓冲器区 DISM0～DISM5,缓冲区中各单元分别与数码显示器 LED0～LED5 对应。需要显示某种数字或字符时,把要显示的数按显示位置的要求送入显示缓冲区各对应单元中。通过调用显示子程序,把显示缓冲区中的数转换成相应的显示字形码,然后送显示器。

显示程序如下:

```
DISP:  MOV   SOCN,#00H        ;置串行口为方式0
       MOV   R1,#06H          ;共显示6位字符
       MOV   R0,#DISM5        ;DISM0～DISM5为显示缓冲区
       MOV   DPTR,#SEGPT      ;指向字形表首
LOOP:  MOV   A,@R0            ;取出要显示的数
       MOVC  A,@A+DPTR        ;查表得字形码
       MOV   SBUF,A           ;字形送串行口
WAIT:  JNB   TI,WAIT          ;等待发送完一帧
       CLR   TI               ;输出完,清除中断标志
       DEC   R0               ;准备取下一个要显示的数
       DJNZ  R1,LOOP          ;6位数未完,则继续
       RET                    ;返回
SEGPT: DB    C0H              ;0字形码
       DB    0F9H             ;1字形码
       DB    0A4H             ;2字形码
       DB    0B0H             ;3字形码
       DB    99H              ;4字形码
       DB    92H              ;5字形码
       DB    82H              ;6字形码
       DB    0F8H             ;7字形码
       DB    80H              ;8字形码
       DB    90H              ;9字形码
       DB    88H              ;A字形码
       DB    83H              ;B字形码
       DB    0C6H             ;C字形码
       DB    0A1H             ;D字形码
       DB    86H              ;E字形码
       DB    8FH              ;F字形码
       DB    0SFH             ;一字形码
       DB    8CH              ;P字形码
       DB    0FFH             ;熄灭码
DISM0  DATA  30H              ;内部RAM30H～35H单元为显示缓冲区
DISM1  DATA  31H
DISM2  DATA  32H
DISM3  DATA  33H
DISM4  DATA  34H
DISM5  DATA  35H
```

静态显示方式显示的优点是亮度高,缺点是显示位数越多,占用的I/O口线越多。

(2) 动态显示方式

实际使用的 LED 显示器都是多位的,通常采用动态扫描的方法进行显示,即逐个循环点亮各位显示器。这样虽然在任一时刻只有一位显示器被点亮,但是由于间隔时间较短(不超过 10 ms),而人眼又具有视觉残留效应,所以看起来与全部显示器持续点亮效果完全一样。

为了实现 LED 显示器的动态扫描,除了要给显示器提供段(字形代码)的输入之外,还要对显示器加位选择控制,这就是通常所说的段控和位控。因此多位 LED 显示器接口电路需要有两个输出口,其中一个用于输出 8 位段控信号;另一个用于输出位控信号,位控线的数目为显示器的位数。

图 4-5 所示为使用 8155 作 6 位 LED 显示器的接口电路。其中 C 口为输出口作位控口线,以 PC0～PC5 输出位控信号。工作时,C 口 6 路位控信号每次仅有一路输出是高电平(选中一位),其余全是低电平。由于位控线的驱动电流较大,8 段全亮时 40～60 mA,因此 PC 口输出要加 74LS06 进行反相以此提高驱动能力,然后再接各 LED 显示器的位控端。A 口输出 8 位字形代码作段控口线。段控线的负载电流约为 8 mA,为提高显示亮度,通常加 74LS244 进行段控输出驱动。

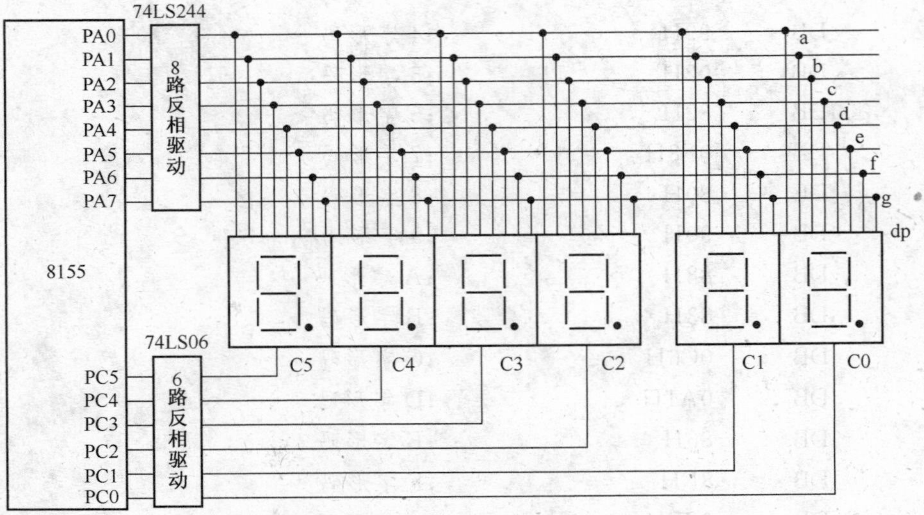

图 4-5　扫描式显示电器

这种工作方式是分时轮流选通数码管的公共端,使得各个数码管轮流导通,即各数码管是由脉冲电流导通的(导通时间一般为 1 ms)。这种方式不但能提高数码管的发光效率,并且由于各个数码管的段控线是并联使用的,因此大大简化了硬件电路。

各个数码管虽然是分时轮流通电,但由于发光数码管具有余辉特性及人眼具有视觉残留作用,所以适当选取频率时,使所有数码管看上去是同时点亮的,并不会察觉有闪烁现象。不过这种方式数码管不宜太多,一般在 8 个以内,否则每个数码管实际分配到的导通时间过少,会导致显示亮度不足。

下面介绍对图 4-5 所示电路所编写的显示子程序。

为了存放显示的数字或字符，通常在内部 RAM 中设置显示缓冲区，其单元个数与 LED 显示器位数相同。假定 6 个显示器的缓冲单元是 79H～7EH，与 LED 显示器的对应关系如下：

LED5	LED4	LED3	LED2	LED1	LED0
7EH	7DH	7CH	7BH	7AH	79H

动态扫描从右向左进行，则缓冲区的首地址应为 79H。

下段程序中，POA 为 A 口地址，POC 为 C 口地址。以 R0 存放当前位控值，DL 为延时子程序。

```
DSEG    EQU     79H
DIR：   MOV     R0，#79H              ；建立显示缓冲区首址
        MOV     R3，#00000001B        ；从右数第一位显示器开始
        MOV     A，R3                 ；位控码初值
LD0：   MOV     DPTR，#POC            ；位控口地址
        MOVX    @DPTR，A              ；输出位控码
        INC     DPTR                  ；得段控口地址
        MOV     A，@R0                ；取出显示数据
DIR0：  ADD     A，#0DH
        MOVC    A，@A+PC              ；查表取字形代码
DIR1：  MOVX    @DPTR，A              ；输出段控码
        ACALL   DL                    ；延时
        INC     R0                    ；转向下一缓冲单元
        MOV     A，R3
        JB      ACC.5，LD1            ；判断是否到最高位，是则返回
        RL      A                     ；不是，则向显示器高位移位
        MOV     R3，A                 ；位控码送 R3 保存
        AJMP    LD0                   ；继续扫描
LD1：   RET
DSEG    DB      3FH                   ；字形代码表
        DB      06H
        DB      5BH
        …
```

在动态扫描过程中，调用延时子程序 DL，其延时时间大约 1 ms。这是为了使扫描到的那位显示器稳定地保持一段时间，犹如扫描过程中在每一位显示器上都有一段驻留时间，以保证其显示亮度。

采用此显示程序，每调用一次，仅扫描一遍，若要得到稳定的显示，必须不断地循环调用显示子程序。

3. LED大屏幕显示

无论是单个LED(发光二极管)还是LED七段码显示器(数码管),都不能显示字符(含汉字)及更为复杂的图形信息,这主要是因为它们没有足够的信息显示单位。LED点阵显示是把很多的LED按矩阵方式排列在一起,通过对各LED发光与不发光的控制来完成各种字符或图形的显示。最常见的LED点阵显示模块有5×7(5列7行),7×9,8×8结构,前两种主要用于显示各种西文字符,后一种可用于大型电子显示屏的基本组建单元。

(1) 8×8 LED点阵简介

8×8 LED点阵的外观及引脚如图4-6所示,其等效电路如图4-7所示。图4-7中只要各LED处于正偏(Y方向为1,X方向为0),则对应的LED发光。例如,Y7(0)=1、X7(H)=0时,其对应的右下角的LED会发光。各LED还需接上限流电阻,实际应用时,限流电阻既可接在X轴,也可接在Y轴。

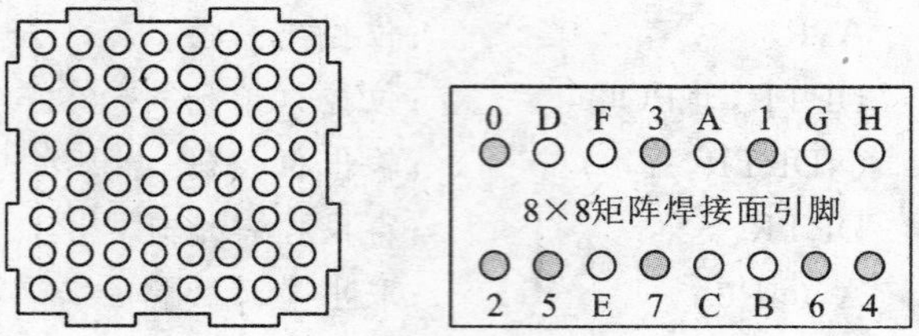

图 4-6　8×8 LED点阵的外观及引脚

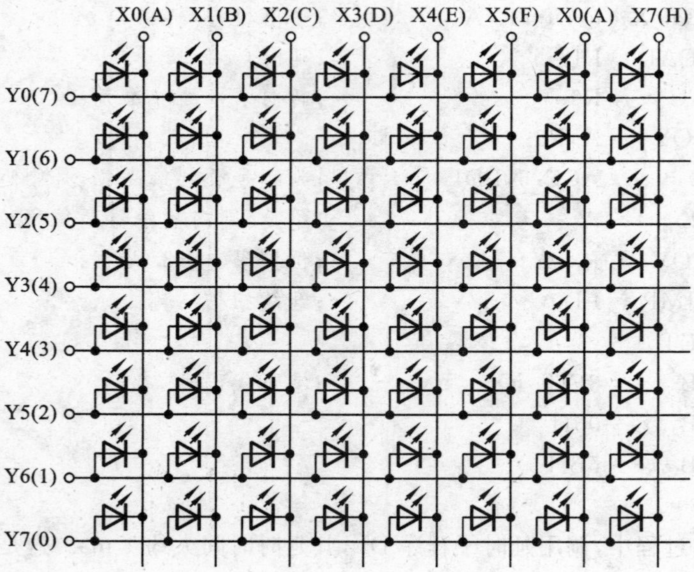

图 4-7　8×8 LED点阵的等效电路

(2) LED大屏幕显示器接口电路

LED大屏幕显示器不仅能显示文字,还可以显示图形、图像,而且能产生各种动画效果,是广告宣传、新闻传播的有力工具。LED大屏幕不仅有单色显示,还有彩色显示,其应用越来越广，已渗透到人们的日常生活之中。

① LED大屏幕的显示方式。LED大屏幕显示可分为静态显示和动态扫描显示两种。

静态显示每一个像素需要一套驱动电路，如果显示屏为 $n\times m$ 个像素，则需要 $n\times m$ 套驱动电路；动态扫描显示则采用多路复用技术，如果是 P 路复用，则每 P 个像素需一套驱动电路，$n\times m$ 个像素仅需 $n\times m/P$ 套驱动电路。

对动态扫描显示而言，P 越大，所需驱动电路就越少，成本也就越低，引线也大大减少，更有利于高密度显示屏的制造。在实际使用的LED大屏幕显示器中，很少采用静态驱动。

② 8051与LED大屏幕显示器的接口。实际应用中，由于显示屏与计算机及控制器有一定距离，所以应尽量减少两者之间控制信号线的数量。信号一般采用串行移动传送方式，计算机控制器送出的信号只有5个，即时钟PCLK、显示数据DATA、行控制信号HS（串行传送时，仅需一根信号线）、场控制信号VS（串行传送时，仅需一根信号线）以及地线。

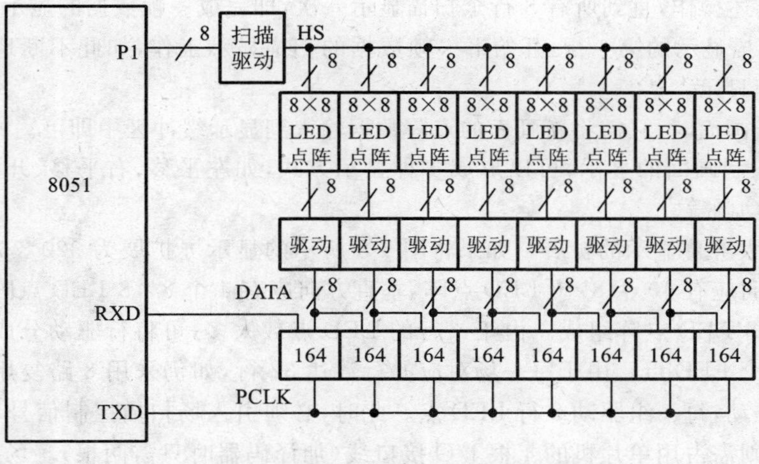

图4-8 8051与LED大屏幕显示器的接口

图4-8是8051与LED大屏幕显示器接口的一种具体应用。图中LED显示器为8×64点阵，由8个8×8点阵的LED显示块拼装而成。8个块的行线相应地并接在一起，形成8路复用，行控制信号HS由P1口经行驱动后形成行扫描信号输出（并行传送，8根信号线）。8个块的列控制信号分别经由各74LS164驱动后输出。74LS164为8位串入并出移位寄存器，8个74LS164串接在一起，形成8×8＝64位串入并出的移位寄存器，其输出对应64点阵。显示数据DATA由8051的RXD端输出，时钟PCLK由8051的TXD端输出。RXD发送串行数据，而TXD输出移位时钟，此时串行接口工作于方式0，即同步串行移位寄存器状态。

显示屏体的工作以行扫描方式进行，扫描显示过程是每一次显示一行64个LED点，显示时间称为行周期。8行扫描显示完成后开始新一轮扫描，这段时间称为场周期。

3路信号都为同步传送信号，显示数据DATA与时钟PCLK配合传送某一行（64个点）的显示信息。在一行周期内有64个PCLK脉冲信号，它将一行的显示信息串行移入8个串入并出移位寄存器74LS164中。在行结束时，由行信号HS控制存入对应锁存电路并开始新一行显示，直到下一行显示数据开始锁入为止，由此实现行扫描。

因图4-8所示LED显示屏只有8行，无须采用场扫描控制信号VS，且行、场扫描的控制可通过单片机对P1口编程实现。图中的锁存与驱动电路可采用74LS273、74LS373、74LS374等构成的集成电路。

③ LED大屏幕显示的编程要点。由上述内容可知，LED大屏幕显示一般采用动态显示，要实现稳定显示，需遵循动态扫描的规律，现将编程要点叙述如下：

a. 从串行接口输出8B，即64b的数据到74LS164中，形成64列的列驱动信号。

b. 从P1口输出相应的行扫描信号，与列信号在一起，点亮行中有关的点。

c. 延时1～2 ms。此时间受50 Hz闪烁频率的限制，不能太大，应保证扫描所有8行(即一帧数据)所用时间之和在20 ms以内。

d. 从串行接口输出下一组数据，从P1口输出下一行扫描信息并延时1～2 ms，完成下一行的显示。

e. 重复上述操作，直到所有8行全扫描显示一次，即完成一帧数据的显示。

f. 重新扫描显示的第一行，开始下一帧数据的扫描显示工作，如此不断地循环，即可完成相应的画面显示。

g. 要更新画面时，只需将新画面的点阵数据输入到显示缓冲区中即可。

h. 通过控制画面的显示，可以形成多种显示方式，如左平移、右平移、开幕式、合幕式、上移、下移及动画等。

④ LED大屏幕显示的扩展。如果将图4-8所示的显示屏扩展为320×32点阵的显示屏，则水平方向应有40个8×8 LED点阵，垂直方向应有4个8×8 LED点阵，整个显示屏由160个8×8 LED点阵组成。由于一行的LED点数太多，可将行驱动分成5组驱动，每一组驱动64个LED点。由于每一场对应的行数达32行，如仍采用8路复用，则垂直方向应分成4组驱动，每一组驱动8行LED点。此时，必须引入场扫描控制信号VS，如采用并行传送方式，则需占用单片机的4根I/O接口线(加译码器时只需两根)。场扫描控制信号VS与相应的行驱动电路配合，使行扫描信号分时送入垂直方向的4组LED点阵，以此实现场扫描。

上述大屏幕LED显示的行、场控制信号的传输均采用并行方式，扫描驱动电路相对简单，但其占用单片机的资源较多(需10～12根I/O接口线)，且信号传输线多，成本高，抗干扰性能差，不适合远距离控制。因此在实用电路中，经常采用串行传输方式。采用串行传输只需占用两根I/O接口线，相应的信号传输线减少，成本降低，抗干扰性能增强。串行传输方式的不足之处是扫描驱动需增加8位移位寄存器(可采用74LS164)，硬件电路相对复杂一些。

思考与练习

1. LED数码显示电路中静态工作方式与动态工作方式有何不同？

2. 试利用串行口设计一个有6个LED显示器静态方式显示的电路，使数码管显示“ABCDEF”。

3. 用串行口扩展4个发光二极管显示电路，编程使二极管轮流显示“ABCD”和“EFGH”，每秒钟变换一次。

4. 设计一个实现6个LED动态显示的接口电路连接图,使数码管显示“ABCDEF”,并编写驱动程序。

任务二　LCD显示模块

任务要求

✧了解LCD显示模块工作原理
✧掌握LCD显示模块与单片机的连接
✧掌握LCD显示模块的应用

相关知识

1. LCD显示模块介绍

LCD显示模块种类很多,是最常用的显示器件之一。根据显示方式不同,可分为字符型、点阵型以及专用符号型。

字符型LCD可以在屏幕上固定位置显示各种符号、数字和字母。根据屏幕显示内容的数量分为8×1(1行,8个字符),16×1(1行,16个字符),16×2(2行,每行16个字符),40×2(2行,每行40个字符)等。

点阵型LCD屏幕由显示点组成,这些显示点称为像素。显示点按行、列排列。单片机使用的点阵屏根据行列数可分为192×64、240×160、320×240等。点阵型LCD能控制每个点的显示,因此适用于需要显示图形以及汉字等场合。常见的计算机所使用的LCD显示屏都属于点阵屏,但是由于像素较多,一般需要专用的驱动器驱动。

专用符号型是专业厂家为自己的产品定制的LCD,它能显示该产品所需要的各种字符和图形符号。

此外,LCD显示器还有如下分类方法。

① 根据接口形式不同可分为:串口驱动和并口驱动。并口驱动方式传送数据速度较快但是占用单片机的端口较多,而串口方式传送数据速度较慢但占用单片机的端口较少。

② 根据显示像素的颜色种类不同可分为:单色型和彩色型。

③ 根据是否带有背光分为:带背光和不带背光。

LCD显示原理与LED不同,LCD器件本身不发光,它是通过控制光线的反射或透射情况来显示内容。早期的部分单色LCD不带背光,这样就需要在较强的外界光线环境中才能看到显示内容。目前大部分LCD显示器都带有背光,即在液晶屏的背后安装有光源,这样即使在黑暗的环境中也能清楚地看清显示内容。大屏幕的LCD一般采用专用的高压背光灯管,而单片机驱动的小规模的LCD中一般采用LED用作背光光源。

本节以单色16×2字符型LCD为例介绍LCD显示屏的使用方法。

2. 16×2字符型LCD的结构

(1) 16×2字符型LCD的外观

字符型液晶显示模块(LCD模块)是由字符型液晶显示屏(LCD)、控制驱动电路(IC),

少量阻容元件、结构件等装配在 PCB 板上而成,如图 4-9 所示。字符型液晶显示模块目前在国际上已经被规范化,无论显示屏规格如何变化,其电特性和接口形式都是统一的。因此只要设计出一种型号的接口电路,在指令设置上稍加改动即可使用各种规格的字符型液晶显示模块。

图 4-9　16×2 字符型 LCD 模块

(2) 16×2 字符型 LCD 模块的内部结构

字符型液晶显示模块的内部结构如图 4-10 所示。从图中可以看到,LCD 模块内部包含两个存储器,一个称为显示缓冲存储器(DDRAM),它里面的每一个字节保存显示器上每一个位置需要显示符号的代码。另一个为字符发生器存储器(CGROM),它保存有显示每一个符号所需要的字形点阵数据,这个存储器是只读存储器。

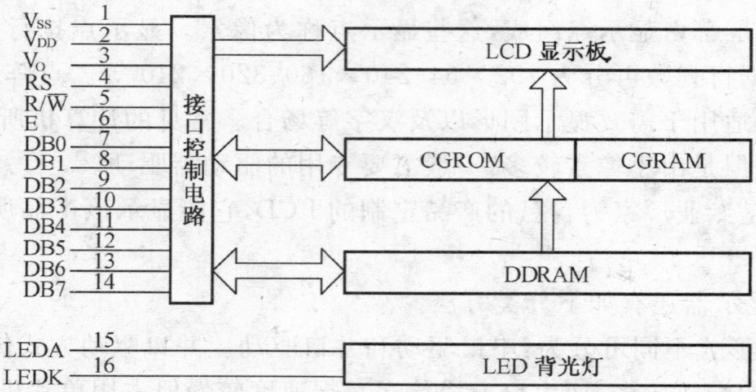

图 4-10　字符型液晶显示模块的内部结构

控制电路需要在某位置显示时,首先由 DDRAM 中读出需要显示的字符代码,将代码送入 CGROM,由 CGROM 送出字形数据。这样就会在控制电路指定的位置显示出指定的符号。

CGROM 中的内容是固定不变的。为了方便用户使用,电路中还预留了一部分 CGRAM,它的内容可以由用户改变,这样用户就可以自己编制图形符号。

接口控制电路中还有一个控制寄存器,用于控制模块的工作方式。LCD 显示内容时,需要通过接口读、写这两个存储器和控制寄存器来实现。

(3) 16×2 字符型 LCD 模块的外部接口

16×2 字符型 LCD 模块的外部接口一般为 16 只引脚,它们的功能如表 4-2 所示。

表 4-2　字符型 LCD 模块的外部接口引脚功能

引线号	符　号	电　平	功　能
1	V_{SS}	0 V	GND
2	V_{DD}	5 V±10%	电源电压：+5 V
3	V_O	0～5 V	液晶驱动电压：调整 LCD 的对比度
4	RS	H/L	寄存器选择：1—数据寄存器；0—指令寄存器
5	R/$\overline{W}$	H/L	读、写操作选择：1—读；0—写
6	E	H，HL	使能信号 ENABLE
7～14	DB0～DB7	H/L	数据总线
15	LEDA	+5 V	背光 LED 阳极
16	LEDK	0 V	背光 LED 阴极

(4) 16×2 字符型 LCD 模块与 CPU 的连接方法

LCD 模块与 CPU 的连接有多种方法，图 4-11 所示为一种直接连接的方案。图中可调电阻 R2 为 LCD 屏对比度调整用，R1 为背光 LED 限流电阻。

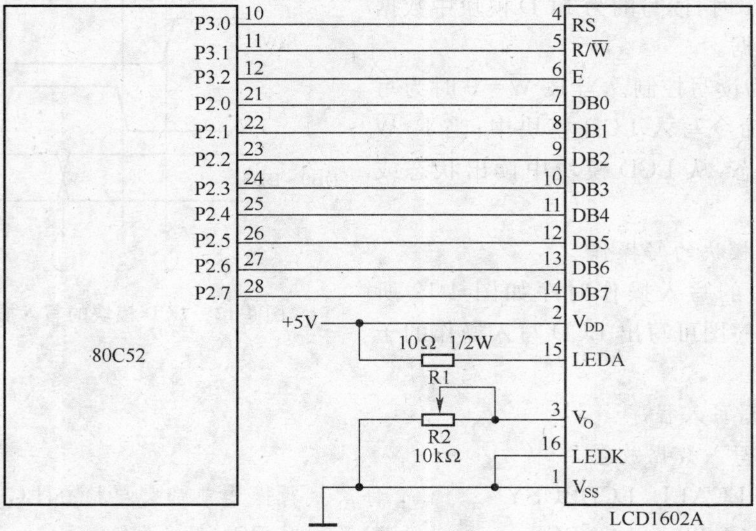

图 4-11　LCD 模块与 CPU 的连接

按照图 4-11 的连接方法，程序中作如下定义：

```
LCDDB   DATA   P2        ；定义 LCDDB 为 LCD 的数据接口
LCDE    BIT    P3.2      ；定义 LCDE 为 LCD 模块的 E 端
LCDRW   BIT    P3.1      ；定义 LCDRW 为 LCD 模块的 R/W端
LCDRS   BIT    P3.0      ；定义 LCDRS 为 LCD 模块的 RS 端
```

3. LCD 模块的读写方法

(1) LCD 模块的操作种类

LCD 模块的读写共有 4 种操作，分别由 RS 和 R/$\overline{W}$位决定，如表 4-3 所示。

表 4-3　LCD 模块的读写操作

RS	R/W	E	功　能	说　明
0	0	下降沿	写指令代码	RS=0，R/$\overline{W}$=0，E 的下降沿将数据总线上的命令写入 LCD 模块中
0	1	高电平	读忙标志和地址指针(AC)的数值	RS=0，R/$\overline{W}$=1，E 为高电平时，由数据总线上的命令读出 LCD 模块中控制寄存器的状态
1	0	下降沿	写数据	RS=1，R/$\overline{W}$=0，E 的下降沿将数据总线上的数据写入 LCD 模块的存储器中
1	1	高电平	读数据	RS=1，R/$\overline{W}$=1，E 为高电平时，由数据总线上的命令读出 LCD 模块中控制存储器的数据

由表 4-3 可以看到：

① RS 是命令和数据控制。当 RS=0 时，读写控制电路中的控制寄存器，即写命令、读状态；当 RS=1 时，读写的为 LCD 模块中数据存储器中的数据。

② R/$\overline{W}$为读写控制。当 R/$\overline{W}$=0 时为写状态，数据或命令写入 LCD 模块中；当 R/$\overline{W}$=1 时为读状态，从 LCD 模块中读出状态或数据。

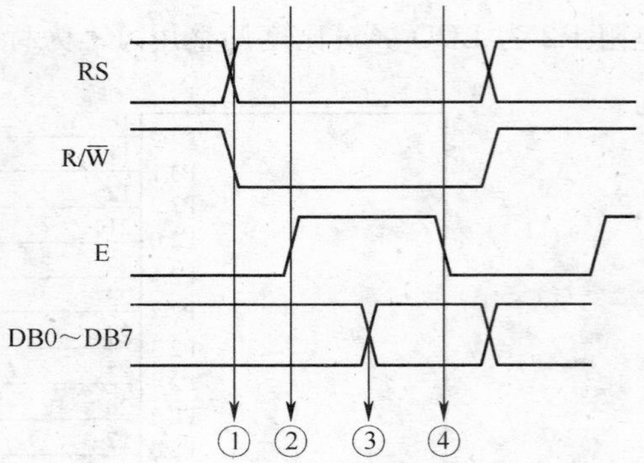

图 4-12　LCD 模块的写入操作时序

(2) LCD 模块的写操作

LCD 模块的写入操作时序如图 4-12 所示。根据此时序图可写出 LCD 写入操作的子程序如下：

```
;LCD 数据写入程序
;入口：待写入数据放在 A 中
LCDWD: LCALL   LCDBUSY      ；每次执行操作前都需要检查 LCD 模块是否忙
       SETB    LCDRS        ；写数据时 RS=1
       CLR     LCDRW        ；时序图中①
       SETB    LCDE         ；时序图中②
       MOV     LCDDB,A      ；时序图中③
       CLR     LCDE         ；时序图中④
       RET
```

```
;LCD命令写入程序
;入口:待写入命令放在A中
LCDWI:  LCALL   LCDBUSY
        CLR     LCDRS           ;写命令时RS=0
        CLR     LCDRW
        SETB    LCDE
        MOV     LCDDB,A
        CLR     LCDE
        RET
```

(3) LCD模块的读操作

LCD模块的读出操作时序如图4-13所示。

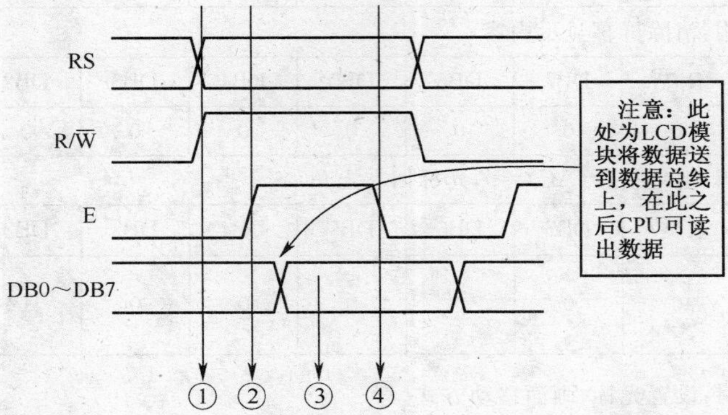

图4-13　LCD模块的读出操作时序

根据此时序图可写出LCD读操作的子程序如下。

```
;LCD数据读入程序
;出口:读出数据放在A中
LCDWD:  LCALL   LCDBUSY         ;每次执行操作前都需要检查LCD模块是否忙
        SETB    LCDRS           ;读数据时RS=1
        SETB    LCDRW           ;时序图中①
        SETB    LCDE            ;时序图中②
        MOV     LCDDB,#0FFH     ;从端口读入数据前,需向端口写"1"
        MOV     A,LCDDB         ;时序图中③
        CLR     LCDE            ;时序图中④
        RET
;LCD状态读入程序
;出口:读出状态放在A中
LCDWI:  LCALL   LCDBUSY
        CLR     LCDRS           ;读状态时RS=0
        SETB    LCDRW
```

```
SETB    LCDE
MOV     LCDDB,#0FFH   ;从端口读入数据前,需向端口写“1”
MOV     A,LCDDB
CLR     LCDE
RET
```

4. LCD 模块命令

LCD 模块共有 11 条命令,其格式与功能如表 4-4 所示。

表 4-4　LCD 模块的命令格式与功能

<table>
<tr><th>命　令</th><th colspan="10">格式与功能</th></tr>
<tr><td rowspan="3">1. 清屏</td><td>RS</td><td>R/$\overline{W}$</td><td>DB7</td><td>DB6</td><td>DB5</td><td>DB4</td><td>DB3</td><td>DB2</td><td>DB1</td><td>DB0</td></tr>
<tr><td>0</td><td>0</td><td>0</td><td>0</td><td>0</td><td>0</td><td>0</td><td>0</td><td>0</td><td>1</td></tr>
<tr><td colspan="10">功能说明:清除屏幕显示内容</td></tr>
<tr><td rowspan="3">2. 光标返回</td><td>RS</td><td>R/$\overline{W}$</td><td>DB7</td><td>DB6</td><td>DB5</td><td>DB4</td><td>DB3</td><td>DB2</td><td>DB1</td><td>DB0</td></tr>
<tr><td>0</td><td>0</td><td>0</td><td>0</td><td>0</td><td>0</td><td>0</td><td>0</td><td>1</td><td>—</td></tr>
<tr><td colspan="10">功能说明:地址指针(AC)=0,光标回左上角</td></tr>
<tr><td rowspan="3">3. 输入方式</td><td>RS</td><td>R/$\overline{W}$</td><td>DB7</td><td>DB6</td><td>DB5</td><td>DB4</td><td>DB3</td><td>DB2</td><td>DB1</td><td>DB0</td></tr>
<tr><td>0</td><td>0</td><td>0</td><td>0</td><td>0</td><td>0</td><td>0</td><td>1</td><td>I/D</td><td>S</td></tr>
<tr><td colspan="10">功能说明:设置光标、画面移动方式。
其中:I/D =1:数据读、写操作后,地址指针(AC)自动增一;
I/D =0:数据读、写操作后,地址指针(AC)自动减一;
S = 1:数据读、写操作,画面平移;
S = 0:数据读、写操作,画面不动</td></tr>
<tr><td rowspan="3">4. 显示控制</td><td>RS</td><td>R/$\overline{W}$</td><td>DB7</td><td>DB6</td><td>DB5</td><td>DB4</td><td>DB3</td><td>DB2</td><td>DB1</td><td>DB0</td></tr>
<tr><td>0</td><td>0</td><td>0</td><td>0</td><td>0</td><td>0</td><td>1</td><td>D</td><td>C</td><td>B</td></tr>
<tr><td colspan="10">功能说明:设置显示、光标及闪烁开关。
其中:D 表示显示开关:D = 1 为开,D = 0 为关;
C 表示光标开关:C = 1 为开,C = 0 为关;
B 表示闪烁开关:B = 1 为开,B = 0 为关</td></tr>
<tr><td rowspan="3">5. 光标、画面位移</td><td>RS</td><td>R/$\overline{W}$</td><td>DB7</td><td>DB6</td><td>DB5</td><td>DB4</td><td>DB3</td><td>DB2</td><td>DB1</td><td>DB0</td></tr>
<tr><td>0</td><td>0</td><td>0</td><td>0</td><td>0</td><td>1</td><td>S/C</td><td>R/L</td><td>—</td><td>—</td></tr>
<tr><td colspan="10">功能说明:光标、画面移动,不影响 DDRAM。
其中:S/C = 1:画面平移一个字符位;
S/C = 0:光标平移一个字符位;
R/L = 1:右移;R/L = 0:左移</td></tr>
</table>

续表

命令	格式与功能									
6. 功能设置	RS	R/$\overline{W}$	DB7	DB6	DB5	DB4	DB3	DB2	DB1	DB0
	0	0	0	0	1	DL	N	F	—	—
	功能说明:工作方式设置(初始化指令)。 其中:DL = 1:8 位数据接口; DL = 0:4 位数据接口; N = 1:两行显示; N = 0:一行显示; F = 1:5×10 点阵字符; F = 0:5×7 点阵字符									
7. CGRAM 地址设置	RS	R/$\overline{W}$	DB7	DB6	DB5	DB4	DB3	DB2	DB1	DB0
	0	0	0	1	AC5	AC4	AC3	AC2	AC1	AC0
	功能说明:设置 CGRAM 地址。A5～A0 = 0～3FH。 下次读写数据寄存器时,读写此地址数据									
8. DDRAM 地址设置	RS	R/$\overline{W}$	DB7	DB6	DB5	DB4	DB3	DB2	DB1	DB0
	0	0	1	AC6	AC5	AC4	AC3	AC2	AC1	AC0
	功能说明:设置 DDRAM 地址; 下次读写数据寄存器时,读写此地址数据。 DDRAM 地址与显示位置的对应关系见图 4-14									
9. 读状态值	RS	R/$\overline{W}$	DB7	DB6	DB5	DB4	DB3	DB2	DB1	DB0
	0	1	BF	AC6	AC5	AC4	AC3	AC2	AC1	AC0
	功能说明:读忙 BF 值和地址计数器 AC 值。 其中:BF = 1:忙;BF = 0:准备好。 AC 值意义为最近一次地址设置(CGRAM 或 DDRAM)定义									
10. 写数据	RS	R/$\overline{W}$	DB7	DB6	DB5	DB4	DB3	DB2	DB1	DB0
	1	0	D7	D6	D5	D4	D3	D2	D1	D0
	功能说明:根据最近设置的地址性质,数据写入 DDRAM 或 CGRAM 内									
11. 读数据	RS	R/$\overline{W}$	DB7	DB6	DB5	DB4	DB3	DB2	DB1	DB0
	1	1	D7	D6	D5	D4	D3	D2	D1	D0
	功能说明:根据最近设置的地址性质,从 DDRAM 或 CGRAM 数据读出									

5. 在 LCD 屏上显示字符的方法

(1) 初始化

使用 LCD 显示字符前需要对 LCD 模块进行初始化,初始化工作需要使用表 4-5 所示的几条命令。

表 4-5　初始化工作需要执行的几条命令

作　用	指　令	说　明
工作方式设置	MOV　A,#38H	38H 的含义:8 位数据接口,两行显示,5×7 点阵
	LCALL　LCDWI	将 A 中内容写入指令寄存器
输入方式设置	MOV　A,#06H	06H 的含义:写数据后地址指针自动加 1,画面不动
	LCALL　LCDWI	将 A 中内容写入指令寄存器
显示控制	MOV　A,#0CH	0CH 的含义:开显示,关闭光标,关闭闪烁
	LCALL　LCDWI	将 A 中内容写入指令寄存器
显示初始化	MOV　A,#01H	01H 的含义:清除屏幕内容,光标回左上角
	LCALL　LCDWI	将 A 中内容写入指令寄存器

(2) 将字符显示在指定位置

在 LCD 屏上显示字符时只需要将需显示的字符的 ASCII 码写入该位置对应的 DDRAM 中。LCD 显示位置与 DDRAM 的对应位置如图 4-14 所示。

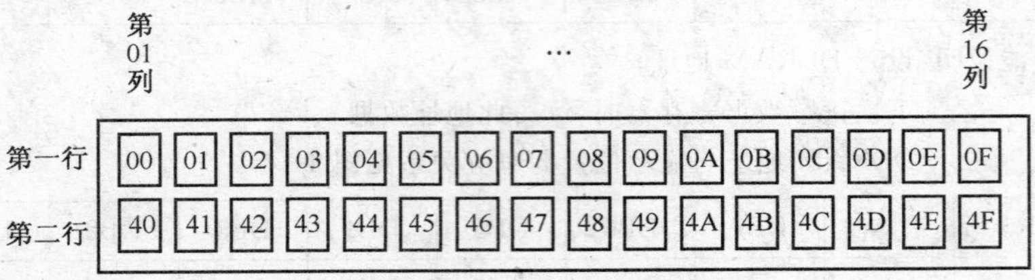

注:图中数字为 DDRAM 存储器地址

图 4-14　16×2LCD 模块 DDRAM 与显示位置

写入 ASCII 码前先要设定地址指针,然后再写入 ASCII 码。根据设置每写入一个字符后地址指针会自动加 1。

设置地址指针的命令如下。

DB7	DB6	DB5	DB4	DB3	DB2	DB1	DB0
1	AC6	AC5	AC4	AC3	AC2	AC1	AC0

即 DB7=1,DB6~DB0 根据需要设置,如设置第一行第一列时为 10000000B=80H,而设置第二行第六列时为 80H+45H=0C5H。

例如:在左上角显示"A"。

```
MOV     A,#80H          ;设定地址指针为 0
LCALL   LCDWI           ;写指令
MOV     A,#"A"          ;送字母"A"的 ASCII 码到累加器
LCALL   LCDWD           ;写数据
```

(3) 判忙程序

LCD 模块执行每一条命令都需要一定的时间,向 LCD 模块写数据时,如果 LCD 模块正忙则不能执行命令,因此每次对 LCD 模块操作前都需要判断 LCD 模块是否空闲。程序

如下：

```
;LCD模块判忙
LCDBUSY：  PUSH   ACC              ；保存A
LCDBUSY1： CLR    LCDRS
           SETB   LCDRW
           SETB   LCDE
           MOV    LCDDB，#0FFH      ；从端口读入数据前，需向端口写“1”
           MOV    A，LCDDB
           CLR    LCDE
           JB     ACC.7，LCDBUSY1   ；ACC.7为LCD模块的忙标志位BF
           POP    ACC
           RET
```

(4) 在指定位置显示字符串

在指定位置显示字符串是常用的一种显示方法，下列程序在第一行显示字符串S1。注意：字符串以00H为结束标志。

```
;显示字符串
;入口：DPTR指向字符串起点。字符串以00H为结束标志
LCDSTR：   CLR    A
           MOVC   A，@A+DPTR
           JZ     LCDSTRE
           LCALL  LCDWD
           INC    DPTR
           SJMP   LCDSTR1
LCDSTRE：  RET
```

思考与练习

1. 设计一个LCD显示的接口电路连接图，使LCD只第一行显示“ABCDEF”6个字符，并编写驱动程序。

任务三 键盘

任务要求

✧掌握键盘去抖动的方法

✧掌握取键值的方法

相关知识

键盘输入是单片机的最基本的输入手段之一，从按下一个键到键的功能被执行主要包

括两项工作:一是键的识别,即在键盘中找出被按的是哪个键;另一项是键功能的实现。第一项工作是使用接口电路实现的,而第二项工作则是通过执行按键服务程序来完成的。具体来说,键盘接口应完成以下操作功能。

1. 键开关状态的可靠输入

键盘实质上就是一组按键开关的集合。通常按键所用开关为机械弹性开关,利用了机械触点的弹性作用,机械触点在闭合及断开瞬间由于弹性作用的影响,在闭合和断开瞬间均有抖动过程,从而使电压信号也出现抖动,如图 4-15 所示。抖动时间长短与开关的机械特性有关,一般为 5～10 ms。

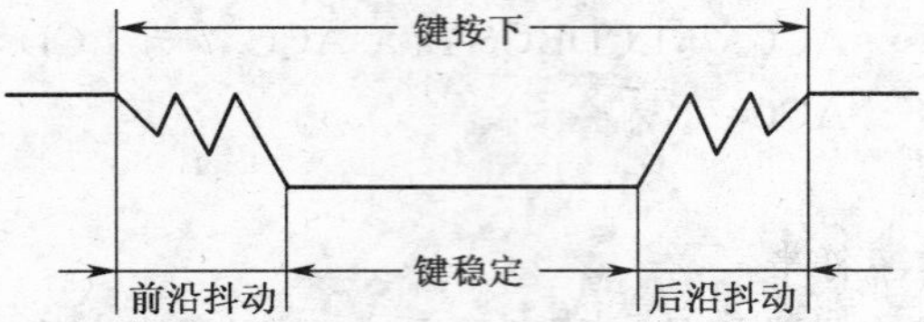

图 4-15　键闭合及断开时的电压抖动

按键的稳定闭合时间,由操作人员的按键动作所确定,一般为十分之几秒至几秒。键抖动会引起按下一次按键被误读为多次,为了确保 CPU 对键的一次闭合仅做一次处理,必须去除键抖动。在键闭合和稳定时取键状态,并且必须判别到键释放稳定后再做处理。通常,为保证键扫描的正确,消去抖动的影响有硬件和软件两种方法。

硬件方法就是加去抖动电路,从根本上避免抖动的产生;软件方法则是采用时间延迟以躲过抖动,待信号稳定之后,再进行键扫描。

(1) 硬件去抖电路

① 滤波去抖电路。由于 RC 积分电路对振荡脉冲有吸收作用,因此可以让按键信号经过积分电路,选择好积分电路的时间常数就可以去除抖动。这种方法的电路如图 4-16 所示。

由图 4-16 可知,当键 K 还未按下时,电容 C 两端电压都为 0,非门输出为 1。当键 K 按下时,虽然在触点闭合瞬间产生了抖动,但由于电容 C 两端电压不能突变,只要 R1 和 R2 取值合适,就可保证电容两端的充电电压波动不超过非门的开启电压(TTL 开启电压为 0.8 V),非门的输出仍然为 1。在按键的稳定期,非门开启,输出为 0。当键 K 断开时,由于电容 C 经过电阻 R2 放电,C 两端的放电电压波动不会超过非门的关闭电压,因此,非门的输出仍然为 0。所以,只要积分电路的时间常数选取得当,确保电容 C 充电到开启电压,或放电到关闭电压的延迟时间不小于 10 ms,该电路就能消除抖动的影响。

② 双稳态去抖电路。用两个与非门构成一个 RS 触发器,即可构成双稳态去抖电路,其原理电路如图 4-17 所示。

设按键 K 未按下时,键 K 与 A 端(ON)接通。此时,RS 触发器的 Q 端为高电平 1,$\overline{Q}$ 端为低电平 0。Q 端为去抖输出端,输出固定为 1。当键 K 被按下时,将在 A 端形成一连串的抖动波形,而 Q 端在 K 未到达 B 端之前始终为 0。这时,无论 A 处出现怎样的电压(0 或 1),Q 端固定输出 1。只有当 K 到达 B 端,使 B 端为 0,RS 触发器发生翻转,$\overline{Q}$ 端变为高电

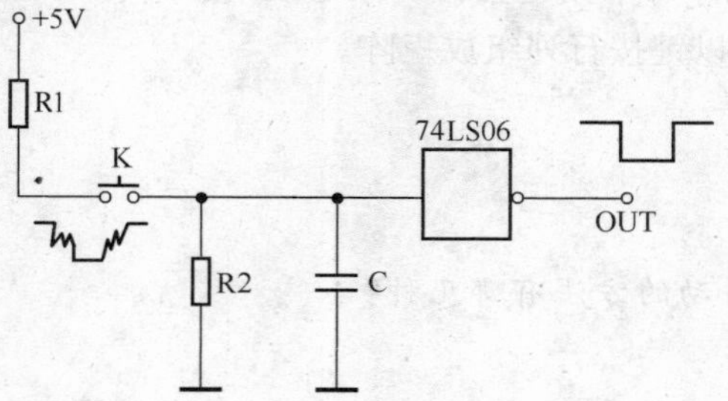

图 4-16　滤波去抖电路

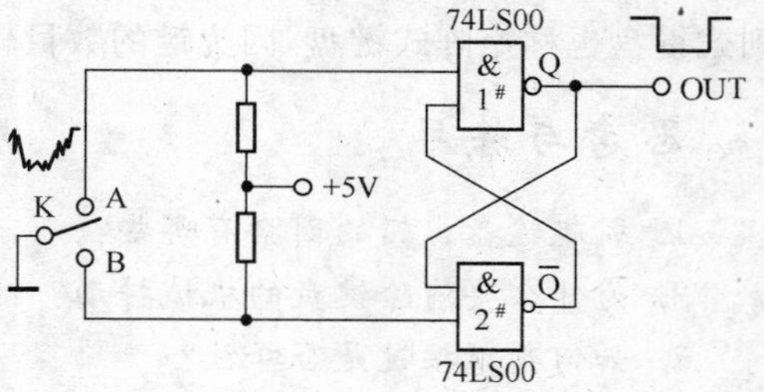

图 4-17　双稳态去抖电路

平 1 时,Q 端才变成低电平 0。此时,即使 B 处出现抖动波形,也不会影响 Q 端的输出,从而保证 Q 端固定输出为 0。同理,在释放键的过程中,只要一接通 A,Q 端就升至为 1。只要开关 K 不再与 B 端接触,双稳态电路的输出将维持不变。

(2) 软件去抖动

除了以上所说的硬件除抖动的方法,也可以用软件去除抖动。如前所述,若采用硬件去除抖动的电路,则 *N* 个键就必须配有 *N* 个去抖电路。因此,当键的个数比较多时,硬件去抖会过于复杂。为了解决这个问题,可以采用软件的方法来去除抖动的影响。当第一次检测到有键按下时,先用软件延时 10～20 ms,然后再确认该键电平是否仍维持闭合状态电平。若保持闭合状态电平,则认为此键确已按下,从而消除了抖动的影响。这种方法由于不需要附加的硬件投入而被广泛应用。

2. 对按键进行编码以给定键值或直接给出键号

一组按键或键盘都要通过 I/O 口线查询按键的开关状态。根据键盘结构不同,采用不同的编码方法。但无论有无编码,以及采用什么编码,最后都要转换成为与累加器中数值相对应的键值,以实现按键功能程序的散转转移(相应的散转指令为“JMP @A＋DPTR”)。

3. 编制键盘程序

一个完善的键盘控制程序应解决下述任务。

① 监测有无键按下;

② 有键按下后,在无硬件去抖动电路时,应用软件延时方法除去抖动影响;

③ 有可靠的逻辑处理办法,如键锁定,即只处理一个键,其间任何按下又松开的键不产生影响,不管一次按键持续多长时间,仅执行一次按键功能程序;

④ 输出确定的键号以满足散转指令的要求。

4. 可以为 MCS-51 单片机实现键盘接口的接口芯片

MCS-51 单片机实现键盘接口的方式有:

① 使用单片机芯片本身的并行口;

② 使用单片机芯片本身的串行口;

③ 使用通用接口芯片(如 8255、8155 等)。

5. 键盘结构形式

单片机使用的键盘可分为独立式和行列式两种。独立式键盘实际上就是一组相互独立的按键,这些按键直接与单片机的I/O口连接,即每个按键独占一条口线,接口简单。行列式键盘也称矩阵式键盘,因为键的数目较多,所以键按行列组成矩阵。

思考与练习

1. 引起键盘出错的因素有哪些?
2. 为什么要消除键盘的机械抖动?键盘去抖动的方法有哪几种?
3. 如何判断按键是否释放?

任务四 独立式键盘

任务要求

✧了解独立式键盘结构
✧了解独立式键盘的工作原理
✧掌握独立式键盘的设计

相关知识

独立式按键就是各按键相互独立,每个按键各接一根输入线,一根输入线上的按键工作状态不会影响其他输入线上的工作状态。因此,通过检测输入线的电平状态就可以很容易判断哪个按键被按下了。

独立式按键电路配置灵活,软件结构简单。但每个按键需占用一根输入线,在按键数量较多时,输入口浪费大,电路结构显得复杂,故此种键盘适用于按键较少或操作速度较高的场合。

如图4-18所示,当任何一个键按下时,与之相连的输入数据线即被置"0"(低电平),而平时该线为"1"(高电平)。

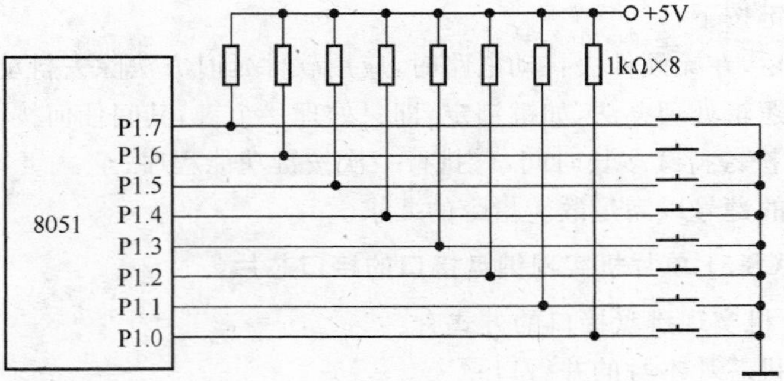

图4-18 独立式按键电路

下面是一套简化的键盘程序。程序中省略了软件防抖动部分。OPR0~OPR7分别为每个按键的功能程序,设I/O口为P1口。

程序清单：

```
START:  MOV   A,#0FFH        ;输入时先置 P1 口为全 1
        MOV   P1,A
        MOV   A,P1           ;键状态输入
        CPL   A
        MOV   R0,#00H        ;键值转换
L3:     RRC   A              ;A 的内容右移一位
        JC    L2
        INC   R0
        SJMP  L3
L2:     MOV   A,R0
        MOV   DPTR,#TAB      ;跳转表首地址送数据指针
        ADD   A,A            ;A×2→A 修正变址值
        JNC   L1             ;判断是否进位
        INC   DPH
L1:     JMP   @A+DPTR        ;转向形成的键值入口地址表
TAB:    AJMP  OPR0           ;转向 0 号键功能程序
        AJMP  OPR1
          ⋮
        AJMP  OPR7
OPR0:     ⋮                  ;0 号键功能程序
  ⋮     JMP START            ;0 号键执行完返回
OPR7:     ⋮
        JMP   START
```

在按键较少的情况下，也可以采用顺序查询的方式。

思考与练习

1. 试说明独立式键盘的工作原理。

任务五　行列式键盘

任务要求

✧了解行列式键盘结构
✧了解行列式键盘的工作原理
✧掌握行列式键盘的应用

相关知识

行列式键盘又叫矩阵式键盘。用 I/O 口线组成行列结构，按键设置在行列的交叉点

上。这样,在按键数量较多时,可以节省很多 I/O 口线。

1. 行列式键盘的电路结构与工作原理

图 4-19 所示为一个 4×8 矩阵键盘通过 8255A 扩展 I/O 口与 8031 的接口电路原理图。

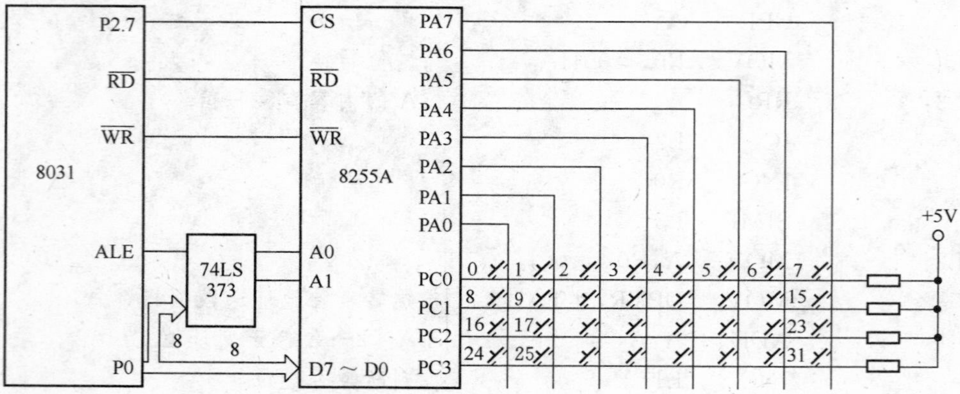

图 4-19　8255A 扩展 I/O 口组成的行列式键盘

图中行线 PC0～PC3 通过 4 个上拉电阻接+5 V,处于输入状态,列线 PA0～PA7 为输出状态。按键设置在行、列线交点上,行、列线分别连接到按键开关的两端。

当键盘上没有键闭合时,行、列线之间是断开的,所有行线 PC0～PC3 输入全部为高电平。当键盘上某个键被按下闭合时,对应的行线和列线短路,行线输入即为列线输出。逐列检查键盘状态的过程称为对键盘进行扫描。

首先是判定有没有键被按下,如图 4-20 所示,为判定有没有键被按下,可先经输出口向所有列线输出低电平即 PA 口输出为 00H,然后 CPU 读取 PC0～PC3,输入各行线状态,即可知道有无键按下。若行线状态皆为高电平,表明无键按下;若行线状态中有低电平,则表明该行有键被按下。

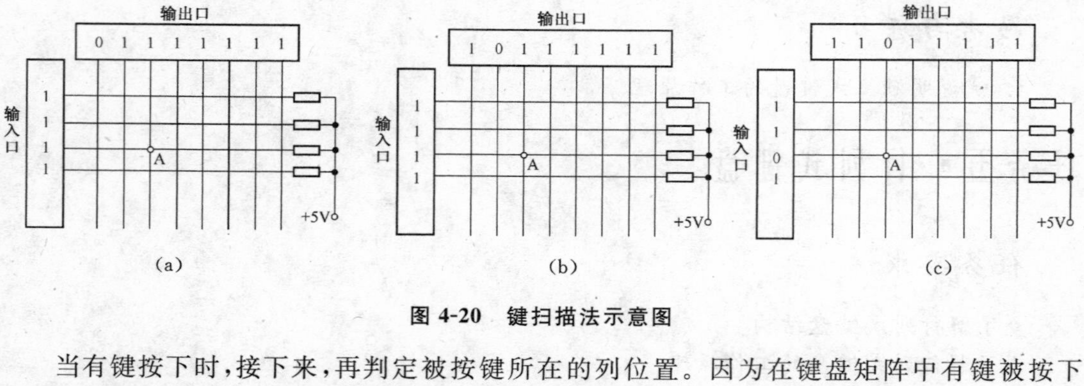

图 4-20　键扫描法示意图

当有键按下时,接下来,再判定被按键所在的列位置。因为在键盘矩阵中有键被按下时,被按键处的行线和列线被接通,使穿过闭合键的那条行线变为低电平。假定图 4-20 中 A 键被按下,则判定键位置的扫描是这样进行的:键盘中究竟哪一个键被按下,是由列线逐列置低电平,检查行输入状态的方法来确定。其方法是:可先令列线 PA0 输出低电平"0",PA1～PA7 全部输出高电平"1"即输出口 PA 输出 0FEH,读行线 PC0～PC3 输入电平。如果读得某行线为“0”电平，则可确认对应于该行线与列线 PA0 相交处的键被按下，否则 PA0 列上无键按下。如果 PA0 列线上无键按下，接着令 PA1 输出低电平“0”，其余为高电平“1”，再使输出口 PA 输出 0FDH，再读 PC0～PC3，判断其是否为全“1”，若是，表示该按键也不在此列，依此类推直至列线 PA7。如果所有列线均判断完，仍未出现 PC0～PC3 读入值有“0”的情况，则表示此次并无键按下。

2. 行列式键盘的工作方式

在单片机应用系统中，扫描键盘只是 CPU 的工作任务之一。在实际应用中要想做到既能及时响应键操作，又不过多地占用 CPU 的工作时间，就要根据应用系统中 CPU 的忙/闲情况，选择适当的键盘工作方式。键盘的工作方式一般有编程扫描方式和中断扫描方式两种。下面分别加以介绍。

(1) 编程扫描方式

编程扫描方式是利用 CPU 在完成其他工作的空余，调用键盘扫描子程序，来响应键输入要求。在执行键功能程序时，CPU 不再响应键输入要求。

键盘扫描程序一般应具备下述几个功能。

① 判断键盘上有无键按下。其方法为，PA 口输出全扫描字“0”(即低电平)时，读 PC 口状态，若 PC0～PC3 全为 1，则键盘无键按下，若不全为“1”，则有键按下。

② 去除键抖动影响。方法为，在判断有键按下后，软件延时一段时间(一般为 10 ms 左右)后，再判断键盘状态，如果仍为有键按下状态，则认为有一个确定的键被按下，否则按键抖动处理。

③ 扫描键盘，得到按下键的键号。按照行列式键盘的工作原理图 4-19 中 32 个键的键值从左上角的数字“0”键开始对应分布，其对应的键号如图 4-19 所示。

这种顺序排列的键号按照行首键号与列号相加的办法处理，每行的行首键号给以固定编号，0、8、16、24；列号依列线顺序为 0～7。在上述键值中，从零电平对应的位可以找出行首键号与相应的列号。

④ 判别闭合的键是否释放。键闭合一次仅进行一次键功能操作。等键释放后即将键值送入累加器 A 中，然后执行键功能操作。

图 4-21 所示为键扫描子程序框图。

设在主程序中已把 8255A 初始化。PA 口为基本输出口、PC 口为基本输入口，则键盘扫描子程序如下(程序中 KS 为查询有无键按下子程序，DIR 为延时子程序)：

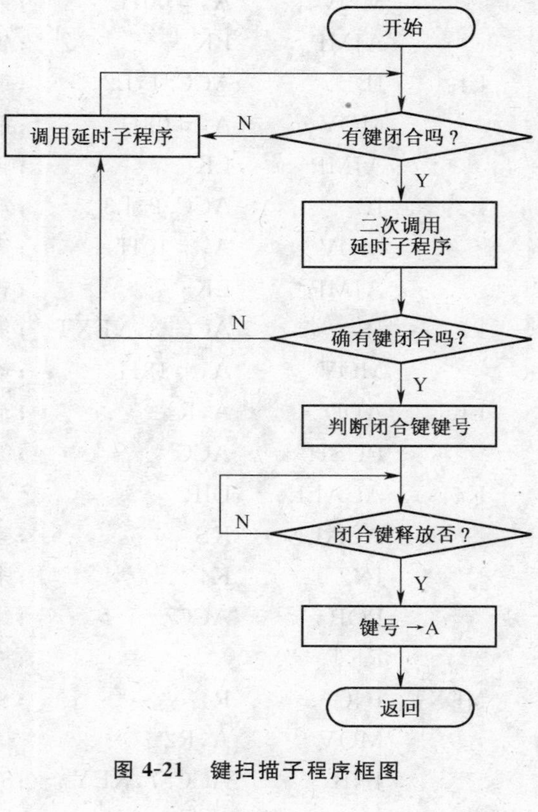

图 4-21　键扫描子程序框图

```
KEY:  ACALL  KS           ;调用 KS 判别是否有键按下
      JNZ    K1           ;有键按下转移
      ACALL  DIR          ;无键按下,调延时子程序
      AJMP   KEY
K1:   ACALL  DIR          ;加长延时时间,去抖动
      ACALL  DIR
      ACALL  KS           ;再次判别有无键闭合
      JNZ    K2           ;有键按下,转 K2
      AJMP   KEY          ;误读键,返回
K2:   MOV    R2,#0FEH     ;扫描初值送 R2
      MOV    R4,#00H      ;扫描列号送 R4
K3:   MOV    DPTR,#PA     ;A 口地址送 DPTR
      MOV    A,R2
      MOVX   @DPTR,A      ;扫描初值送 A 口
      INC    DPTR
      INC    DPTR         ;指向 8255A 的 C 口
      MOVX   A,@DPTR      ;读取行扫描值
      JB     ACC.0,L1     ;第 0 行无键按下,转查第 1 行
      MOV    A,#00H       ;第 0 行有键按下,该行的行首键号#0H 送 A
      AJMP   LK           ;转求键号
L1:   JB     ACC.1,L2     ;第 1 行无键按下,转查第 2 行
      MOV    A,#08H       ;第 1 行有键按下,该行的行首键号#08H 送 A
      AJMP   LK           ;转查键号
L2:   JB     ACC.2,L3     ;第 2 行无键按下,转查第 3 行
      MOV    A,#10H       ;第 2 行有键按下,该行的行首键号#10H 送 A
      AJMP   LK           ;转查键号
L3:   JB     ACC.3,NEXT   ;第 3 行无键按下,改查下一列
      MOV    A,#18H       ;第 3 行有键按下,该行的行首键号#18H 送 A
LK:   ADD    A,R4         ;形成键码送 A
      PUSH   ACC          ;键码入栈保护
K4:   ACALL  DIR
      ACALL  KS           ;等待键释放
      JNZ    K4           ;未释放,等待
      POP    ACC          ;键释放,键码送 A
      RET                 ;键扫描结束,返回
NEXT: INC    R4           ;修改列号
      MOV    A,R2
      JNB    ACC.7,KEY    ;8 列扫描完返回 KEY
```

```
        RL      A              ;未扫描完,扫描字左移一位,变为下列扫描字
        MOV     R2,A           ;扫描字暂存 R2
        AJMP    K3
```

KS 为判断子程序,判断是否有键闭合。

```
KS:     MOV     DPTR,#PA       ;A 口地址送 DPTR
        MOV     A,#00H
        MOVX    @DPTR,A        ;全扫描字#00H 送 PA 口
        INC     DPTR
        INC     DPTR           ;指向 C 口
        MOVX    A,@DPTR        ;读入 C 口行状态
        CPL     A              ;A 取反,无键则全 0
        ANL     A,#0FH         ;屏蔽高 4 位
        RET
```

执行 KS 子程序的结果是:有键闭合则(A)≠0,无键闭合则(A)=0。

键盘扫描程序的运行结果是,把闭合键的键码放在累加器 A 中,然后再根据键码进行其他处理。

(2) 中断扫描方式

键盘工作于编程扫描状态时,CPU 不间断地对键盘进行扫描工作,以监视键盘的输入情况,直到有键按下为止。其间 CPU 不能干任何其他工作,如果 CPU 工作量较大,这种方式将不能适应。为了进一步提高 CPU 的效率,可采用中断扫描工作方式,即只有在键盘有键按下时,才执行键盘扫描并执行该键功能程序,如果无键按下,CPU 将不理睬键盘。可以说,在编程扫描方式中,CPU 对键盘的监视是主动进行的,而在中断扫描方式中,CPU 对键盘的监视是被动进行的。图 4-22 所示为中断方式键盘接口,该键盘直接由 8051P1 口的高、低字节构成 4×4 行列式键盘。键盘的列线与 P1 口的低 4 位相连,行线通过二极管接到 P1 口的高 4 位。P1.0～P1.3 经与门同 $\overline{INT0}$中断请求输入信号相连,P1.4～P1.7作为行输出线,初始化时,使键盘行输出口全部置 0,当有键按下时,$\overline{INT0}$端为低电平,向 CPU 发出中断申请,若 CPU 开放外部中断,则响应中断请求,进入中断服务程序。在中断服务程序中,首先应关闭中断,因为在扫描识别的过程中,还会引起$\overline{INT0}$信号的变化,因此不关闭中断的话将引起混乱。接着要进行去抖动处理,按键的识别及键功能程序的执行等工作,具体可参照编程扫描工作方式进行。

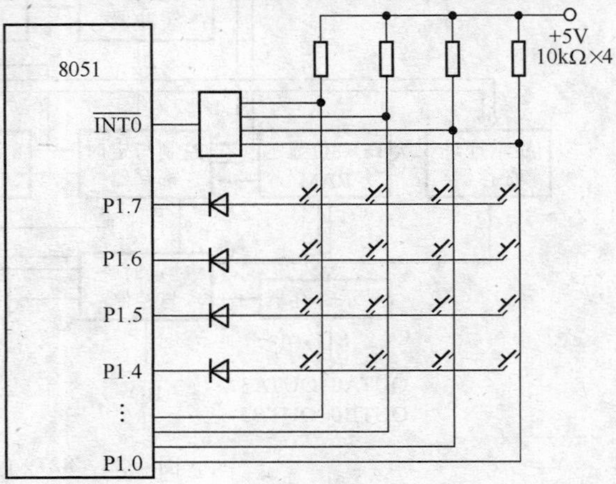

图 4-22 中断方式键盘电路

任务六　可编程键盘/显示器接口芯片——Inter 8279

任务要求

- ✧ 8279 键盘/显示接口芯片的结构
- ✧ 8279 键盘/显示接口芯片的使用

相关知识

Intel 8279(以下简称 8279)是一种可编程键盘/显示器接口芯片，单个芯片就能完成键盘输入和显示控制两种功能。键盘部分提供扫描工作方式，可与 64 个按键的矩阵键盘连接，能对键盘不断扫描，自动消抖，自动识别出按下的键并给出编码，能对双键或 N 键同时按下实行保护。显示部分为发光二极管、荧光管及其他显示器提供了按扫描方式工作的显示接口，它为显示器提供多路复用信号，可显示多达 16 位的字符或数字。

1. 8279 的组成和基本原理

8279 的内部结构如图 4-23 所示，根据结构框图可知，8279 主要由以下电路组成。

(1) 输入/输出控制及数据缓冲器

数据缓冲器是双向缓冲器，它将内部总线和外部总线连通，用于传送 CPU 和 8279 之间的命令或数据。$\overline{CS}$是片选信号，只有当$\overline{CS}$=0 时，8279 被选通，CPU 才能对其进行读、写操作。$\overline{RD}$、$\overline{WR}$来自 CPU 的读、写控制信号。A0 用于区别信息的特性，当 A0=0 时，表示输入/输出的信息均为数据；当 A0=1 时，表示输入的信息是指令，而输出的信息是状态字。

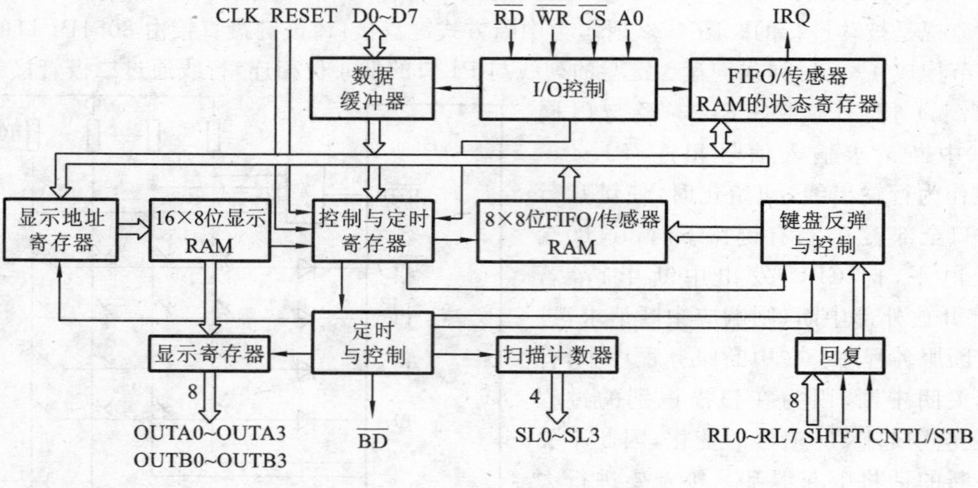

图 4-23　8279 内部结构框图

(2) 控制与定时寄存器及定时控制

控制与定时寄存器用来寄存键盘及显示工作方式，以及由 CPU 编程的其他操作方式控制字。这些寄存器一旦接收并锁存送来的命令，就通过译码电路产生相应的控制信号，从而完成相应的控制功能。

定时控制包含一些基本的计数器。首级计数器是一个可编程的 N 级计数器，N 取 2 到 31 之间的数，由软件编程，将外部时钟输入端 CLK 分频得到内部所需的 100 kHz 时钟，为键盘提供适当的逐行扫描频率和显示扫描时间。

(3) 扫描计数器

键盘和显示器共用，提供键盘和显示器的扫描信号。扫描计数器有两种工作方式：编码方式和译码方式。按编码方式工作时，计数器作二进制计数，4 位计数状态从扫描线 SL0～SL3 输出，经外部译码器译码后，为键盘和显示器提供扫描信号。按译码方式工作时，扫描计数器的最低二位被译码后，从 SL0～SL3 输出，提供了 4 中取 1 的扫描译码。

(4) 回复缓冲器、键盘去抖及控制

来自 RL0～RL7 的 8 根回复线的回复信号，由回复缓冲器缓冲并锁存。

在键盘工作方式中，回复线被接到键盘矩阵的列线。在逐行扫描时，回复线用来搜寻一行中闭合的键。当某一键闭合时，消抖电路被置位，延时等待 10 ms 之后，再检验该键是否仍闭合。若闭合，则该键的行、列地址和附加的移位、控制状态一起形成键盘数据，送入 8279 内部的 FIFO(先进先出)存储器。键盘数据格式如下：

D7	D6	D5 D4 D3	D2 D1 D0
CNTL	SHIFT	扫描	回复

控制(CNTL)和移位(SHIFT)的状态由两个独立的附加开关决定，而扫描(D5、D4、D3)和回复(D2、D1、D0)则是被按键的行列位置数据。D5、D4、D3 来自扫描计数器，是被按键的行编码；D2、D1、D0 来自列计数器，它们是根据回复信号而确定的列编码。

在传感器矩阵方式中，回复线的内容直接被送往相应的传感器 RAM(即 FIFO 存储器)。在选通输入方式工作时，回复线的内容在控制/锁存线的脉冲上升沿被送入 FIFO 存储器。

(5) FIFO/传感器 RAM 及其状态寄存器

FIFO/传感器 RAM 是一个双重功能的 8×8 位 RAM。处于键盘选通工作方式时，它是 FIFO 存储器，其输入/输出遵循先入先出的原则，此时，FIFO 状态寄存器用来存放 FIFO 的工作状态，如 RAM 是满还是空、其中存有多少数据、操作是否出错等。当 FIFO 存储器中有数据时，状态逻辑将产生 IRQ=1 信号，向 CPU 申请中断。

在处于传感器矩阵方式时，这个存储器用作传感器 RAM，它存放着传感器矩阵中的每一个传感器状态。工作于此方式时，若检索出传感器的变化，IRQ 信号变为高电平，向 CPU 申请中断。

(6) 显示 RAM 和显示寄存器

显示 RAM 用来存储显示数据，容量为 16×8 位。在显示过程中，存储的显示数据轮流从显示寄存器输出。显示寄存器分为 A、B 两组，即 OUTA0～OUTA3 和 OUTB0～OUTB3。它们既可单独送数，也可组成一个 8 位(A 组为高 4 位，B 组为低 4 位)的字。显示寄存器的输出与显示扫描配合，不断从显示 RAM 中读出显示数据，同时轮流驱动被选中的显示器件，以达到多路复用的目的，使显示器件呈稳定显示状态。

显示地址寄存器用来寄存由 CPU 进行读/写显示 RAM 的地址，它可以由命令设定，也可以设置成每次读出或写入后自动递增。

2. 8279 的引脚和功能

8279 共有 40 个引脚，采用双列直插式封装，引脚分配与引脚功能如图 4-24 所示。

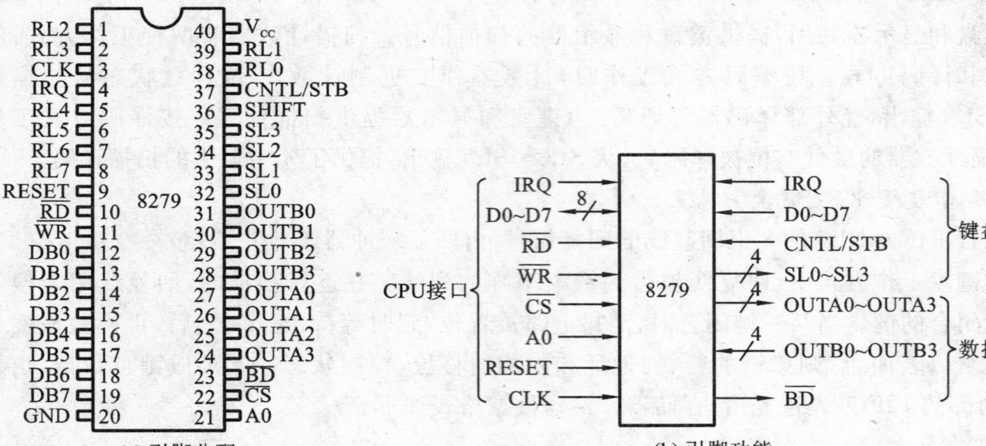

图 4-24　8279 的引脚分配与引脚功能

D0～D7：数据总线，双向三态总线。用于和系统数据总线相连，在 CPU 和 8279 之间传递命令或数据。

CLK：系统时钟输入端，用于 8279 内部定时，以产生其工作所需时序。

RESET：系统复位输入端，高电平有效。复位状态为：16 个字符显示——左入口；编码扫描键盘——双键锁定；程序时钟编程为 31。

$\overline{CS}$：片选输入端，低电平有效。当$\overline{CS}$＝0 时，8279 被选中，允许 CPU 对其进行读、写操作，否则被禁止。

A0：数据选择输入端。A0＝1 时，CPU 写入数据为命令字，读出状态为状态字；A0＝0 时，CPU 读、写均为数据。

$\overline{RD}$、$\overline{WR}$：读、写信号输入端，低电平有效。这是两个来自 CPU 的控制信号，控制 8279 的读、写操作。

IRQ：中断请求输出端，高电平有效。在键盘工作方式中，当 FIFO/传感器 RAM 中存有数据时，IRQ 为高电平，向 CPU 提出中断申请。CPU 每次从 RAM 中读出一个字节数据时，IRQ 就变为低电平。如果 RAM 中还有未读完的数据，IRQ 将再次变为高电平，再次提出中断请求。在传感器工作方式中，每当检测到传感器状态变化时，IRQ 就出现高电平。

SL0～SL3：扫描输出端，用于扫描键盘和显示器。可编程设定为编码输出（16 中选 1）或译码输出（4 中选 1）。

RL0～RL7：回复线，它们是键盘矩阵或传感器矩阵的列信号输入端。

SHIFT：移位信号输入端，高电平有效。它是 8279 键盘数据的次高位（D6），通常用作键盘上、下档功能键。在传感器和选通方式中，SHIFT 无效。

CNTL/STB：控制/选通输入端，高电平有效。在键盘工作方式时，它是键盘数据的最高位，通常用来扩充键开关的控制功能，作为控制功能键。在选通输入方式时，它的上升沿可把来自 RL0～RL7 的数据存入 FIFO/传感器 RAM 中。在传感器方式时，CNTL 信号无效。

OUTA0～OUTA3：A 组显示信号输出端。

OUTB0～OUTB3：B 组显示信号输出端。这两组引线均是显示信息输出线，它们与多路数字显示的扫描线 SL0～SL3 同步。两组可以独立使用，也可以合并使用。

$\overline{BD}$：显示熄灭输出端，低电平有效。它在数字切换显示或使用熄灭命令时关显示。

3. 8279 编程

8279 是可编程接口芯片，通过编程使其实现相应的功能。编程的过程实际是 CPU 向 8279 发送控制命令的过程。8279 共有 8 条命令，命令字的高三位 D7、D6 和 D5 用于对其寻址。各条命令格式分述如下。

(1) 键盘/显示方式设置命令字的格式

D7	D6	D5	D4	D3	D2	D1	D0
0	0	0	D	D	K	K	K

① D7D6D5＝000，为方式设置命令的特征位。

② D4D3＝DD，用来设定显示方式，定义如下：

00——8 个字符显示，左入口；

01——16 个字符显示，左入口；

10——8 个字符显示，右入口；

11——16 个字符显示，右入口。

所谓左入口，就是显示位置从最左一位开始，以后逐次输入的显示字符逐个向右顺序排列，就像打字机格式一样，故这种显示格式也称打字机方式。

所谓右入口，就是显示位置从最右一位开始，以后逐次输入显示字符时，已有的显示字符依次向左移动，就像计数器进位一样，故也称计数器方式。

③ D2D1D0＝KKK，用来设定键盘工作方式，定义如下：

000——编码扫描键盘，双键锁定。

001——译码扫描键盘，双键锁定。

010——编码扫描键盘，N 键轮回。

011——译码扫描键盘，N 键轮回。

100——编码扫描传感器矩阵。

101——译码扫描传感器矩阵。

110——选通输入，编码显示扫描。

111——选通输入，译码显示扫描。

双键锁定和 N 键轮回是两种不同的多键同时按下的保护方式。其中；双键锁定指为两键同时按下提供保护，在消抖期间，如果有两键被同时按下，则只有其中的一键弹起，而另一键保持在按下位置时，才能被认可，即后释放键被识别；N 键轮回为 N 键同时按下提供保护，当有若干个键同时按下时，根据发现它们的次序，依次将它们的状态送入 FIFO RAM。

(2) 程序时钟命令的格式

D7	D6	D5	D4	D3	D2	D1	D0
0	0	1	P	P	P	P	P

① D7D6D5＝001 为时钟命令特征位。

② D4D3D2D1D0＝PPPPP 是用来对外部输入时钟 CLK 进行分频的分频系数 N，N 取值为 2～31，可以通过对 N 的设定以获得内部 100 kHz 的频率。例如，CLK 为 2 MHz，分频系数＝2 MHz/100 kHz＝20，转换成二进制数为 10100，时钟命令字即为 34H。

(3) 读 FIFO/传感器 RAM 命令的格式

D7	D6	D5	D4	D3	D2	D1	D0
0	1	0	AI	×	A	A	A

① D7D6D5＝010 为读 FIFO/传感器 RAM 命令特征位。该命令字只在传感器方式时使用，在 CPU 读传感器 RAM 之前，必须用这条命令来设定将要读出的传感器 RAM 的地址。由于传感器 RAM 的容量是 8×8 位，即 8 个字节，因此须用命令字中低三位二进制代码即 D2D1D0 进行选址。

② D2D1D0＝AAA 为传感器 RAM 中的 8 个字节地址。

③ D4＝AI 为自动增量特征位。若 AI＝1，则每次读出传感器 RAM 后，RAM 地址将自动加 1，使地址指针指向顺序的下一个存储单元，这样下一次读数便从下一个地址读出，而不必重新设置读 FIFO/传感器 RAM 命令。

在键盘工作方式时，由于读出操作严格按照先入先出的顺序，因此，不必使用此条命令。

(4) 读显示 RAM 命令的格式

D7	D6	D5	D4	D3	D2	D1	D0
0	1	1	AI	A	A	A	A

① D7D6D5＝011 为读显示 RAM 命令特征位。该命令字用来设定将要读出的显示 RAM 的地址。

② D3D2D1D0＝AAAA 用来寻址显示 RAM 的存储单元。为显示 RAM 存储单元的地址，用来寻址显示 RAM 的存储单元，由于显示 RAM 有 16×8 位，即 16 个字节的存储容量，所以需用 4 位进行寻址。

③ D4＝AI 为自动增量特征位。当 AI＝1 时，表示每次读出后，地址自动加 1，指向下一个地址，所以下一次顺序读出数据时，不必重新设置读显示 RAM 命令字。

(5) 写显示 RAM 命令的格式

D7	D6	D5	D4	D3	D2	D1	D0
1	0	0	AI	A	A	A	A

① D7D6D5＝100 为写显示 RAM 命令特征字。在 CPU 写显示 RAM 之前，这个命令

字用来设定将要写入的显示 RAM 地址。

② D3D2D1D0＝AAAA 用来寻址显示 RAM 的存储单元，4 位能寻址所有 16 个显示存储单元。

③ D4＝AI 为自动增量特征位。当 AI＝1 时，表示每次读出后，地址自动加 1，指向下一个地址，所以下一次顺序读出数据时，不必重新设置写显示 RAM 命令字。

(6) 显示禁止写入/消隐命令的格式

D7	D6	D5	D4	D3	D2	D1	D0
1	0	1	×	IWA	IWB	BLA	BLB

① D7D6D5＝101 为显示禁止写入/消隐命令特征位。

② D3D2＝IWAIWB 用来屏蔽 A 组和 B 组显示。例如当 A 组的屏蔽位 D3＝1 时，A 组的显示 RAM 禁止写入。因此，从 CPU 写入显示器 RAM 的数据不会影响 A 的显示。

③ D1D0＝BLABLB 是两个消隐特征位，分别对两组显示输出进行消隐，若为 1，则对应组的显示输出被熄灭；若为 0，则恢复正常显示。

(7) 清除命令的格式

D7	D6	D5	D4	D3	D2	D1	D0
1	1	0	CD	CD	CD	CF	CA

① D7D6D5＝110 为清除命令特征位，此命令用来清除 FIFO RAM 和显示 RAM。

② D4D3D2＝CDCDCD 用来设定清除显示 RAM 的方式，共有四种清除方式。其含义如表 4-6 所示。

表 4-6　清除显示 RAM 方式

D4	D3	D2	清 除 方 式
1	0	×	将显示 RAM 全部清“0”
	1	0	将显示 RAM 置 20H(即 A 组＝0010，B 组＝0000)
	1	1	将显示 RAM 全部置“1”
0	×	×	不清除(若 CA＝1，则 D3、D2 仍有效)

③ D1＝CF 用来清空 FIFO 存储器，并使中断 IRQ 复位。同时，传感器 RAM 的读出地址也被清 0。

④ DO＝CA 为总清的特征位，它兼有 CD 和 CF 两者的功效。在 CA＝1 时，对显示 RAM 的清除方式由 D3D2 的编码决定。

(8) 结束中断/错误方式设置命令的格式

D7	D6	D5	D4	D3	D2	D1	D0
1	1	1	E	×	×	×	×

D7D6D5＝111 为该命令的特征位。这个命令有两种不同的应用。

① 作为结束中断命令。在传感器工作方式中，每当传感器状态出现变化时，扫描检测电路就将其状态写入传感器 RAM，并启动中断逻辑，使 IRQ 变高电平，向 CPU 请求中断，

并且禁止写入传感器 RAM。此时,若传感器 RAM 读出地址的自动递增特征位没有置位(AI=0),则中断请求 IRQ 在 CPU 第一次从传感器 RAM 读出数据时,就被清除;若自动递增特征位已置位(A1=1),则 CPU 对传感器 RAM 的读出并不能清除 IRQ,而必须通过给 8279 写入结束中断/错误方式设置命令才能使 IRQ 变低。因此在传感器工作方式中,此命令用来结束传感器 RAM 的中断请求。

② 作为特定错误方式设置命令。在 8279 已被设定为键盘扫描 N 键轮回方式以后,如果 CPU 又给 8279 写入结束中断/错误方式设置命令(E=1),则 8279 将以一种特定的错误方式工作。这种方式的特点是:8279 在消抖周期内,如果发现有多个键被同时按下,则 FIFO 状态字中的错误特征位 S/E 将置 1,并将产生中断请求信号和阻止写入 FIFO RAM。

上述 8279 的 8 种命令字皆由 D7、D6、D5 特征位确定,当输入 8279 之后能自动寻址到相应的命令寄存器。只是在写入命令时,命令字一定要写到命令口中,即应让缓冲地址信号 A0=1。

(9) 状态字

8279 的状态寄存器为 8 位寄存器,主要用于键盘和选通工作方式,以指示 FIFO RAM 中的字符数是否有错误发生。状态字的命令格式:

D7	D6	D5	D4	D3	D2	D1	D0
Du	S/E	O	U	F	N	N	N

① D7=Du 为显示无效位特征位。当 Du=1 表示显示无效,当显示 RAM 由于清除显示或全清除命令尚未完成时,Du=1。

② D6=S/E 为传感器信号结束/错误特征位。当 8279 工作在传感器工作方式时,若 S/E=1,表示最后一个传感器信号已进入传感器 RAM 中;而当 8279 工作在特殊错误方式时,若 S/E=1,则表示出现了多键同时按下错误。此特征位在读出 FIFO 状态字时被读出,而在执行 CF=1 的清除命令时被复位。

③ D5D4=OU 为超出、不足错误特征位。当 FIFO 已经充满时,若其他键盘数据还企图写入 FIFO RAM 中,则出现超出错误,状态字 O 置位"1";当 FIFO RAM 已经置空时,若 CPU 还企图读出,则出现不足错误,状态字 U 置"1"。

④ D3=F 表示 FIFO RAM 是否已满。当 F=1 时,表示 FIFO RAM 中已满。

⑤ D2DOD1=NNN 表示 FIFO RAM 中的字符数,最多 8 个。

显然,状态字主要用于键盘和选通工作方式,以指示 FIFO RAM 中的字符数有无错误发生。

4. 8279 与单片机、键盘/显示器的接口

8279 是专用键盘、显示控制芯片,能对显示器自动扫描;能识别键盘上按下键的键号,可充分提高 CPU 工作效率。8279 与 8051 接口方便,由它构成的标准键盘、显示接口在单片机应用系统中使用越来越广泛。

图 4-25 为 8279 与 8051 及键盘、显示器接口的一般框图。

8279 显示器最大配置为 16 位显示,段选线由 B0~B3、A0~A3 通过驱动器提供;位选线由扫描线 SL0~SL3 经 4-16 译码器提供。$\overline{\text{BD}}$信号线可用来控制译码器,实现显示器

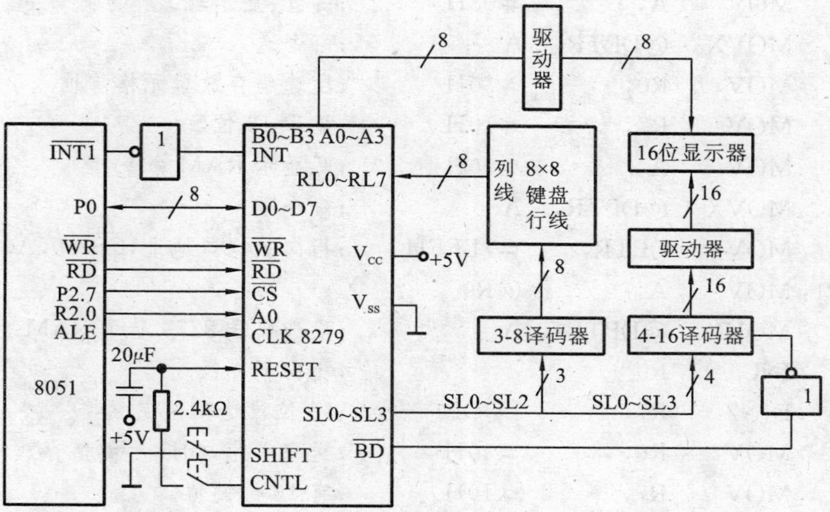

图 4-25　8279 与 8051 及键盘、显示器接口的一般框图

消隐。

8279 键盘最大配置为 8×8。扫描线由 SL0～SL2 通过 3-8 译码器提供，接入键盘列线（设扫描线为列线）；查询线由返回输入线 RL0～RL7 提供，接入键盘线（设定查询线为行线）。

8279 与 8051 的连接无特殊要求，除数据线 P0 口、$\overline{WR}$、$\overline{BD}$可直接连接外，$\overline{CS}$由 8051 地址线选择。时钟由 ALE 提供，A0 选择线也可由地址线选择。8279 的 RESET 按图 4-25 中连接，SHIFT 和 CNTL/STB 内部有上拉电阻。

8279 的中断请求线需经反向器与 80C51 的$\overline{INT0}$/$\overline{INT1}$相连。

80C51 的 ALE 可直接与 8279 的 CLK 相连，由 8279 设置适当的分频数，分频至 100 kHz，对于图 4-25 所示的一般接口电路，键盘的读出既可用中断方式，也可用查询方式。

例 4.2　根据图 4-25 所示的接口电路，将 16 位显示数据的段选码存放在 8051 片内 RAM 的 30H～3FH 单元；16 个键的键值读出后存放在 40H～4FH 中。键盘采用查询方式读出，8051 的晶体振荡频率为 6 MHz。

分析：8279 的基本程序有三大块：一块是 8279 初始化程序，一块是显示程序，一块为键盘处理程序。

参考程序如下：

```
START:MOV    DPTR,    #7FFFH     ;指向命令/状态口地址，CS=0，A0=1
      MOV    A,       #0D1H      ;清除命令
      MOVX   @DPTR,   A          ;命令字送入
WAIT: MOVX   A,       @DPTR      ;读入状态字
      JB     ACC.7,   WAIT       ;清除等待
      MOV    A,       #2AH       ;对 ALE10 分频得 100 kHz
      MOVX   @DPTR,   A          ;命令送入
```

```
        MOV    A,        #08H      ;键盘/显示器工作方式命令
        MOVX   @DPTR,    A         ;命令送入
        MOV    R0,       #30H      ;段选码存放单元格首址
        MOV    R7,       #10H      ;显示16位数
        MOV    A,        #90H      ;写显示RAM命令
        MOVX   @DPTR,    A         ;命令送入
        MOV    DPTR,     #7EFFH    ;指向数据口地址,/CS=0,A0=1
LOOP1:  MOV    A,        @R0
        MOVX   @DPTR,    A         ;段选码送8279显示RAM
        INC    R0                  ;指向下一段选码
        DJNZ   R7,       LOOP1     ;16位段选码送完
        MOV    R0,       #40H      ;送完转此,40H为键值存放单元首址
        MOV    R7,       #10H      ;有16个键值
LOOP2:  MOV    DPTR,     #7FFFH    ;指向命令/状态口
LOOP3:  MOVX   A,        @DPTR     ;读8279状态字
        ANL    A,        #0FH      ;取状态字低4位
        JZ     LOOP3               ;FIFO中无键值时等待键输入
        MOV    A,        #40H      ;读FIFO RAM命令
        MOVX   @DPTR     A         ;命令送入
        MOV    DPTR,     #7FFEH    ;指向数据口地址
        MOVX   A,        @DPTR     ;读入键值
        ANL    A,        #3FH      ;CNTL、SHIFT未用,保存低6位键值
        MOV    @R0,      A         ;键值存入内存40H～4FH
        INC    R0                  ;指向下一个键值存放单元
        DJNZ   R7,       LOOP2     读完10H个键值
HERE:   AJMP   HERE                ;读完键值等待
```

在上述程序中,由于对键按下是采用查询方式,故设有等待键输入指令。

思考与练习

1. 分析8279的结构。
2. 分析8279的工作方式。

项目小结

本项目主要介绍了键盘、显示器与单片机的接口电路。

键盘是单片机应用系统中最常用的输入设备,常用的键盘有独立式键盘和行列式键盘。当键数较少时,使用行列式键盘;当键数较多时,使用行列式键盘。键盘接口程序设计需要经过测试是否有按键按下、消除抖动、扫描键盘、计算键码、等待键释放等几个环节。

扫描键盘程序有查询扫描方式、定时扫描方式和中断扫描方式。

显示器作为单片机应用系统中常用的输出设备，用以显示系统运行结果和状态。常用的显示器主要有 LED、LCD。

项目测试

一、选择题

1. 共阴极 LED 数码管字符“2”的段码为________。

A. 02H　　B. FEH　　C. 5BH　　D. A4H

2. 共阳极 LED 数码管若用动态显示，位选线需________。

A. 将各位数码管的位选线并联　　B. 输出口加驱动电路

C. 将位选线用一个 8 位输出口控制　　D. 将段选线用一个 8 位输出口控制

3. 已知 1 只共阴性 LED 显示器，其中 a 笔段为字形代码的最低位，若需显示数字 1，它的字形代码应为________。

A. 06H　　B. F9H　　C. 30H　　D. CFH

4. 以下关于静态和动态显示的概念不正确的是________。

A. 动态显示需要的口线少　　B. 静态显示更稳定

C. 动态显示的亮度相对较高　　D. 静态显示接口程序更加简单

5. 在单片机应用系统中，LED 数码管显示电路通常有________显示方式。

A. 静态　　B. 动态　　C. 静态和动态　　D. 查询

6. ________显示方式编程较简单，但占用 I/O 线多，一般适用于显示位数较少的场合。

A. 静态　　B. 动态　　C. 静态和动态　　D. 查询

7. LED 数码管若采用动态显示方式，则需要________。

A. 将各位数码管的位选线并联、各位数码管的段选线并联

B. 将各位数码管的段选线并联，输出口加驱动电路

C. 将各位数码管的段选线并联，并将各位数码管的位和段选线分别用 1 个输出口控制

D. 将段选线用 1 个 8 位输出口控制，输出口加驱动电路

8. 某一应用系统为扩展 10 个功能键，通常采用________方式更好。

A. 独立式键盘　　B. 矩阵式键盘　　C. 动态键盘　　D. 静态键盘

9. 行列式(矩阵式)键盘的工作方式主要有________。

A. 编程扫描方式和中断扫描方式　　B. 独立查询方式和中断扫描方式

C. 中断扫描方式和直接访问方式　　D. 直接输入方式和直接访问方式

10. 按键开关的结构通常是机械弹性元件，在按键按下和断开时，触点在闭合和断开瞬间会产生接触不稳定，即抖动。为消除抖动常采用的方法有________。

A. 硬件去抖动　　B. 软件去抖动

C. 硬、软件两种方法　　D. 单稳态电路去抖动

11. AT89C51 单片机外接 LCD 1602 液晶显示模块，显示格式为 2 行显示，则第二行首地址所对应的 D7～D0 位数值为________。

A. 0080H　　　B. 00C0H　　　C. 0040H　　　D. 0020H

12. 单片机外接 8×8＝64 的矩阵式键盘,则该键盘电路需要占用单片机的 I/O 口数目为________。

A. 8 个　　　B. 16 个　　　C. 32 个　　　D. 64 个

13. MCS-51 单片机外部计数脉冲输入 T0(P3.4),如用按钮开关产生计数脉冲,应采用________。

A. 加双稳态消抖动电路　　　B. 加单稳态消抖动电路

C. 施密特触发器整形　　　D. 软件延时消抖动

二、简答题

1. 对于由机械式按键组成的键盘,应如何消除按键抖动?独立式键盘和行列式键盘分别具有什么特点?适用于什么场合?

2. 7 段 LED 显示器的静态显示和动态显示分别具有什么特点?实际设计时应如何选择使用?

3. 要实现 LED 动态显示需不断调用动态显示程序,除采用于程序调用法外,还可采用其他什么方法?试比较其与子程序调用法的优劣。

4. 试说明非编码键盘的工作原理,如何消除键抖动?如何判断键释放?

5. 编写矩阵式键盘扫描子程序,判断是否有按键按下。

三、综合应用

1. 按键号码显示电路的设计。

用单片机 P1 口外接 8 个按键,采用端口查询方式。其中:

① 任何一个按键被按下,其按键号用数码管显示;

② 若有按键被按下,其按键号被锁定,其他按键按下则无效。

2. 8 路抢答器的设计。

8 路抢答器由 8 个抢答按键、3 位数码管和报警电路所组成,其中用 1 位数码管显示选手的抢答号码,用 2 位数码管显示抢答所用的时间。

① 设置一个抢答开始控制开关,若有选手在宣布抢答开始前按下抢答开关,则属于违规,此时抢答器显示出违规选手的号码,并同时发出报警声。

②宣布开始抢答(抢答控制开关按下)后,若有选手按下抢答开关,则抢答器显示出选手的号码,并同时倒计时(设 30 s)开始,当计时时间到发出报警声。

3. 简易方波发生器设计。

① 使用 P1 口外接 K1～K8 按键,用来设置输出方波的频率,共 8 个挡位,方波从 P2.0 输出。系统晶振为 12 MHz。

② 采用定时器 T0 定时 0.8 ms 为基本定时时间,则 P2.0 口输出方波的周期为 1.6 ms(频率 f＝625 Hz)。当按下 K1 键,P2.0 口输出基本频率的方波,按下 K2～K8 键,则 P2.0 口输出频率依次降低。

4. 定时控制器的设计。

① 用单片机定时器实现 1 h 间隔的时间定时器,定时器可控制供养电动机的启动及停

止，定时时间由数码管显示。

② 若定时器产生 50 ms 的定时，则采用存储单元（30H）作为秒计数，计满 20 次为 1 s；（31H）单元作为分计数，计满 60 次为 1 min；（32H）作为时计数，计满 60 次为 1 h，然后不断循环。硬件上用 6 位数码管显示定时时间，控制信号经驱动电路通过继电器对供养电动机的控制。

5. 用 8×8 点阵 LED 显示 0～9 数字的设计。

① 先在 LED 点阵中设计好 0～9 的字样，并存放在表格中，先显示第 1 屏为 0，经延时，然后显示第 2 屏为 1，依此类推，最后不断循环。

② P2 口作为列选通控制信号；P0 口依次送出 8 位的字行码，经驱动器送到 LED 点阵的行线端口，即可完成一屏的显示。

项目5

过程输入通道与接口

知识目标

1. 了解并行 A/D 转换原理；
2. 了解串行 A/D 转换原理。

能力目标

1. 并口 A/D 转换接口的应用；
2. 串口 A/D 转换接口的应用。

任务一　输入通道的结构与信号转换

任务要求

✧了解数字量输入通道
✧了解模拟量输入通道
✧了解模拟量信号输入的转换过程

相关知识

生产过程中的信息分为数字量和模拟量两种。根据信息来源及种类不同，输入通道也相应分为数字量输入通道和模似量输入通道，其对应关系如表 5-1 所示。

生产现场的两态开关、电平的高低、数字传感器和控制器输入的数据数码、各类物理量转换的脉冲、中断输入等数字信号，也包括人机接口的数码盘、键盘等，其信号电平只有高、低两态。这类信号经过调理、防抖、隔离、整形及电平转换等相应处理后，与微机直接相连，即为数字量输入通道(Digital Inpur)，简称 DI。把通过检测元件和变送装置送来的模拟电信号变成数字信号，并送入微机的过程通道称为模拟量输入通道(Analog Input)，简称 AI。下面对两种通道分别加以介绍。

表 5-1 输入信息分类与通道对照表

信息种类		信息来源	通道类型
数字量	开关量输入	阀门的开、关，接点的通、断，电平的高、低等	数字量输入通道
	数据数码	各类数字传感器、控制器等	
	脉冲量输入	长度、转速、流量测定转换等	
	中断输入	操作人员请求、过程报警等	
模拟量	电流信号	压力、温度、液位、速度、重量、位移等	模拟量输入通道
	电压信号		

1. 数字量输入通道

(1) 输入信号调理电路

来自外部的输入可能引入干扰和过电压、过电流、电压瞬态尖峰和反极性等。因此，外部信号须经过过压保护、过流保护、反压保护和抗干扰的 *RC* 滤波。典型输入信号调理电路如图 5-1 所示。

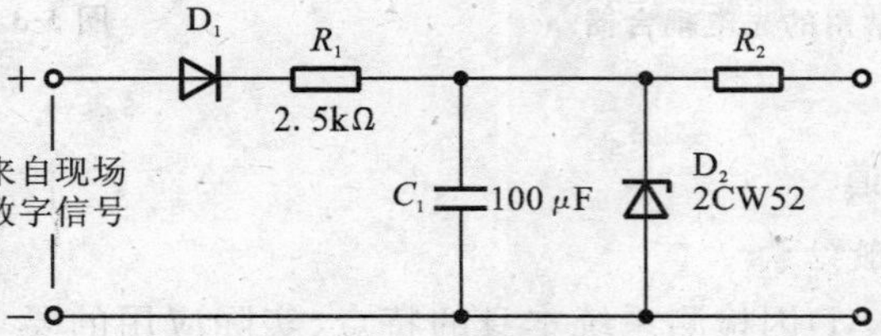

图 5-1 输入信号调理电路

用稳压管 D_2(可用压敏电阻代替)把过压和瞬态尖峰电压嵌位在安全电平上，串联二极管 D_1 防止反向电压输入，由电阻 R_1、电容 C_1 构成抗干扰的 *RC* 滤波器，电阻 R_1 也是输入限流电阻，R_2 为过流熔断保护电阻丝。

(2) 防干扰输入隔离电路

现场开关与计算机输入接口之间，一般有较长的传输线路，容易引入强电荷干扰。因此，为提高系统可靠性，输入端多采用具有安全保护和抗干扰双重作用的隔离技术。隔离双方无电路联系，各用独立电源和公共接地端。常用的隔离技术有两种：一种是光电隔离技术；另一种是变压器耦合隔离技术。

通常采用的隔离器件是光电耦合器。光电耦合器是把发生和受光部分组装在一个密封管内，通过光实现耦合，构成电-光-电的器件。一般把连接发光源的引线称为输入端，连接受光器的引线称为输出端。当输入端加电流信号时发光源发光，受光器受光照后由于光电效应会产生电流，使输出端产生相应的电信号，从而实现以光为介质的电信号传输，因器件的输入和输出在电气上是绝缘的，故而起到了隔离的作用。

① 光电耦合器的结构及特点。

图 5-2(a)为普通光电耦合器，它以发光二极管为输入端，光敏三极管为输出端。若要获得较大驱动能力，可采用达林顿管输出或晶闸管输出的光电耦合器件，如图 5-2(b)和图 5-2(c)所示。

光电耦合器绝缘电阻可达 10^{10} Ω 以上，并能承受 1500 V 以上的高电压。被隔离的两端可以不共地，而各自构成自己的对地系统，以避免输出端对输入端可能产生的反馈和干扰。另外，以发光二极管作为发光源，其动态电阻很小，可以抑制系统内外的噪声干扰。目前有不少集成的多路光电隔离器可供选用，如 TLP 系列就是其中一种。

② 光电耦合器输入控制和输出形式。

光电耦合器的发光二极管正常发光电流为毫安级，为满足电流要求，常采用有限流电阻的开关输入控制、OC 门输入控制和晶体管输入控制，如图 5-3 所示。输出也分为集电极输出和发射极输出等形式。

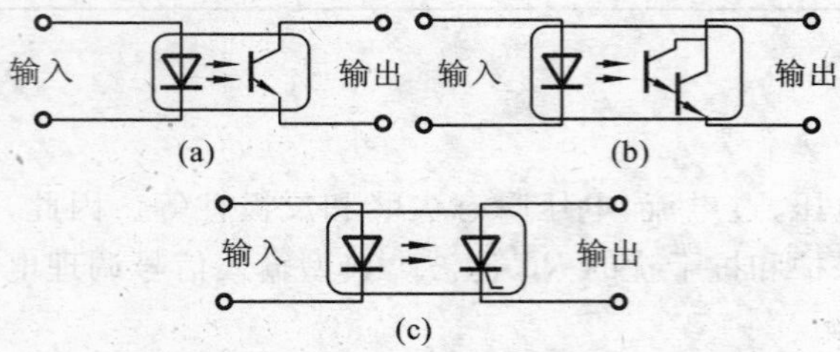

图 5-2　常用的光电耦合器

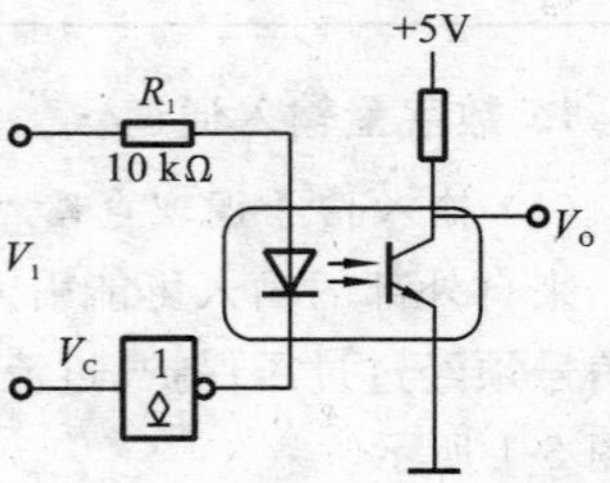

图 5-3　OC 门输入控制集电极输出光电耦合器形式

2. 模拟量输入通道

(1) AI 通道的一般结构

模拟量输入通道(AI)因检测系统本身的特点、实际应用的要求等因素的不同，可以有不同的形式。比如，对于高速系统，特别是需要同时得到系统众多数据的系统，可采用图5-4所示的结构。其特点是速度快、性能可靠。即使某一通道有故障，也不会影响其他通道正常工作。但通道越多，成本越高，而且会使系统体积较大，也给系统校准带来困难。如对几百路信号巡检采集数据，采用这种结构很难实现。因此，通常采用的结构是多路通道共享采样/保持(S/H)和模数转换(A/D)电路。

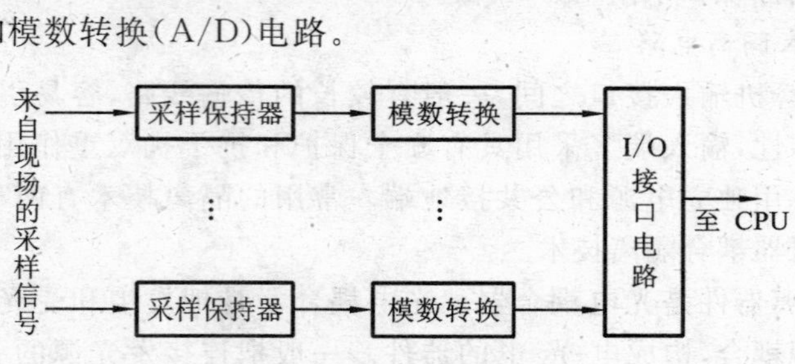

图 5-4　并行转换结构

图 5-5 为多路模拟输入通道的一般结构。由图可见，多路 AI 由信号处理、多路开关、放大器、采样保持器和模数转换器组成。

信号处理器的功能是对来自现场的多路模拟信号滤波、隔离、电平转换、非线性补偿、电流/电压转换等。多路开关将多路信号按一定顺序要求切换到放大器的输入端。放大器是将传感器输出的弱信号放大到 A/D 转换器所需电平。采样保持器(S/H)的作用：一是保证 A/D 转换过程中被转换的模拟量保持不变，以提高转换精度；二是可将多个相关的检测

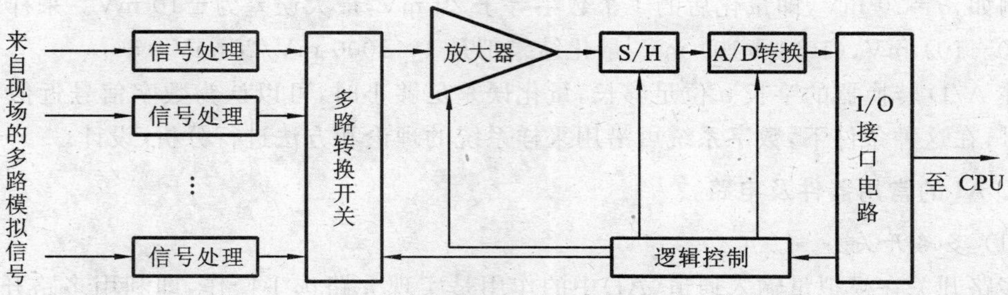

图 5-5　AI 通道的一般结构

点在同一时刻的状态量保持下来，以供分时转换和处理。确保每个检测量在时间上的一致性。若模拟输入电压信号变化缓慢，A/D 转换精度能够满足要求，则 S/H 可省略不用。A/D 转换将模拟信号转换成数字信号，以使计算机能够接收。

(2) AI 通道中的信号转换

模拟信号到数字信号的转换包括信号采样和量化两个过程。

① 信号的采样。

信号的采样过程如图 5-6 所示。执行采样动作的是采样器（采样开关）S，S 每隔一段时间间隔 T 闭合一段时间 τ。T 称为采样周期，τ 称为采样宽度。时间和幅值上均连续的模拟信号 $Y(t)$ 通过采样器后，被转换为时间上离散的采样信号 $Y^*(t)$。模拟信号到采样信号的转换过程称为采样过程或离散过程。

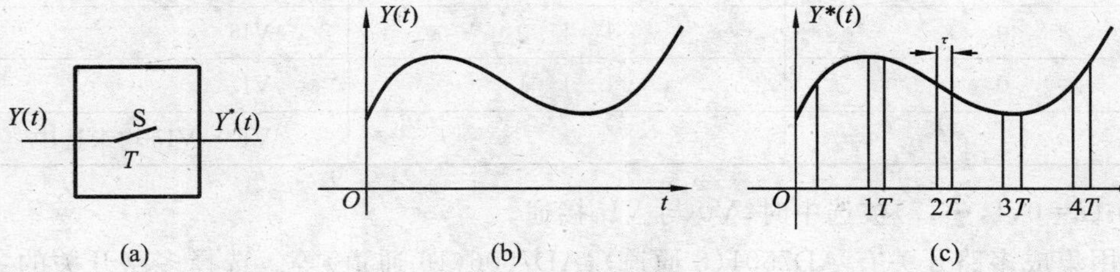

图 5-6　信号的采样过程

在实际应用中，常取 $f \geqslant (5 \sim 10) f_{max}$。其中，$f$ 是采样频率，f_{max} 是模拟信号的最大频率。

② 量化。

采样信号在时间轴上是离散的，但在函数轴上仍然是连续的，因为连续信号 $Y(t)$ 幅值上的变化，也反映在采样信号 $Y^*(t)$ 上。所以，采样信号仍然不能进入微机。微机只能接受在时间上的离散，幅值上变化也不是连续的数字信号。

将采样信号转换为数字信号的过程称为量化过程，执行量化动作的装置是 A/D 转换器。字长为 n 位的 A/D 转换器把 $Y_{max} \sim Y_{min}$ 范围内变化的采样信号转换为数字 $(2^n - 1) \sim 0$，其最低有效位（LSB）所对应的模拟量 q 称为量化单位。

$$q = (Y_{max} - Y_{min})/(2^n - 1) \tag{5-1}$$

量化过程实际上是一个用 q 去度量采样值幅值高低的归整过程，存在 $\pm\frac{1}{2}q$ 的量化误差。例如，q=20 mV，即量化后的 1 个数字等于 20 mV，最大误差为±10 mV。采样值范围[(1000－10) mV，(1000＋10) mV]量化结果都是 1×1000 mV/20 mV=50。

在 A/D 转换器的字长 n 位足够长，量化误差足够小时，可以认为数字信号近似等于采样信号，在这种条件下，数字系统可沿用采样系统的理论和方法进行分析、设计。

3. AI 的常用器件及电路

(1) 多路开关

多路开关在模拟量输入通道(AI)中的作用是实现 n 路选 1 操作，即利用多路开关将 n 路输入依次或随机地切换到输出。切换过程是在 CPU 控制下完成或其他控制逻辑下实现。微机控制系统中多采用集成电路多路开关，通道选择如表 5-2 所示，C、B、A 是通道选择信号。

表 5-2　CD4051 通道选择表

INH	C B A	所选通道
0	0 0 0	VI0
0	0 0 1	VI1
0	0 1 0	VI2
0	0 1 1	VI3
0	1 0 0	VI4
0	1 0 1	VI5
0	1 1 0	VI6
0	1 1 1	VI7
1	× × ×	VI0～VI7 均未选中

VIi(i=0,1,…,7)被选中时，V0 与 VIi 接通。

常用集成多路开关有 AD7501(8 通道)、AD7506(16 通道)等。选择多路开关的主要因素有：通道数、通道切换时间、导通电阻、通道间串扰误差等。

(2) 采样保持器(S/H)

采样保持器的主要作用在于保证 A/D 转换器进行转换期间，输入电压保持不变，以免引起转换误差。它有两种工作模式：一是采样；二是保持。在采样状态时，其输出能跟随输入电压的变化；而当处于保持状态时，其输出将保持在进入保持状态瞬间的输入电压的值不变。

图 5-7(a)所示为典型的采样保持器的基本电路。它由模拟开关 S，保持电容 C 和两个运算放大器 A_1、A_2 组成。其中 A_1、A_2 都接成电压跟随器形式，以增大采样保持器的输入阻抗，降低其输出阻抗。

当控制信号 V_C 为高电平时，S/H 处于"采样"状态，这时开关 S 闭合，输入电压 v_I 经过 A_1 向电容 C 充电，因 A_1 的输出阻抗小，即充电时间常数小，C 上电压跟踪 v_I 的变化，并经 A_2 输出，即 $v_O=v_I$；当控制信号 V_C 为低电平时，S/H 处于"保持"状态，这时开关 S 断开，由于 A_2 的输出阻抗很大，漏电流很小，C 放电时间常数很大，C 将开关 S 断开瞬间的输入电压 v_I

值保持一段时间，经 A_2 继续输出。图 5-7(b)所示为其各工作状态的波形。

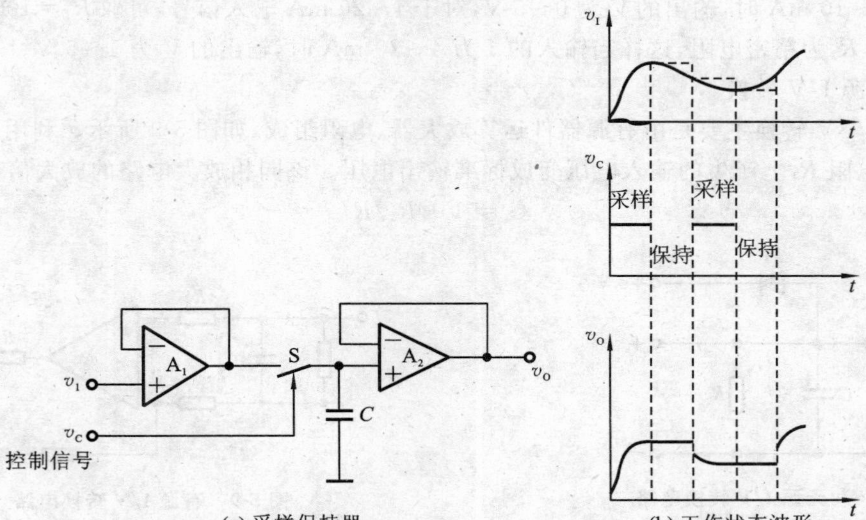

(a) 采样保持器　　(b) 工作状态波形

图 5-7　采样保持器工作原理

由此可见，电容 C 对采样保持精度影响很大，选择时应考虑其质量和容量。

在选择采样保持器时，要注意以下几个主要参数。

①孔径时间。

电路接到保持器信号后，模拟开关由导通变为断开所需时间为孔径时间。显然，对于一个动态的模拟信号，在此期间会发生变化，这将导致 A/D 转换产生不确定性误差(孔径误差)。

②捕捉时间。

电路接到采样信号后，输出电压 v_O 达到指定跟踪误差范围内所需的时间。A/D 转换器的采样周期应大于捕捉时间。

③保持时间。

模拟开关 S 断开的时间。该时间取决于采样速度。

④输出电压变化率 dv_O/dt。

在保持阶段由电容 C 漏电或放大器 A_2 漏电流所引起的保持电压的变化。为此，应选取漏电阻抗较大的电容，如聚苯乙烯或聚四氟乙烯等材料制作的电容。A_2 应选用高输入阻抗的放大器。

这里需要说明的是，保持器 S/H 的前级放大器和后级模数转换都是 AI 中的重要部分。

(3) 电流/电压(I/V)转换

现场变送器输出的信号为 0～10 mA 或 4～20 mA 的统一信号，需经 I/V 转换成为电压信号，以下是两种转换电路。

①无源 I/V 转换。

无源 I/V 转换主要是利用无源器件电阻来实现的，并加滤波和输出限幅等保护措施，如图 5-8 所示。

对于 0～10 mA 输入信号，可取 $R_1=100\ \Omega$，$R_2=500\ \Omega$，且 R_2 为精密电阻，这样当输入的 I 为 0～10 mA 时，输出的 V 为 0～5 V，对于 4～20 mA 输入信号，可取 $R_1=100\ \Omega$，$R_2=250\ \Omega$，且 R_2 为精密电阻，这样当输入的 I 为 4～20 mA 时，输出的 V 为 1～5 V。

②有源 I/V 转换。

有源 I/V 转换主要是由有源器件运算放大器、电阻组成，如图 5-9 所示。利用同相放大电路，把电阻 R_1 上产生的输入电压变成标准输出电压。该同相放大电路的放大倍数为

$$G=1+R_4/R_3 \tag{5-2}$$

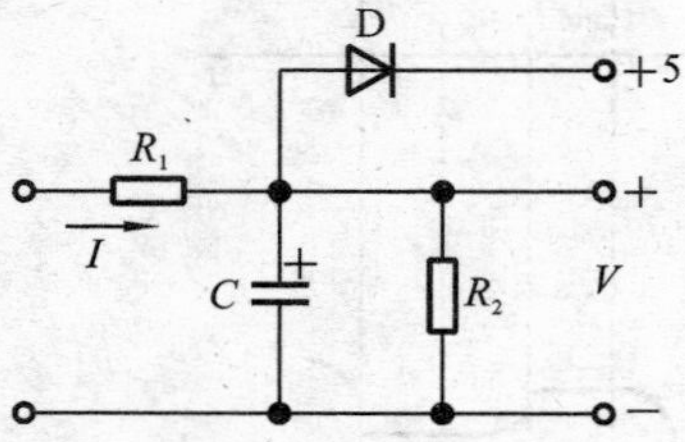

图 5-8　无源 I/V 转换电路

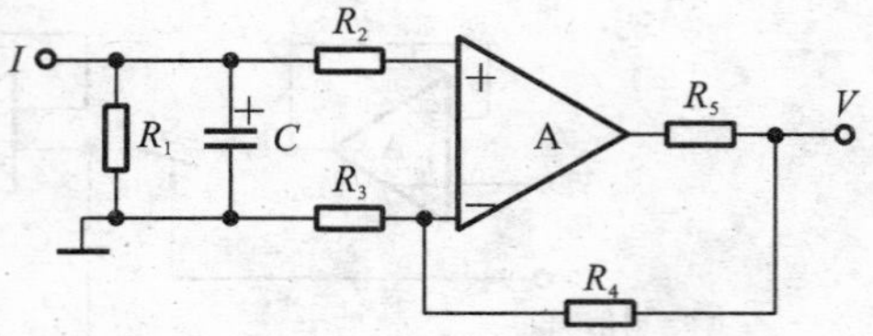

图 5-9　有源 I/V 转换电路

若取 $R_3=100\ \text{k}\Omega$，$R_4=150\ \text{k}\Omega$，$R_1=200\ \Omega$，则 0～10 mA 输入对应于 0～5 V 的电压输出。若取 $R_3=100\ \text{k}\Omega$，$R_4=25\ \text{k}\Omega$，$R_1=200\ \Omega$，则 4～20 mA 输入对应于 1～5 V 的电压输出。

4. 模拟量输入通道中的常用放大器

为便于输入通道中 A/D 转换所需电平，要对模拟传感器输出的弱信号加以放大，并把信号中的干扰噪声抑制在最低限度，因而需用低噪声、低漂移、高增益、高输入阻抗以及具有很高共模抑制比的直流放大器。这类放大器常用的有测量放大器、可编程序放大器和隔离放大器。

(1) 测量放大器

测量放大器又称仪表放大器，一般采用多运放平衡输入电路，图 5-10 是最基本的电路。由图可知，该电路是由 3 个运算放大器 A_1、A_2、A_3 组成。其中 A_1 和 A_2 组成具有对称结构的同相并联差分输入/输出级，其作用是阻抗转换(高输入阻抗)和增益调整；A_3 为单位增益差分放大器，它将 A_1、A_2 的差分输入双端输出信号转换为单端输出信号，且提高共模抑制比 K_{CMR} 的值。在 A_1 和 A_2 部分可由 R_G 来调整增益，此时 R_G 的改变不影响整个电路的平衡。而 A_3 的共模抑制精度取决于 4 个 R_2 的匹配精度。

假定共地端处在电阻 R_G 正中间(如图 5-10 中虚线所示)，分析得到

$$V_1=+(1+2R_1/R_G)V_{I-} \tag{5-3}$$

$$V_2=+(1+2R_1/R_G)V_{I+} \tag{5-4}$$

测量放大器输出电压

$$V_O=V_2-V_1=(1+2R_1/R_G)(V_{I+}-V_{I-}) \tag{5-5}$$

其增益为

$$G=1+2R_1/R_G \tag{5-6}$$

由于对两个输入信号的差分作用，漂移减少，该电路具有高输入阻抗、低失调电压、低

输出阻抗和高共模抑制比以及线性度较好的高增益。

测量放大器的一般结构如图5-11所示，两个差分输入端V_{I+}、V_{I-}与信号源相连，对通过信号源引入的共模干扰有较高抑制能力。外接电阻R_G用来调节增益，有些放大器还有对放大倍数进行微调的电阻R_S。

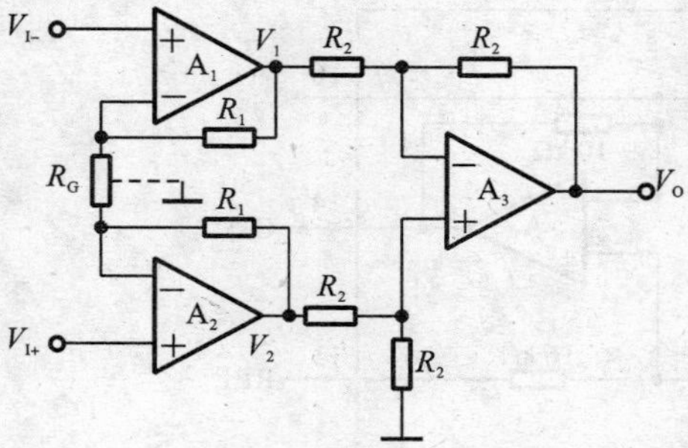

图 5-10　测量放大器的基本电路

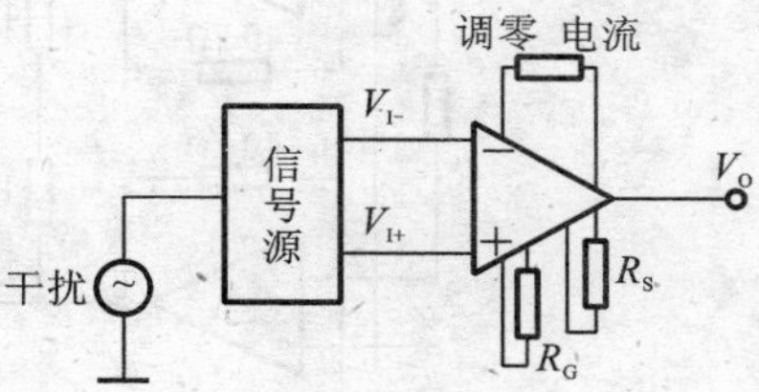

图 5-11　测量放大器的一般结构

图5-12为一种简单接法。其增益用外接电阻R_G调节，$G=1+40/R_G$（R_G单位取kΩ）。R_G的基准值和电阻的温度系数直接影响增益精度和漂移，因此，R_G应选用精密电阻。图中电位器R_{P1}，用于调节偏移电压，其优点是可以使漂移不随调节而变化。偏移电压调节步骤如下：

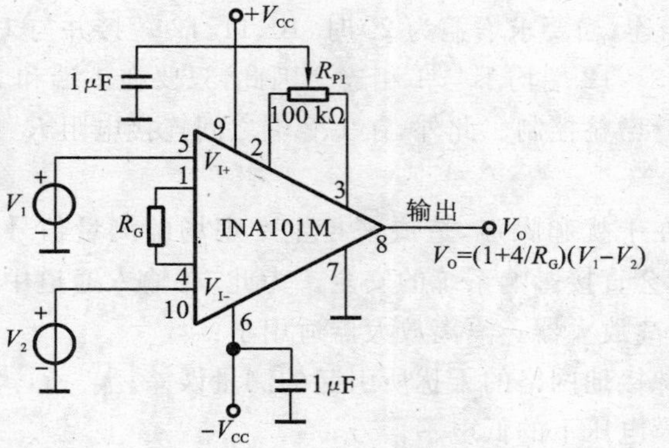

图 5-12　放大器的基本接线

①调节$V_1=V_2=0$ V（保证输入端良好接地）；

②用R_G将增益调至所需值（注意：偏移量随增益变化而变化）；

③调节R_{P1}，直到输出为0 ± 0.001 V或所需要的值。

调节R_{P1}直到输出为0 ± 0.001 V或希望值（这时偏移不随增益变化而变化），其调节范围为±15 mV。要扩大调节范围，可改变R_1/R_2之值。为保持高增益时的偏移性能，应在放大器组件上加散热器。

（2）可编程放大器

在多输入通道中，有时输入同一个放大器的信号电平不同，但都要放大到A/D转换器输入要求的标准输入电压。因此，对于不同通道，测量放大器的增益也不同。这种由微机编程选择增益的放大器为可编程放大器。

图 5-10 中,改变 R_G可以改变放大器的增益。图 5-13 是根据这一原理构成的可编程增益放大器。用 R_{G1}～R_{G8} 取代原来的 R_G,选择其中一个电阻由多路开关 CD4051 来确定,CD4051 状态可由计算机通过程序来控制。放大器为典型的三运放结构,片内有精确的电阻网络使其增益可控。

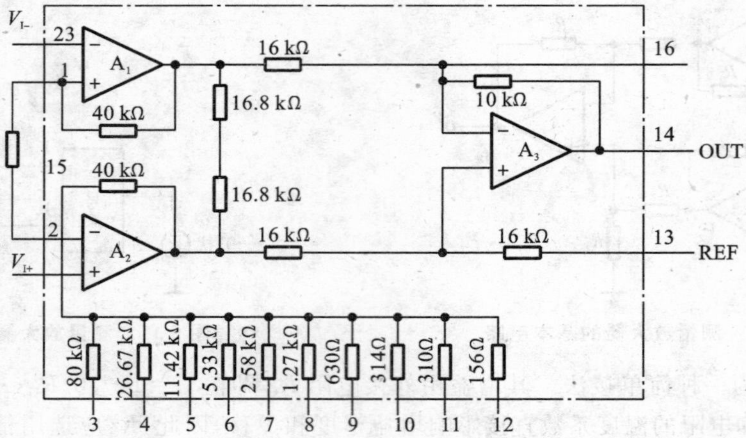

图 5-13　AD612/614 可编程增益放大器

当 3～10 端分别与 1 端相连时,由式(5-6)可知,增益范围为 2～2^8;当要求增益为 2^9 时,10、11 短接并与 1 端相连;当要求增益为 2^{10} 时,10、11、12 短接并与 1 端相连;当要求增益为 1 时,电阻网络引出端 3～12 端均不与 1 相连。因此,只要在 1 端和 2～12 端之间加一多路开关就可以方便地进行增益控制。此外,在 1、2 端之间连接电阻 R_G也可改变增益。

(3) 隔离放大器

由于输入通道存在干扰和噪声,造成来自生产现场的测量信号不准确、不稳定。特别是当存在强电干扰时,会直接影响系统的安全。为此,在输入通道中,常常采用信号隔离措施,放大器一般采用隔离放大器。隔离放大器适用于:

①消除由于信号源接地网络的干扰所引起的测量误差;

②测量处于高共模电压下的低电平信号;

③不需要对偏置电流提供返回通道;

④保护应用系统电路不致因输入端或输出端大的共模电压造成损坏。

根据耦合方式的不同,隔离放大器可以分为变压器耦合隔离放大器和光耦合隔离放大器。

图 5-14 为变压器耦合隔离放大器的结构示意图。放大器分为输入 A 和输出 B 两个独立供电的回路,它包含有 4 个基本部件,即高性能的输入放大器 A_1、调制和解调、信号耦合变压器以及输出运算器 A_2。输入信号经 A_1放大后由调制器变为交流,通过耦合变压器给输入电路。输出电路的解调器把输入回路提供的信号转换成直流信号并经过滤波器送到输出运算放大器 A_2放大后输出。工作电压由 V_S端输入,而输入电路的电源由逆变器提供。

光耦合隔离放大器具有隔离效果好,频带宽等优点。图 5-15 是它的简化电路图和引脚

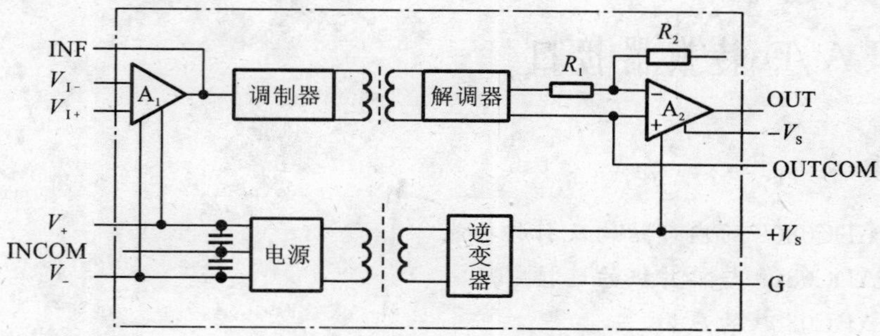

图 5-14　变压器耦合隔离放大器结构图

图。由图可见，利用一个发光二极管 LED 和两个光敏二极管耦合，使输入与输出隔离。将发光二极管 LED 的光反向送回输入端（负反馈）、正向送至输出端，从而提高了放大器的精度、线性度和温度稳定性。其输入为电流信号，若进行电压输入，则利用一外接电阻即可实现，此时 $I_{in}=V_{in}/R_{in}$。

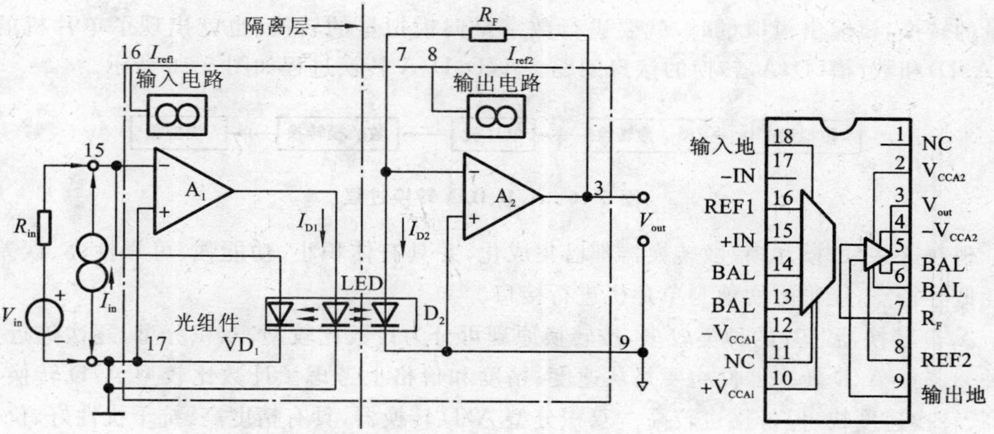

(a) 简化电路　　　　　　　　　　(b) 引脚图

图 5-15　光耦合隔离放大器简化电路和引脚图

图 5-15 中 A_1 起着单位增益放大器的作用，A_2 作为电流电压转换器，即在系统稳定时，$I_{D1}=I_{D2}=-I_{IN}$，输出 $V_{out}=-I_{D2}R_F=I_{IN}R_F$。只要改变外接电阻 R_F 的值，就能改变增益。光耦合隔离放大器中有两个精密电流源，用其完成双极性操作。单极性时，不需要精密电流源，电流源可供外部使用。

思考与练习

1. 数字量信号输入调理方法。
2. 模拟量信号输入的过程。
3. 模拟量信号输入电流/电压转换方法。

任务二　A/D 转换器接口

任务要求

✧了解 ADC0809 的内部结构及引脚功能

✧掌握 ADC0809 与单片机的连接

✧掌握 ADC0809 的应用

相关知识

在自动控制领域中，常用单片机进行实时控制和数据处理，而被测、被控的参量通常是一些连续变化的物理量——模拟量，如温度、速度、压力等，这些连续变化的物理量经过传感器、敏感元件或变送器转换后成为模拟电流或电压。但是单片机只能加工和处理二进制数——数字量，因此在单片机应用中凡遇到有模拟量输入的地方，就要先进行模拟量向数字量的转换，要输出模拟量时，就要进行数字量向模拟量的转换，也就出现了单片机的模/数(A/D)和数/模(D/A)转换的接口问题。A/D、D/A 转换过程如图 5-16 所示。

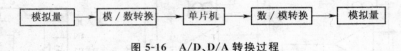

图 5-16　A/D、D/A 转换过程

现在这些数/模和模/数转换器都已集成化，并具有体积小、功能强、可靠性高、误差小、功耗低等特点，能很方便地与单片机进行接口。

A/D 转换器芯片的种类较多，按转换原理可分为计数比较型、双积分型、逐次逼近型等多种。选择 A/D 转换器件主要是从速度、精度和价格上考虑。计数比较型 A/D 转换器精度高、转换速度快，但价格也较高。双积分型 A/D 转换器，具有精度高、抗干扰性好、价格低廉等特点，但转换速度慢。逐次逼近型 A/D 转换器在精度、速度和价格上都适中，是常用的 A/D 转换器件。下面以 ADC0809 为例介绍 A/D 转换器与单片机的接口及应用。

1. ADC0809 的结构

ADC 0809 是一种 8 路模拟输入的逐次逼近型 A/D 转换器件。其内部结构和引脚如图 5-17 所示。

ADC0809 内部除 8 位 A/D 转换器外，还有一个 8 路模拟量开关，其作用是可根据地址译码信号来选择 8 路模拟输入，可使 8 路模拟输入共用一个 A/D 转换器进行转换，这是一种经济的多路数据采集的方法。其转换结果通过三态输出锁存器输出，可直接与系统数据总线相连。

ADC0809 是 28 引脚双列直插封装的芯片，各引脚功能如下：

① IN0～IN7：8 路模拟量输入。

② A、B、C：模拟量输入通道地址选择线，其 8 位编码分别对应 IN0～IN7。通道选择如表 5-3 所示。

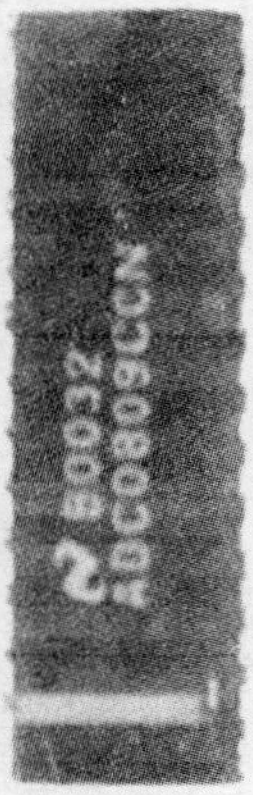

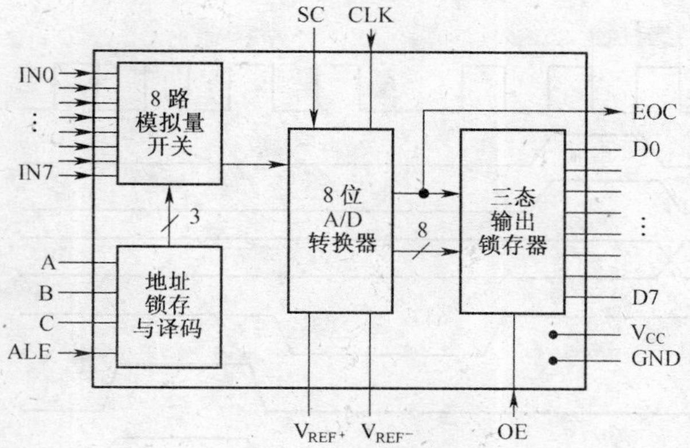

(a) ADC0809 引脚图

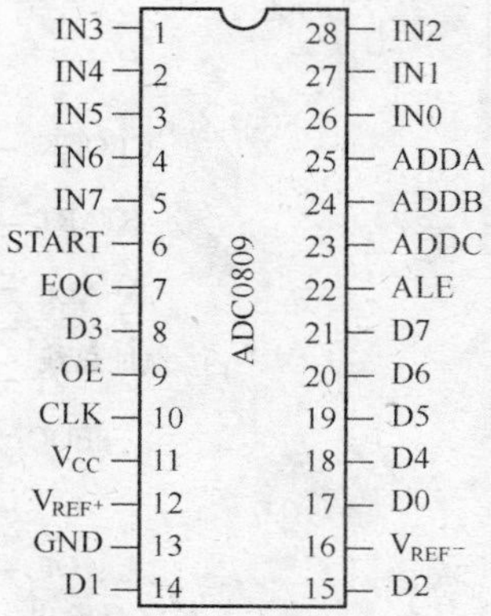

(b) ADC0809 结构框图

图 5-17　ADC0809 结构及引脚图

表 5-3　通道选择表

C	B	A	选择通道
0	0	0	IN0
0	0	1	IN1
0	1	0	IN2
0	1	1	IN3
1	0	0	IN4
1	0	1	IN5
1	1	0	IN6
1	1	1	IN7

③ ALE:地址锁存允许,由低电平至高电平的正跳变使通道地址锁存至地址锁存器。

④ SC:A/D 转换启动信号,正脉冲有效,此信号要求保持时间在 200 ns 以上。其上升沿将内部逐次逼近寄存器清零,下降沿启动 A/D 转换。

⑤ EOC:转换结束信号,可作中断请求信号或供 CPU 查询。

⑥ D0～D7:数字量输出端。

⑦ OE:输出允许信号。

⑧ CLK:时钟输入,要求频率范围在 10 kHz～1.2 MHz。

⑨ V_{CC}:芯片+5 V 工作电压。

⑩ V_{REF^+}、V_{REF^-}:基准参考电压的正负极。用以提供 A/D 转换的标准电平,对于一般单极性模拟量输入信号,V_{REF^+} 为+5 V、V_{REF^-} 为 0 V。

2. ADC0809 的工作时序图

ADC0809 的工作时序图如图 5-18 所示。

从图 5-18 可以看出,ALE 是地址锁存选通信号。该信号上升沿把地址状态选通输入地址锁存器。该信号也可以作为开始转换的启动信号,但此时要求信号有一定的宽度,典

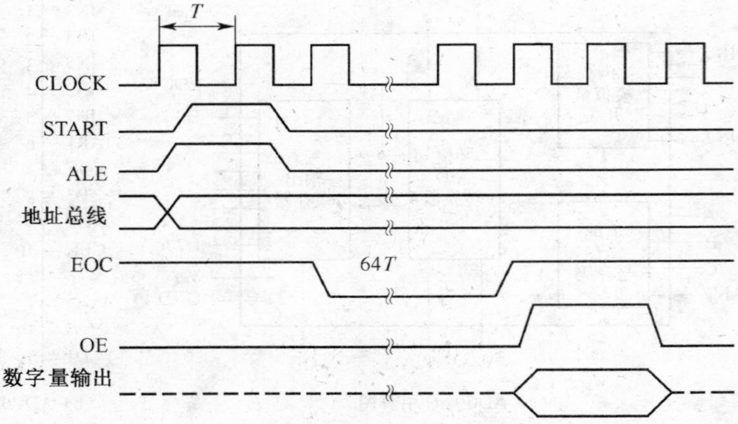

图 5-18 ADC0809 的工作时序图

型值为 100 ns,最大值为 200 ns。START 为启动转换脉冲输入端,其上跳变复位转换器,下降沿启动转换,该信号宽度应大于 100 ns,它也可由程序或外部设备产生。若希望自动连续转换(即上次转换结束又重新启动转换),则可将 START 与 EOC 短接。EOC 转换结束信号从 START 信号上升沿开始经 1～8 个时钟周期后由高电平变为低电平,这一过程表示正在进行转换。每位转换要 8 个时钟周期,8 位共需 64 个时钟周期,若时钟频率为 500 kHz,则一次转换要 128 μs。该信号也可作为中断请求信号。CLOCK 是时钟信号输入端,最高可达 1280 kHz。

启动脉冲 START 和地址锁存允许脉冲 ALE 的上升沿将地址送给地址总线,经 C、B、A 选择开关所指定的通道的模拟量被送至 A/D 转换器。在 START 信号下降沿的作用下,逐次逼近过程开始,在时钟的控制下,一位一位地逼近。此时,转换结束信号 EOC 呈低电平状态。由于逐次逼近需要一定的过程,所以,在此期间内,模拟输入值经采样保持器维持不变。比较器需一次一次地进行比较,直到转换结束(EOC 呈高电平)。此时,若单片机发出一个读允许命令(OE 呈高电平),即可读出数据。

3. ADC0809 与 8031 的连接

图 5-19 所示是 ADC0809 与 8031 单片机的接口电路图。8 路模拟量的变化范围在 0～+5 V,ADC0809 的 EOC 转换结束信号接至 8031 的外部中断 1 上,8031 通过地址线 P2.0 和读、写信号来控制转换器的模拟量输入通道地址锁存、启动和输出允许。模拟输入通道地址 A、B、C 由 P0.0～P0.2 提供,由于 ADC0809 具有通道地址锁存功能,因此 P0.0～P0.2不需经锁存器而可直接接至 A、B、C。根据 P0.0～P0.2 的连接方法,8 个模拟输入通道的地址 IN0～IN7 依次为 0FEF8～0FEFFH。

4. 转换数据的传送

A/D 转换后得到的数字量数据应及时传送给单片机进行处理。数据传送的关键问题是如何确认 A/D 转换的完成,因为只有确认数据转换完成后,才能进行传送。为此,可采用下述 3 种方式。

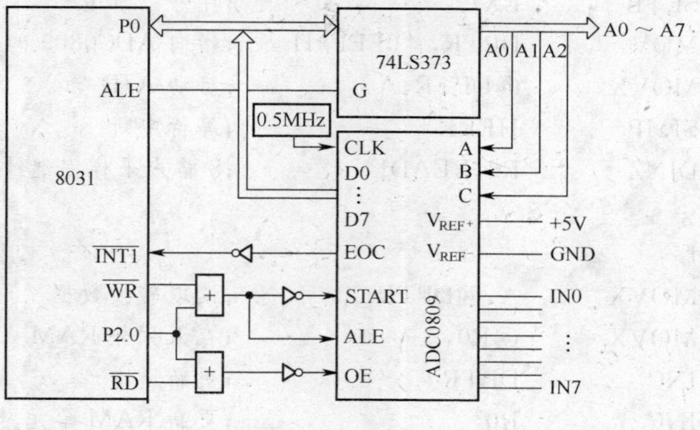

图 5-19　ADC0809 与 8031 接口电路

(1) 定时传送方式

对于一种 A/D 转换器来说，转换时间作为一项技术指标是已知的和固定的。例如，ADC0809 转换时间为 128 μs，相当于 6 MHz 的 MCS-51 单片机共 64 个机器周期。可据此设计一个延时子程序，A/D 转换启动后即调用这个延时子程序，延迟时间到，转换肯定已经完成了，接着就可进行数据传送。

(2) 查询方式

A/D 转换芯片有表明转换完成的状态信号，例如，ADC0809 的 EOC 端。因此，可以用查询方式，测试 EOC 的状态，即可确知转换是否完成，并接着进行数据传送。

(3) 中断方式

把表明转换完成的状态信号(EOC)作为中断请求信号，以中断方式进行数据传送。

不管使用上述哪种方式，只要一旦确认转换完成，即可通过指令进行数据传送。首先，送出口地址并以此作为选通信号，当两信号有效时，OE 信号即有效，把转换数据送上数据总线，供单片机接收。

5. A/D 转换器的应用

例 5.1　用图 5-19 与某一个数据采集控制系统相接，采用中断方式依次检测一遍 8 路模拟量输入，并将采集的数据顺序存入片外数据存储器 30H～37H 单元，其初始化程序和中断服务程序如下。

初始化程序：

```
        ORG     0000H
        SJMP    START
        ORG     0013H
        AJMP    INTR1
START:  MOV     R0,#30H     ;片外 RAM 的首地址
        MOV     R2,#08H     ;8 路通道计数
        SETB    IT1         ;INT1 为边沿触发
        SETB    EA          ;CPU 开中断
```

```
        SETB    EX1             ;片外中断 1
        MOV     DPTR,#0FEF8H    ;指向 ADC0809 的 IN0 通道
READ1:  MOVX    @DPTR,A         ;启动 A/D
HERE:   SJMP    HERE            ;等待中断
        DJNZ    R2,READ1        ;8 路未采样完继续
        …
中断服务程序:
INTR1:  MOVX    A,@DPTR         ;读取转换数据
        MOVX    @R0,A           ;存入片外 RAM
        INC     DPTR            ;更新通道
        INC     R0              ;更新 RAM 单元
        RETI
```

6. 12 位转换器 AD574A 与 MCS-51 单片机接口电路

AD574A 型 12 位逐次比较式 A/D 转换器是 28 引脚芯片,可直接与 8 位或 16 位单片机连接。

(1) 主要性能

①分辨率为 12 位。12 位数字量可一次或分二次读出。

②一次 A/D 转换时间为 25 μs。

③输入模拟电压为 2 路。单极性输入为 0～+10 V 或 0～+20 V;双极性电压输入为±5 V 或±10 V。

④片内带有三态输出数据锁存缓冲器。输出电路与 TTL 电平兼容。

(2) AD574A 引脚功能

①输入控制信号。

$\overline{CS}$:片选端,低电平有效。

CE:片使能端,高电平有效。CPU 必须使$\overline{CS}$和 CE 同时有效时,AD574A 才能工作;否则处于禁止状态。

R/$\overline{C}$:读出和转换控制。当 R/$\overline{C}$=0 时,启动 A/D 转换;当 R/$\overline{C}$=1 时,读出 A/D 转换值。

A0:决定 A/D 转换位数。当 A0=0 时,按 12 位进行 A/D 转换;当 A0=1 时,按 8 位进行 A/D 转换。当 R/C=1 读出 A/D 值,A0=0 时为高 8 位;A0=1 时为低 4 位。

12/$\overline{8}$:输出 A/D 转换值控制端。当 12/$\overline{8}$=1 时,对应 12 位 A/D 转换值并行输出;12/$\overline{8}$=0,对应 8 位输出。

$\overline{CS}$、CE、R/$\overline{C}$、A0 和 12/$\overline{8}$,用来对 AD574A 进行 A/D 转换启动、输出和选择控制。

②输出控制信号。

STS:A/D 转换结束输出端。启动 A/D 转换后 STS=1,表示转换正在进行中;A/D 转换结束,STS=0,可用来向 CPU 申请中断或供 CPU 查询用。

(3) AD574A 的中断方式

AD574A 有两种工作方式可供用户选择,均通过外部 3 根引脚的不同连线实现。

①单极性输入。

AD574A 单级性输入模拟电压范围是 0～＋10 V 或 0～＋20 V，由两端输入。电路连接如图 5-20 所示。

在图 5-20 中，双极性偏差输入端 BIP OFF 通过 100 Ω 电阻接地，又通过 100 kΩ 电阻接 R_{P1}，可由 R_{P1} 控制 BIP OFF 的电平。其他信号端按其引脚功能的要求连接。

②双极性输入。

AD574A 双级性输入的模拟电压范围是±5 V 或±10 V。电路连接如图 5-21 所示。

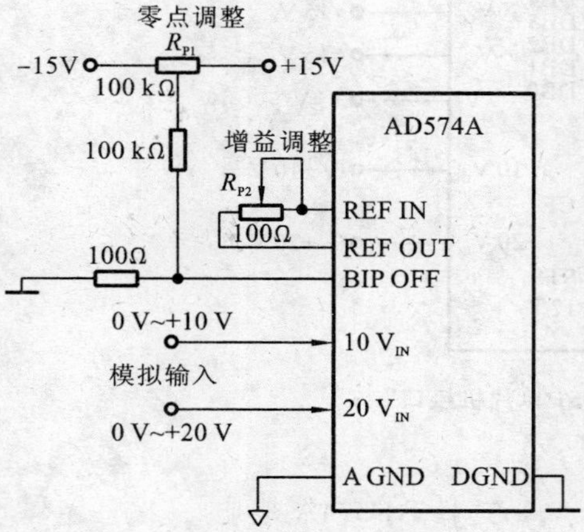

图 5-20　AD574A 单极性输入电路

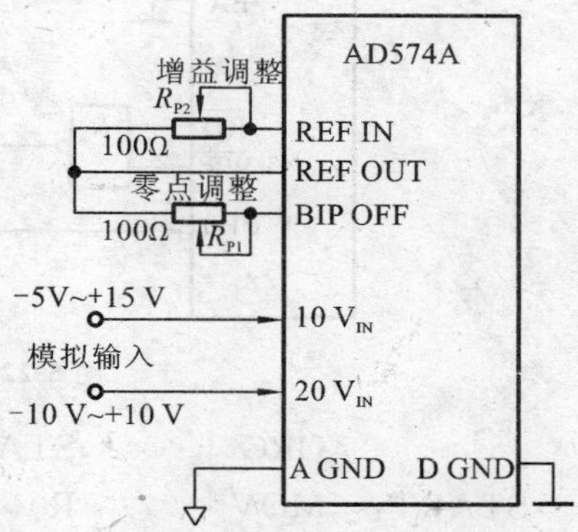

图 5-21　AD574A 双极性输入电路

在图 5-21 中，它与单极性的区别在于输入端 BIP OFF 的连接。在双级性输入方式中，该端通过 100 Ω 电位器 R_{P1} 与 REF OUT 端连接。其他与单极性信号方式相同。

(4) AD574A 与单片机的硬件接口

图 5-22 是 AD574A 与 8051 的硬件接口。单极性输入。

由图 5-22 可见，A/D 转换输出高 8 位 DB11～DB4 和低 4 位 DB3～DB0。CPU 分两次读出，因此 12/$\overline{8}$ 引脚接地。片选端$\overline{CS}$连接 P0.7 对应的 Q7；读出和启动 A/D 转换控制 R/$\overline{C}$ 连续 P0.0 对应的 Q0；决定 A/D 转换位数线 A0 连接 P0.1 对应的 Q1。因此，当$\overline{CS}$＝1、A0＝P0.1＝0、R/$\overline{C}$＝P0.0＝0 时，满足按 12 位 A/D 转换的启动条件，由 P0 口输出低 8 位地址 00H，由写指令“MOVX @R0, A”中$\overline{WR}$＝0 完成。读 A/D 转换值高 8 位地址由 R/$\overline{C}$＝1，A0＝0 确定为 01H，低 8 位地址为 03H。由 CPU 读指令“MOVX A，@R0”中$\overline{RD}$＝0 完成。

$\overline{RD}$和$\overline{WR}$的输入经与非门后与 CE 连接，无论 CPU 对 AD574A 进行读或写操作，CE 均为高电平有效。A/D 转换结束端 STS 与 P1.0 连接，作为查询或向 CPU 申请中断的线端。

(5) AD574A 的 A/D 转换程序

按图 5-22 连线，采用查询方式。R2 保存 A/D 转换值的高 8 位，R3 保存 A/D 转换值的低 4 位，可编写 A/D 转换程序如下：

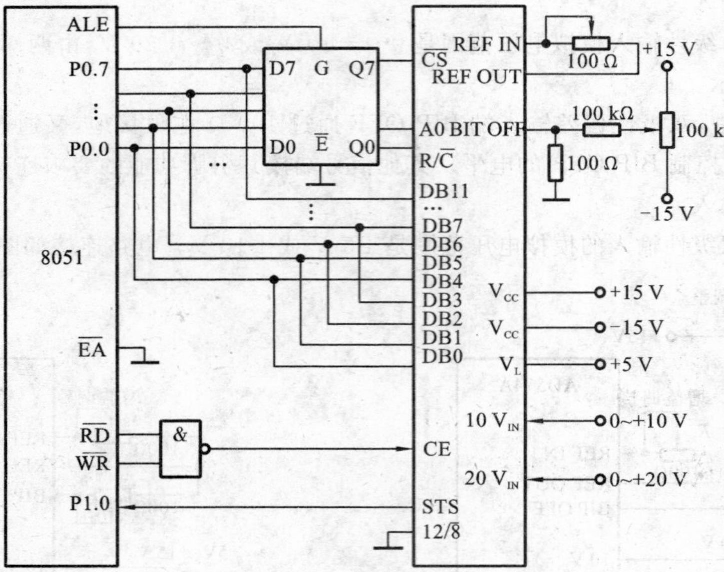

图 5-22　AD574A 与 8051 单片机接口

```
        ORG     START
START:  MOV     R0, #00H        ;选择 AD574A 地址
        MOVX    @R0, A          ;启动 A/D 转换器(A 中内容任意)
LOOP:   JB      P1.0, LOOP      ;查询 STS,A/D 转换是否结束
        MOV     R0, #01H        ;STS=1,读 A/D 转换值地址
        MOVX    A, @R0          ;读 A/D 值高 8 位
        MOV     R2, A           ;送 R2
        MOV     R0, #03H        ;指向低 4 位 A/D 值地址
        MOVX    A, @R0          ;读 A/D 值低 4 位
        MOV     R3, A           ;送 R3
LL:     AJMP    LL              ;结束
```

这部分内容虽然是针对 12 位 A/D 转换器的,但对于 10 位、14 位和 16 位 A/D 转换器与 8 位单片机接口,其应用方法类似。

7. 标度变换(工程量变换)

生产现场的各种参数都有不同的数值和量纲,例如,温度单位用℃,压力用 Pa(帕),流量用 m^3/s。这些参数经 A/D 转换后,统一变为 0～M 个数码,例如,8 位 A/D 转换器输出的数码为 0～255。这些数码虽然代表参数值的大小,但是并不表示带有量纲的参数值,必须将其转换成有量纲的数值,才能进行显示和打印。这种转换称为标度变换或工程量转换。

(1) 线性参数标度变换

线性标度变换是最常用的标度变换方式,其前提条件是参数值与 A/D 转换结果(采样值)之间应呈线性关系。当输入信号为 0(即参数值起点值),A/D 输出值不为 0 时,标度变

换公式为

$$A_x = A_0 + (A_m - A_0)\frac{N_x - N_0}{N_m - N_0} \tag{5-7}$$

式中：A_0为参数量程起点值，一次测量仪表的下限；A_m为参数量程终点值，一次测量仪表的上限；A_x为参数测量值，即实际测量值（工程量）；N_0为量程起点对应的A/D转换后的值，仪表下限所对应的数字量；N_m为量程终点对应的A/D值，仪表上限所对应的数字量；N_x为测量值对应的A/D值（采样值），实际上是经数字滤波后确定的采样值。

其中，A_0、A_m、N_0和N_m对一个检测系统来说是常数。

通常，在参数量程起点（输入信号为0），A/D值为0（即$N_0=0$）。因此，上述标度变换公式可简化为

$$A_x = A_0 + \frac{N_x}{N_m}(A_m - A_0) \tag{5-8}$$

在很多测量系统中，参数量程起点值（即仪表下限值）$A_0=0$，此时，其对应的$N_0=0$。于是，式(5-7)可进一步简化为

$$A_x = A_m\frac{N_x}{N_m} \tag{5-9}$$

式(5-7)、式(5-8)和式(5-9)即为在不同情况下，线性刻度仪表测量参数的标度变换公式。

例如，某测量点的温度量程为200～400 ℃，采用8位A/D转换器。那么，$A_0=200$ ℃，$A_m=400$ ℃，$N_0=0$，$N_m=255$，采样值为N_x。其标度变换公式为

$$A_x = 200\ ℃ + \frac{N_x}{255}\times 200\ ℃$$

只要把这一算式编成程序，将A/D转换后经数字滤波处理后的值N_x代入，即可计算出温度的真实值。

计算机标度变换程序就是根据上述3个公式进行计算的。为此，可分别把3种情况设计成不同的子程序。设计时，可以采用定点运算，也可以采用浮点运算，应根据需要选用。

式(5-7)适用于量程起点（仪表下限）不在零点的参数，计算A_x的程序流程图如图5-23所示。

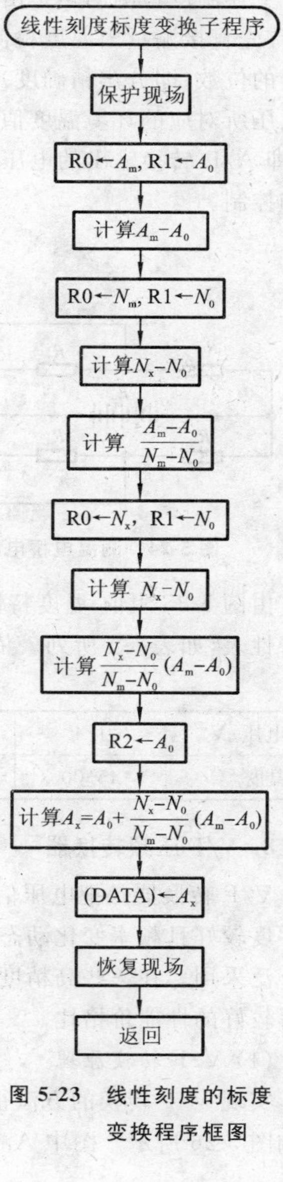

图 5-23 线性刻度的标度变换程序框图

(2) 非线性参数标度变换

如果传感器的输出特性是非线性的，如热敏电阻值-温度特性呈指数规律变化，又如热电耦的电压值-温度特性，流量仪表的传感器的流量-压差值等都是非线性的。必须指出，前面讲的标度变换公式，只适用于线性变化的参数。

图5-24是用热敏电阻组成的惠斯顿电桥测温电路。R_1是热敏电阻，当电桥处于某一温度T_0时，R_1取值R_1

(T_0),使电桥达到平衡。平衡条件为

$$R_1(T_0)R_3 = R_2R_4$$

此时,电桥输出电压 $U_{出}=0$ V。若温度改变 ΔT,则 R_1 的阻值也改变 ΔR,电桥平衡遭到破坏,产生输出电压 $U_{出}$。从理论上讲,通过测量电压 $U_{出}$ 的值就能推得 R_1 的阻值变化,从而测得环境温度的变化。但是,由于存在非线性问题,如按线性处理,就会产生较大的误差。

一般而言,不同传感器的非线性变化规律各不相同。许多非线性传感器的输出特性变量关系写不出一个简单的公式,或者虽然能写出,但计算相当困难。这时,可采用查表法进行标度变换。

上述温度检测回路是由热敏电阻组成的电桥电路,存在非线性关系。在进行标度变换时,首先直接测量出温度检测回路的温度-电压特性曲线,如图 5-25 所示;然后按照 A/D 转换器的位数(即分辨精确度)以及相应的电压值范围,分别从温度-电压特性曲线中查出各输出电压所对应的环境温度值,将其列成一张表,固化在 Flash ROM 中;当单片机采集到数字量(即 A/D 转换输出的电压值)后,只要查表就能准确地得出环境温度值,据此再去进行显示和控制。

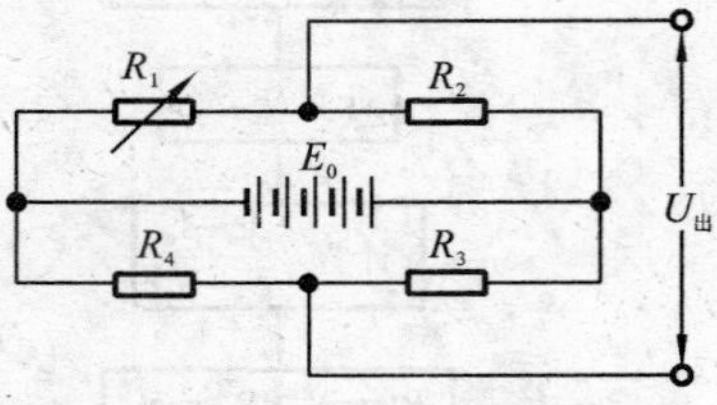

图 5-24　测温电桥电路

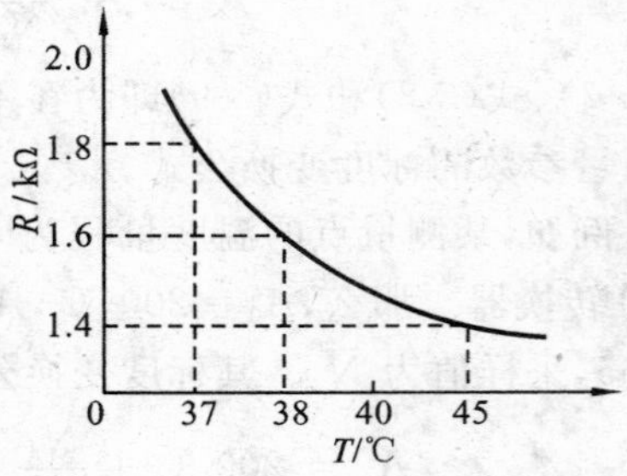

图 5-25　热敏电阻的阻值-温度特性

由图 5-25 阻值-温度特性可知,如果流过热敏电阻 R_1 的电流为 1 mA,则可得到温度-电压特性表,如表 5-4 所列。依此表编制标度变换子程序。

表 5-4　温度-电压特性

电压/V	1.4	1.5	1.6	1.7	1.8	…
温度/℃	45.00	40.00	38.00	37.50	37.00	…

8. V/F 压频转换器

V/F 转换器是把电压信号转换成频率信号的器件。它具有应用电路简单、精度较高、线性度较好且频率变化动态范围宽、抗干扰能力强、价格较低等诸多优点,因而在输入通道中广泛采用。在一些高精度、远距离数据传输而速度要求不高的场合取代 A/D 转换器,可获得较好的性能价格比。

(1) V/F 转换原理

实现 V/F 转换的方法很多,这里仅介绍常见的电荷平衡 V/F 转换法。其电路原理框图如图 5-26 所示。图中 A_1 为积分输入放大器,A_2 为零电压比较器,恒流源 I_R 和模拟开关 S

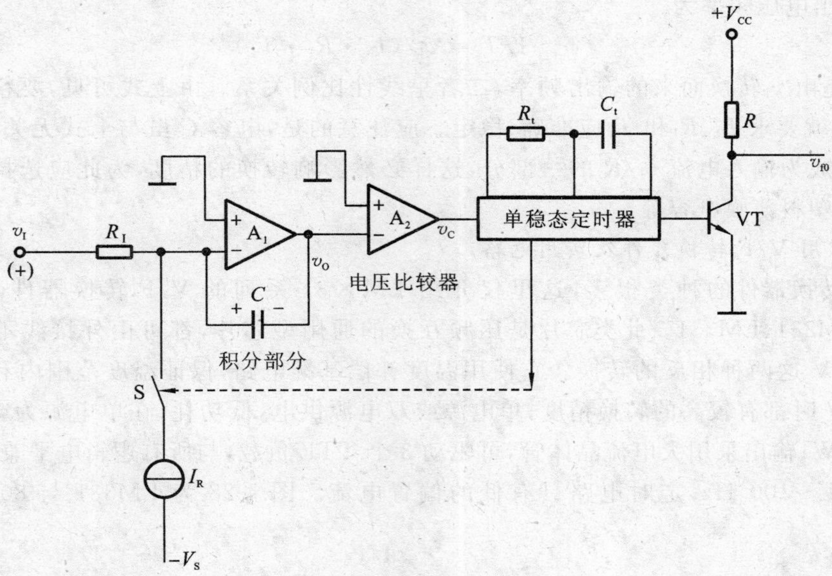

图 5-26　电荷平衡式 V/F 转换电路原理框图

提供 A_1 的反充电回路，模拟开关 S 由单稳态定时触发器控制。其工作原理为：工作前，模拟开关 S 处于断态。当工作开始时，由电容的特性决定虽然输入端有正电压加入，但瞬间电容 C 相当于短路，即 A_1 的输出为负的 $v_O \approx 0$，则零电压比较器 A_2 输出正跳变，触发单稳态定时触发器，使其产生时间为 T_1 的定时脉冲，令开关 S 闭合。同时使晶体管 VT 截止，v_{f0} 端输出定时高电平。

在 S 导通期间，恒流源 I_R 被接入积分器的反相输入端。由于电路是按 $I_R > V_{Imax}/R_I$ 设计的，故此时电容 C 被反向充电，充电电流为 $I_R - v_I/R_I$，则积分器 A_1 输出电压 v_O（偏负）从 0 伏起线性上升。电压比较器输出立刻变低，完成对单稳态定时触发器作用的一个正脉冲。当定时 T_1 时间结束，开关 S 被打开，反向充电停止。同时使晶体管 VT 导通，v_{f0} 端输出低电平。开关 S 被打开后，由于正的输入电压 v_I 作用，电容 C 开始正向充电，其充电电流为 v_I/R_I，则积分器 A_1 输出电压 v_O 开始线性下降。当 $v_O \approx 0$（偏负）时，电压比较器 A_2 输出再次跳变，又使单稳态定时器产生 T_1 时间的定时，而控制开关 S 再次闭合，A_1 再次反向充电，同时 v_{f0} 端又输出定时高电平。如此反复下去，会在积分器 A_1 输出端和 v_{f0} 端产生如图 5-27 所示波形，其波形的周期为 T。

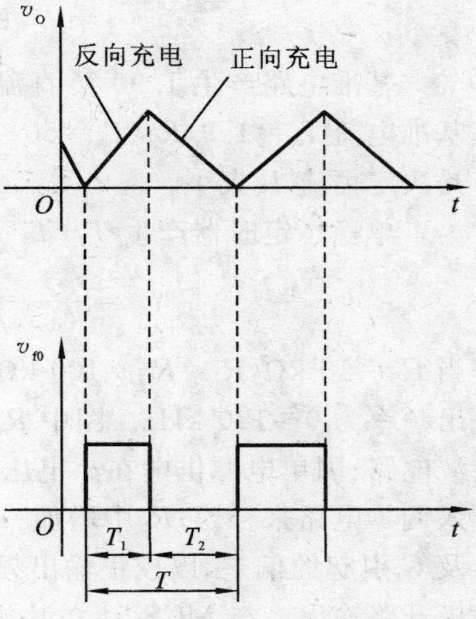

图 5-27　电荷平衡式 V/F 波形图

根据反向充电电荷量和正向充电电荷量相等的电荷平衡原理，可得

$$(I_R - v_I/R_I)T_1 = v_I/R_I(T - T_1) \tag{5-10}$$

整理得

$$T = (I_R \cdot R_I \cdot T_1)/v_I \tag{5-11}$$

则 v_{f0} 端输出电压频率为

$$f_0 = 1/T = v_I/(I_R \cdot R_I \cdot T_I) \tag{5-12}$$

f_0就是由 v_I转换而来的输出频率,二者呈线性比例关系。由上式可见,要精确地实现 V/F 转换,就要求 I_R、R_I和 T_1应准确、稳定。应注意的是,电容 C 虽与上式无关,但若有漏电流,它将成为输入电流 v_I/R_I的一部分,这样必然影响转换的精度,为此应选择漏电流小的电容,如塑料薄膜电容等。

(2) 常用 V/F 转换器件及实用电路

V/F 转换器件的种类很多,这里仅介绍 LM×31 系列的 V/F 转换器件,其中包括 LM131、LM231、LM331。此类芯片是压频互换的通用型芯片,都可由外接线不同来实现 V/F 和 F/V 这两种相反的转换。它使用温度补偿基准电路,保证温度范围内和电源电压低至 4.0 V 时都有较高的转换精度;单电源或双电源供电,低功耗,在单电源为+5 V 时功耗为 15 mW;输出采用大电流晶体管,可驱动 3 个 TTL 负载,与所有逻辑电平兼容,输出频率范围为 1～100 Hz;定时电路具有低的偏置电流。图 5-28 为 LM331 与 8051 的连接电路。

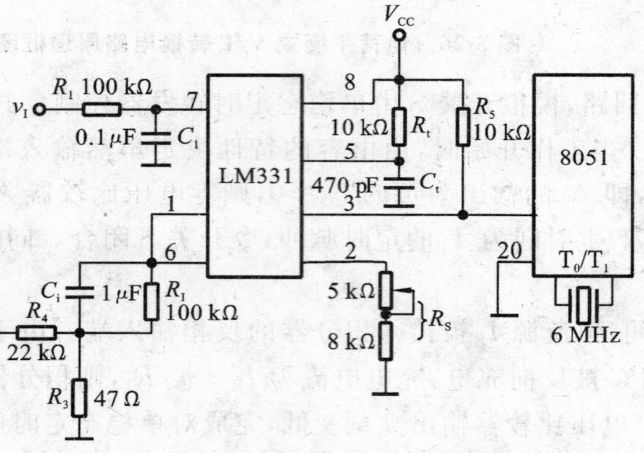

图 5-28　LM331 与 8051 连接电路

基准电路产生 1.90 V 直流电压,2 脚被钳位在 1.90 V 上。当 2 脚接电阻 R_S后,形成基准电流 I_R=1.9/R_S(I_R=50～500 μA)。R_S的作用在于决定 V/F 转换的比例系数,也就是决定恒流 I_R大小。

单稳态定时器产生 T_1(T_1=1.1R_tC_t),代入式(5-9)中

$$f_0 = \frac{v_I}{(1.9/R_S) \cdot R_I \cdot 1.1 R_t C_t} = \frac{v_I \cdot R_S}{2.09 \cdot R_I \cdot R_t C_t} \tag{5-13}$$

当 R_S=10 kΩ,R_I=R_L=100 kΩ,R_t=10 kΩ,C_t=470 pF 时,输入电压 0～10 V 所对应的输出频率为 0～100 kHz。图中 R_1使引脚 7 偏流抵消引脚 6 偏流的影响,R_1和 C_1组成低通滤波电路;因单电源供电在小电压输入时比较器 A_1的失调会引起较大误差,故在引脚 6 端加入调零电路来补偿;R_S中增加一个可调电阻,其作用是调整 LM331 的增益偏差和由 R_L、R_t及 C_t引起的偏差,以校正输出频率;在输出端引脚 3 上接电阻的原因在于该输出端是集电极开路输出。与 MCS-51 单片机连接的简便方法是将频率输出端接至计数器的输入端,通过输入频率,测知电压值。

此外，考虑到干扰等环境因素的影响，LM331 输出常采取光电隔离的方法（见图 5-29）或传输线采用双绞线、光导纤维等。为了提高精度和稳定性，阻容元件要用低温度系数的器件，最好是金属膜电阻和聚苯乙烯或聚丙烯电容器。

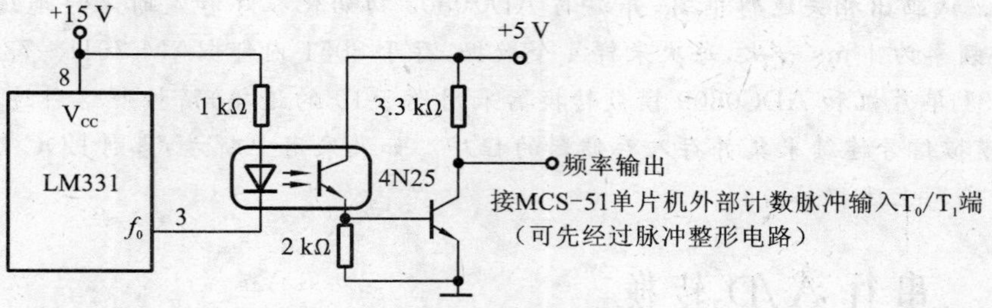

图 5-29　LM331 输出的光电隔离电路

下面是与图 5-28 对应的应用例子，是利用定时器 T_0 的 100 ms 中断程序读入外部计数器 T_1 压频转换脉冲个数。若单片机系统时钟是 6 MHz，则程序如下。

初始化程序：

```
        MOV     TMOD，#51H      ;T1为方式1计数，T0为方式1定时
        MOV     TH0，#3CH       ;T0定时100 ms时间初值
        MOV     TL0，#0B0H
        MOV     TH1，#00H
        MOV     TL1，#00H       ;T1清零
        SETB    TR1
        SETB    TR0
        SETB    ET1
        SETB    ET0
        SETB    EA
HERE：  AJMP    HERE            ;就地循环，等待中断
```

中断服务程序：

```
        MOV     TH0，#3CH       ;T0定时100 ms时间初值
        MOV     TL0，#0B0H
        CLR     TR1             ;禁止T1计数
        MOV     B，TH1          ;高位进入B寄存器
        MOV     A，TL1          ;低位进入A寄存器
        MOV     TH1，#00H
        MOV     TL1，#00H       ;T1清零
        SETB    TR1             ;允许T1计数
        RETI
```

本程序将计数结果高位放入 B，低位放入 A，以便后面程序进一步处理。

思考与练习

1. 试说明 ADC0809 的工作原理。

2. 在一个8051应用系统中，8051以中断方式读取A/D器件ADC0809通道0的转换结果。试画出相关逻辑电路，并编写读取A/D结果的中断服务程序。

3. 在一个 f_{osc} 为12 MHz的8051系统中接有一个ADC0809器件，它的地址为7FF8H～7FFFH。试画出相关逻辑框图，并编写ADC0809初始化程序和定时采样通道2的程序(假设采样频率为1 ms一次，每次采样4个数据，存于8051内部RAM 70H～73H中)。

4. 8031单片机和ADC0809模数转换器采用图5-19的连接，请按照这种连接方式，写出对8路模拟信号连续采集并存入存储器的程序。如果采用中断方式，则EOC信号应如何连接，重新编写上述程序。

任务三　串行A/D转换

任务要求

✧了解ADC0832的引脚功能

✧掌握ADC0832与单片机的连接

✧掌握ADC0832的应用设计

相关知识

为了节约CPU的外部端口，目前越来越多的外围器件采用了串行接口。下面以器件ADC0832为例介绍串行ADC的使用方法。

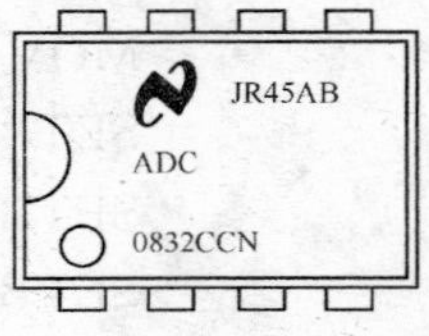

图5-30　ADC0832外观

1. 串口ADC 0832的引脚及其功能

ADC 0832的外观如图5-30所示。外部引脚如表5-5所示。

表5-5　ADC0832外部引脚

引脚号	名称	功能	引脚号	名称	功能
1	$\overline{CS}$	片选	5	DI	数据输入端
2	CH0	输入模拟量通道0	6	DO	数据输出端
3	CH1	输入模拟量通道1	7	CLK	时钟端
4	GND	电源地	8	V_{CC}	电源正

2. ADC0832的连接方法

(1) ADC0832的输入

ADC0832的CH0、CH1为模拟量输入端，当电源电压为+5 V时，输入电压范围为0～+5 V。为了满足不同场合的需要，ADC0832有4种输入方式，如表5-6所示。

从表5-6可以看到，ADC 0832使用差分输入时为单通道A/D转换器，而使用单端输入时可实现双通道A/D转换。

表 5-6　ADC0832 的 4 种输入方式

方式	CH0	CH1	说　明
0	差分输入＋端	差分输入－端	输入电压正极接 CH0，负极接 CH1。转换电压 $V=V_{CH0}-V_{CH1}$
1	差分输入－端	差分输入＋端	输入电压正极接 CH1，负极接 CH0。转换电压 $V=V_{CH1}-V_{CH0}$
2	单端输入	无效	输入电压正极接 CH0，负极接地。转换电压 $V=V_{CH0}$
3	无效	单端输入	输入电压正极接 CH1，负极接地。转换电压 $V=V_{CH1}$

(2) ADC0832 与 CPU 的连接

从表 5-5 可以看到，ADC0832 与 CPU 的连接应当有 4 根线：$\overline{CS}$、DI、DO、CLK。由于 DI 与 DO 不会同时工作，因此人们常常将其连接在一起然后连接到单片机的端口，这样，ADC0832 需要占用单片机的某个端口的 3 个引脚，如图 5-31 所示。

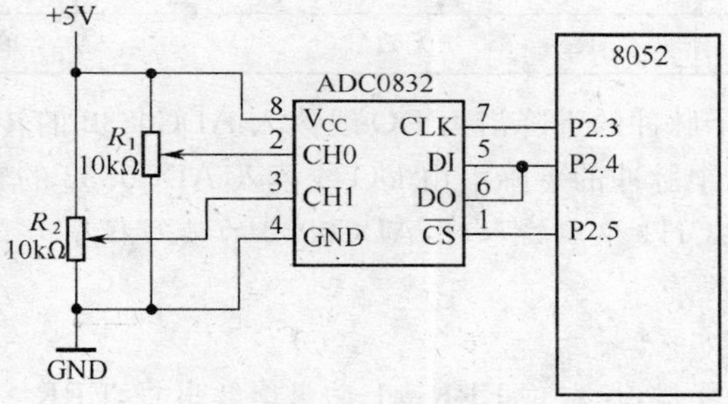

图 5-31　ADC0832 的连接

图中 R_1、R_2 为测试用电位器，调整电位器触头位置即可改变 ADC832 的输入电压。

根据图中连接方式，程序中可以对 ADC0832 的端口定义如下：

```
ADCCS    BIT   P2.5   ;定义 ADCCS 为 ADC0832 的片选端 CS
ADCCLK   BIT   P2.3   ;定义 ADCCLK 为 ADC0832 的时钟端 CLK
ADCDI    BIT   P2.4   ;定义 ADCDI 为 ADC0832 的输入端 DI
ADCDO    BIT   P2.4   ;定义 ADCDI 为 ADC0832 的输出端 DO(与输入端 DI 相同)
```

(3) ADC0832 的时序及读写程序

ADC0832 的时序如图 5-32 所示。

从时序图可以看到：

① ADC0832 读写期间$\overline{CS}$必须为低电位。

② CLK 前 3 个脉冲上升沿由 DI 线向 ADC0832 写入输入方式的控制数据。

第一个脉冲 DI 必须为“1”，使 ADC0832 启动。第二、第三两个脉冲写入 ADC0832 的输入方式，4 种输入方式共有两位二进制数：m0 和 m1，如表 5-7 所示。

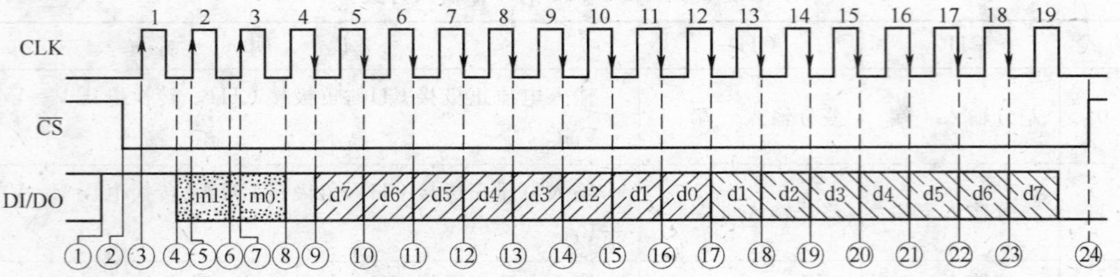

图 5-32　ADC0832 的时序

表 5-7　ADC0832 的 4 种输入方式

方　式	m1	m0	CH0	CH1
0	0	0	差分输入＋端	差分输入－端
1	0	1	差分输入－端	差分输入＋端
2	1	0	单端输入	无效
3	1	1	无效	单端输入

③ CLK 第 4～11 个脉冲的下降沿由 DO 线读入 ADC0832 的转换数据，高位在前。

④ CLK 第 11～18 个脉冲的下降沿由 DO 线读入 ADC0832 的转换数据，低位在前。

(4) 使用方式 3，即 CH1 单端输入时，ADC0832 的读写程序

```
;ADC0832 的读数程序
;入口：A 中为输入方式
;出口：A 中为读出数据，标志位 ERR＝1 说明读数出错，ERR＝0 说明读数校验正确
ADCS:  CLR     ADCCLK
       SETB    ADCDI          ;设置 DI＝1          时序图中①
       CLR     ADCCS          ;设置 CS＝0          时序图中②
       SETB    ADCCLK         ;CLK 上升沿 1        时序图中③
       NOP
       CLR     ADCCLK         ;CLK 下降沿
       MOV     C,ACC.0        ;取 m0 位
       MOV     ADCDI,C        ;m0 位送 DI          时序图中④
       SETB    ADCCLK         ;CLK 上升沿 2        时序图中⑤
       NOP
       CLR     ADCCLK         ;CLK 下降沿
       MOV     C,ACC.1        ;取 m1 位
       MOV     ADCDI,C        ;m1 位送 DI          时序图中⑥
       SETB    ADCCLK         ;CLK 上升沿 3        时序图中⑦
       NOP
       CLR     ADCCLK         ;CLK 下降沿
       SETB    ADCDI          ;释放 DI 线          时序图中⑧
```

```
        MOV    R7,#8          ;循环 8 次读入 8 个数据位
ADCS1:  SETB   ADCCLK         ;CLK 上升沿
        NOP
        CLR    ADCCLK         ;CLK 下降沿 4～11   时序图中⑨～⑯
        MOV    C,ADCDO        ;读入数据位
        RLC    A              ;左移移位到 A 中
        DJNZ   R7,ADCS1       ;8 次未完继续
        MOV    B,A            ;读出数据暂存到 B 中
        MOV    R7,#8          ;循环 8 次读入 8 个数据位
ADCS2:  MOV    C,ADCDO        ;读入数据位
        RRL    A              ;右移移位到 A 中
        SETB   ADCCLK         ;CLK 上升沿
        NOP
        CLR    ADCCLK         ;CLK 下降沿 12～19  时序图中⑰～㉓
        DJNZ   R7,ADCS2       ;8 次未完继续
        SETB   ADCCS          ;CS=1 本次操作完成 时序图中㉔
        SETB   ERR            ;设置出错标志
        CJNE   A,B,ADCS3      ;若 A=B 说明读数正确
        CLR    ERR            ;清出错标志
ADCS3:  RET
```

(5) ADC0832 的标度变换

A/D 转换器都要使用基准电源，ADC0832 为了简化使用，直接使用 V_{CC} 为基准电源。这样，8 位二进制数所代表的测量结果为 0～V_{CC}。例如，当电源电压为+5 V 时，测量结果 00～0FFH 对应的电压值为 0～5 V。为了将测量结果显示出来，需要将 00～0FFH 转换为 0.00～5.00。这种转换称为标度转换。

如果测量结果为 X，转换后的结果为 Y，则它们之间的关系为

$$Y=\frac{5.0}{0FFH}X=\frac{5}{255}X=0.0196X$$

单片机中进行小数运算十分不方便，为了简化计算，我们将系数 0.0196 改为 196，这样相当于结果扩大了 10000 倍。将结果转换为 BCD 码后，只需向左移动小数点 4 位，就能得到正确结果。

```
;转换值处理子程序
;入口:A 中为测量结果
;出口:  R3、R4、R5 为十进制电压。R3 为整数位,R4 为十分位和百分位,R5 可忽略
BDZH:   MOV    B,#196         ;测量结果 * 196
        MUL    AB
```

此时 A、B 中为标度转换结果，为了将其转换为 BCD 码，我们可以直接使用标准的 16 位二进制数转 BCD 码子程序 HB2(程序不再分析)。调用前将待转换的二进制数放在 R6、

R7中,转换结果放在R3、R4、R5中,其中R3为高位。由于结果扩大了10000倍,需要向左移动小数点4位。故R3为整数位,而R4、R5为4位小数。调用方法如下。

```
MOV    R6,B      ;将16位二进制数转换为BCD码
MOV    R7,A
LCALL  HB2
RET
```

3. 主程序

```
        ORG     000H
        SJMP    MAIN
ADCCS   BIT     P2.5        ;定义ADCCS为ADC 0832的片选端CS
ADCCLK  BIT     P2.3        ;定义ADCCLK为ADC 0832的时钟端CLK
ADCDI   BIT     P2.4        ;定义ADCDI为ADC 0832的输入端DI
ADCDO   BIT     P2.4        ;定义ADCDO为ADC 0832的数据输出端DO
                            (与DI端共用)
ERR     BIT     00

MAIN:   MOV     A,#3        ;设置ADC 0832输入方式为3
        LCALL   ADCS        ;读出测量结果
        JB      ERR,MAIN    ;读出数据出错,重读
        LCALL   BDZH        ;标度转换,结果在R3、R4、R5中
        SJMP    $

;转换值处理子程序
;入口:A中为测量结果
;出口:R3、R4、R5为十进制电压。R3为整数位,R4为十分位和百分位,R5可忽略
BDZH:   MOV     B,#196      ;测量结果*196
        MUL     AB
        MOV     R6,B        ;将16位二进制数转换为BCD码
        MOV     R7,A
        LCALL   HB2
        RET
;16位二进制数转换为BCD码
;入口条件:待转换的双字节十六进制整数在R6、R7中
;出口信息:转换后的三字节BCD码整数在R3、R4、R5中
HB2:    CLR     A           ;BCD码初始化
        MOV     R3,A
        MOV     R4,A
        MOV     R5,A
```

```
        MOV     R2,#10H      ;转换双字节十六进制整数
HB3:    MOV     A,R7         ;从高端移出待转换数的一位到CY中
        RLC     A
        MOV     R7,A
        MOV     A,R6
        RLC     A
        MOV     R6,A
        MOV     A,R5         ;BCD码带进位自身相加,相当于乘2
        ADDC    A,R5
        DA      A            ;十进制调整
        MOV     R5,A
        MOV     A,R4
        ADDC    A,R4
        DA      A
        MOV     R4,A
        MOV     A,R3
        ADDC    A,R3
        MOV     R3,A         ;双字节十六进制数的万位数不超过6,不用调整
        DJNZ    R2,HB3       ;处理完16位
        RET
        END
```

思考与练习

1. 串口 ADC 0832 的工作原理。
2. 根据图 5-31 编写串口 ADC 0832 单端输入时,读取数据的程序。

项目小结

本项目主要介绍了输入通道的结构与信号转换。输入通道有数字量和模拟量,模拟量输入要经过采样、保持、量化、编码。AD0809 是一种 8 路模拟输入的逐次逼近型 8 位 A/D 转换器件。AD574A 是一种 12 位计数比较型转换器。

V/F 转换器是把电压信号转换成频率信号的器件,它具有应用电路简单,精度较高,线性度较好且频率变化动态范围宽,抗干扰能力强,价格较低等诸多优点,因而在输入通道中广泛应用于一些高精度、远距离数据传输而速度要求不高的场合,以取代 A/D 转换器,可获得较好的性能价格比。

为了节约单片机的外部端口,目前越来越多的外围器件采用了串行接口。串行器件 ADC0832 就是一种典型的串行 A/D 转换器件。

项目测试

一、填空题

1. A/D转换的过程可分为________、保持、量化、编码4个步骤。

2. 就逐次逼近型和双积分型两种A/D转换器而言，________的抗干扰能力强，________的转换速度快。

3. A/D转换器两个最重要的指标是________和转换速度。

4. A/D转换器中取量化单位为Δ，把0～10 V的模拟电压信号转换为3位二进制代码，若最大量化误差为Δ，要求列表表示模拟电平与二进制代码的关系，并指出Δ的值。

模拟电平	二进制代码
	000
	001
	010
	011
	100
	101
	110
	111

二、计算题

1. 一个6位并行比较型A/D变换器，为量化0～5 V电压，问量化值Δ应为多少？共需多少比较器？工作时是否要取样保持电路？为什么？

2. 3位并行比较型A/D转换器原理图如题2图所示。基准电压$V_{REF}=3.2$ V。

(1) 该电路采用的是哪种量化方式？其量化误差为何值？

(2) 该电路允许变换的电压最大值是多少？

(3) 设输入电压$v_I=2.213$ V，问图中编码器的相应输入数据$C_6C_5C_4C_3C_2C_1C_0$和输出数据$D_2D_1D_0$各是多少？

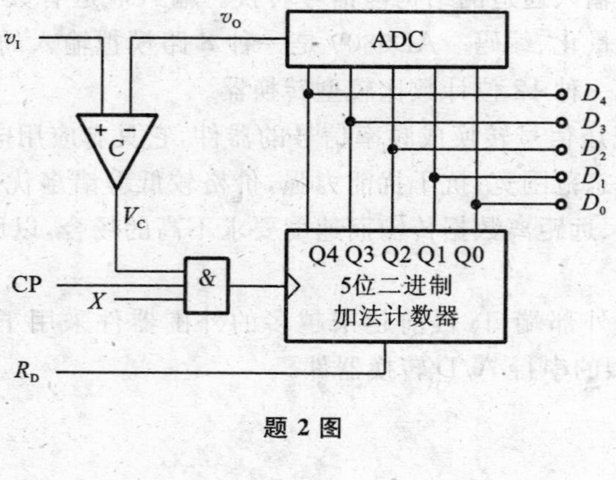

题2图

3. 如题3图(a)所示为4位逐次逼近型A/D转换器,其4位D/A输出波形v_O与输入电压v_I关系分别如题3图(b)和(c)所示。

(1) 转换结束时,图题3(b)和(c)的输出数字量各为多少?

(2) 若4位A/D转换器的输入满量程电压V_{FS}=5 V,估计两种情况下的输入电压范围各为多少?

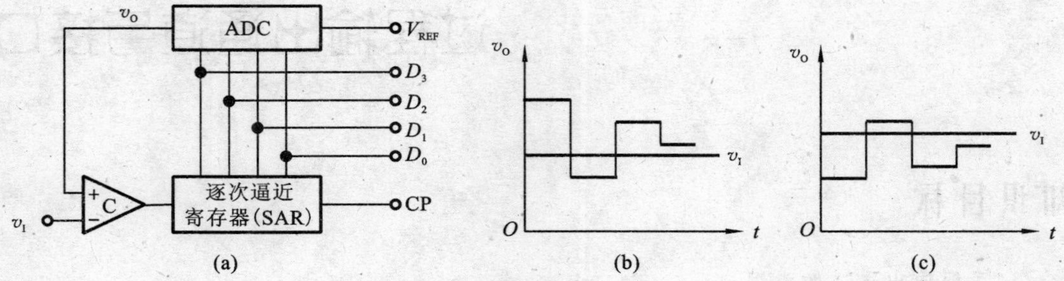

题3图

项目6

过程输出通道与接口

知识目标

1. 了解输出通道的类型；
2. D/A 转换的方法；
3. 常用 D/A 转换芯片的使用。

能力目标

1. 了解数/模(D/A)、频/压、压/流等转换问题；
2. 了解执行机构的功率驱动；
3. 了解外部对过程输出通道与接口的干扰因素及隔离措施；
4. 了解微机处理速度与执行机构速度的匹配问题。

任务一　输出通道的结构及常用电路

任务要求

✧了解输出通道的类型
✧了解模拟输出通道的构成
✧V/I 转换的方法

相关知识

与输入通道一样，输出通道也分为数字输出通道(Digital Output，DO)和模拟输出通道(Analogical Output，AO)两种。

1. 数字量输出通道

(1) 数字量输出通道的结构

数字量输出通道主要由输出锁存器、数字光电隔离电路、输出地址译码电路、输出驱动电路等组成，如图 6-1 所示。

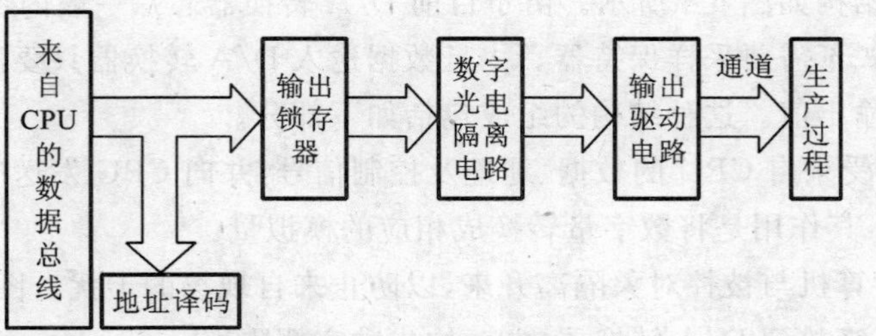

图 6-1　数字量输出通道结构

(2) 数字光电隔离电路

过程输出通道与过程输入通道一样，也需将单片机与控制对象隔离开，以防止来自现场的干扰或强电侵入。同样分为数字隔离和模拟隔离两种电路。数字信号的耦合易于实现，所以输出通道中大部分采用数字隔离。

(3) 输出驱动电路

①功率晶体管输出驱动继电器电路。

采用功率晶体管输出继电器的电路如图 6-2 所示，因负载呈电感性，所以输出需接保护用二极管 VD，K 为继电器线圈。

②达林顿阵列输出驱动继电器电路。

MC1416 是达林顿阵列驱动器，内含 7 个达林顿复合管，每个复合管的电流都在 500 mA 以上，截止时承受 100 V 电压。为了防止 MC1416 组件反向击穿，可使用内部保护二极管。图 6-3 给出了 MC1416 内部电路原理图和使用方法。

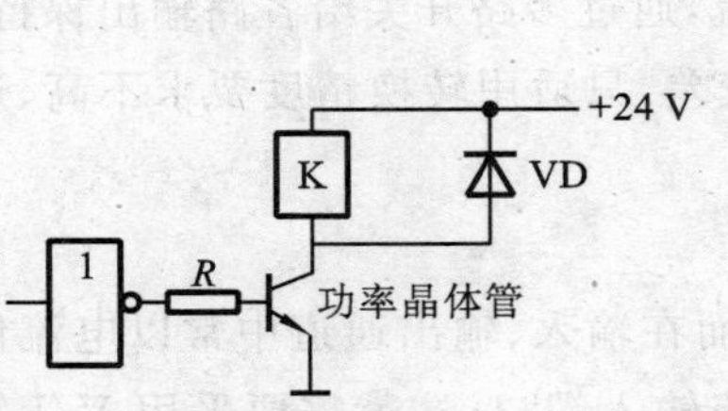

图 6-2　功率晶体管输出驱动继电器

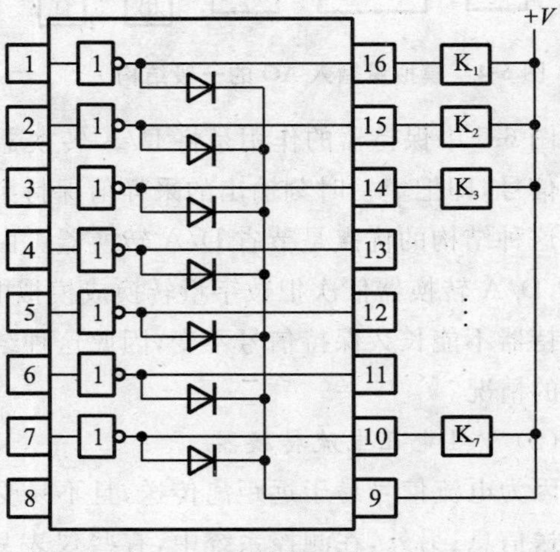

图 6-3　MC1416 驱动 7 个继电器

2. 模拟量输出通道

(1) 模拟量输出通道的一般结构

模拟输出通道(AO)有以下两种基本结构形式。

①多通道独立 D/A 转换形式。

这种形式的结构如图6-4所示。由于目前D/A转换器芯片一般内部带有数据锁存器，所以这种连接方式不需要采样保持器。一旦数据送入D/A转换器只要没有新的数据输入，它就保持原来的输出值。这种结构的组成包括如下部分。

I/O接口：接受来自CPU的数据、地址及控制信号，并向CPU发送应答信号。

D/A转换器：其作用是将数字量转换成相应的模拟量。

隔离级：将计算机与被控对象隔离开来，以防止来自现场的干扰。图6-4所示为模拟侧隔离，也可将隔离级放到D/A转换器之前，构成数字侧隔离。

输出级：由运算放大器、V/I转换器等组成，以提供不同形式的输出信号。

执行器：其作用是接受微机通过AO发来的控制信号，并转换成调整机构的动作，使生产过程按照预先规定的要求正常进行。它包括电动、气动和液压执行器械。

多通道独立D/A转换结构的优点是转换速度快、工作可靠、精度高，且各个通道相互独立而互不影响；缺点是使用较多D/A转换器，投资较高。工业控制中多采用此种形式。

②多通道共享D/A转换形式。

这种形式由于D/A转换器是共用的，所以每一个模拟量输出通道都需要一个保持器，如图6-5所示。

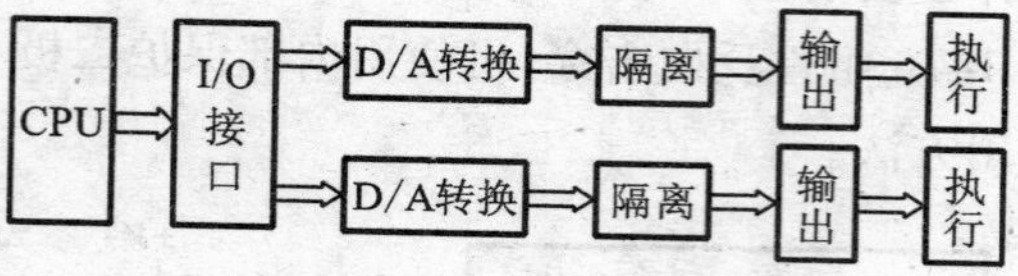

图6-4　模拟量输入AO的一般结构

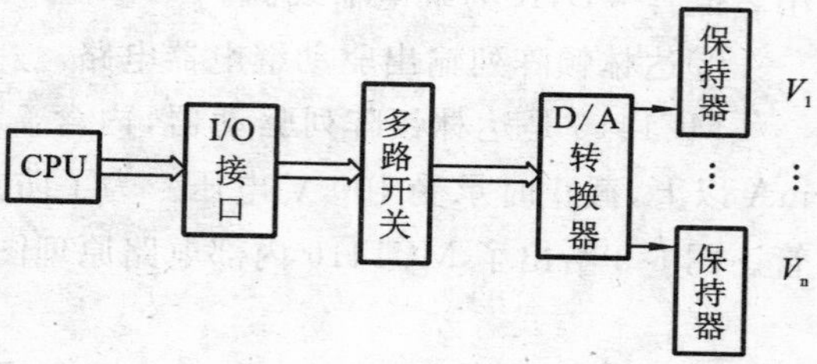

图6-5　多通道共享D/A转换结构

图6-5中保持器的作用是将D/A转换器输出的离散模拟量转换成执行器件能接收的连续信号，即把上一时刻输出的采样值保持到下一次输出。

这种结构的优点是节省D/A转换器。由于共用一个D/A转换器，在CPU控制下分时工作，D/A转换器依次把数字量转换成模拟电压或电流，通过多路开关给各路输出保持器，而保持器不能长久保持信号不变，因此这种结构精度较差，只适用转换精度要求不高、通道较多的情况。

(2) V/I电压电流转换器

因为电流信号易于远距离传送，且不易受干扰，因而在输入、输出通道中常以电流信号来传送信息；另外，在测控系统中，有些仪表只提供电流输入端口，这就需要采用V/I转换将电压信号转换成相应的电流信号。

实现V/I转换可以采用专用的电流输出型运放F3080和F3094来实现；也可以利用通用运放构成V/I转换电路，还有使用高精度的集成V/I转换器。

采用通用运算放大器实现V/I的方法很多，考虑实际电流信号多采用统一标值(0～10 mA或4～20 mA)。

①1～5 V/4～20 mA 转换电路。

图 6-6 为实现此 V/I 转换的电路。由图可见，两个运放 A_1、A_2 均接成跟随器形式。在稳定工作时

$$V_{IN} = V_1$$

所以

$$I_1 = V_1/R_1 = V_{IN}/R_1 \tag{6-1}$$

又因为

$$I_1 \approx I_2$$

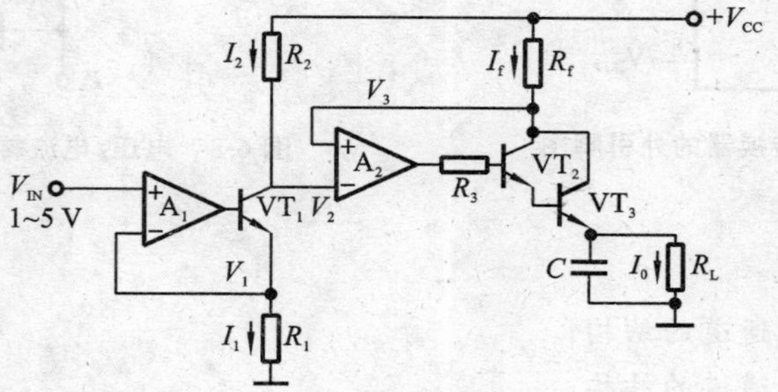

图 6-6　输出 4～20 mA 的 V/I 转换电路

所以 $V_{IN}/R_1=(V_{CC}-V_2)/R_2$，即

$$V_2 = V_{CC} - V_{IN} \cdot R_2/R_1 \tag{6-2}$$

在稳定状态下，$V_2=V_3$，$I_f \approx I_O$，故

$$I_O \approx I_f = (V_{CC} - V_3)/R_f = (V_{CC} - V_2)/R_f \tag{6-3}$$

将式(6-2)代入式(6-3)，得

$$I_O = (V_{CC} - V_S + V_{IN} \cdot R_2/R_1)/R_f = V_{IN} \cdot R_2/(R_1 \cdot R_f) \tag{6-4}$$

其中 R_1、R_2、R_f 均为精密电阻，所以输出电流 I_O 线性比例于输入电压 V_{IN}，且与负载无关，接近于恒流。

若 $R_1=5\ \text{k}\Omega$，$R_2=2\ \text{k}\Omega$，$R_f=100\ \Omega$，当 $V_{IN}=1\sim5$ V 时，输出电流 $I_O=4\sim20$ mA。

②集成 V/I 转换器。

采用普通运放和分立元件构成的 V/I 转换电路结构简单，价格低，但精度受外界电阻等元件的性能及参数匹配的影响很大，故对精度要求较高的场合采用集成 V/I 转换电路。

2B20/21 电压/电流转换器的外引脚图如图 6-7 所示。它的输入电压范围为 0～10 V，输出电流为 4～20 mA，采用单正电源供电，电源电压范围为 10～32 V，其特点是低漂移，在工作温度为－25～＋85 ℃范围内，最大漂移为 0.005％/℃。其输入电阻为 10 kΩ，非线性小于 0.025％，动态响应时间小于 25 ms。

利用 2B20/21 实现 V/I 转换只需外接很少的调节元件即可，图 6-8 中外接初始校准电位器即可实现(0～10 V)/(4～20 mA)的转换。

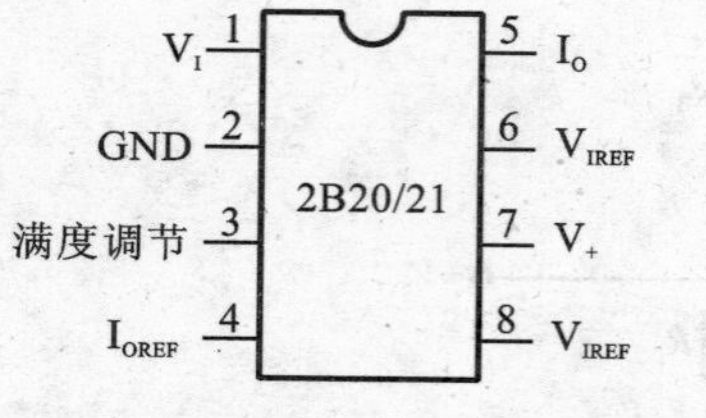

图 6-7　电压/电流转换器的外引脚图

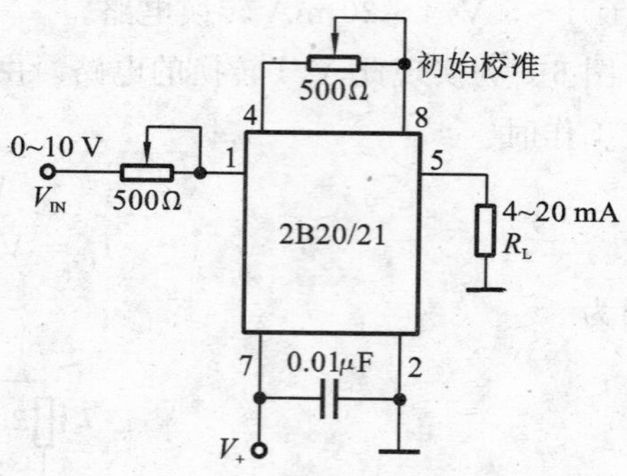

图 6-8　电压/电流转换器外接调节元件

思考与练习

1. 画出数字输出通道的结构;
2. 画出模拟输出通道的结构;
3. V/I 转换的目的。

任务二　D/A 转换器接口芯片

任务要求

✧了解 DAC0832 的内部结构与引脚功能
✧掌握 DAC0832 与单片机的连接
✧掌握 DAC0832 的应用设计

相关知识

D/A 转换器输入的是数字量,经转换后输出的是模拟量。

1. D/A 转换器主要技术指标

(1) 分辨率

分辨率是 D/A 转换器对输入量变化敏感程度的描述,与输入数字量的位数有关。如果数字量的位数为 n,则 A/D 转换器的分辨率为 2^{-n},即 D/A 转换器能对满刻度的 2^{-n} 输入量作出反应,例如,8 位数的分辨率为 1/256,10 位数分辨率为 1/1024,……。可见,数字量位数越多,分辨率也就越高,亦即转换器对输入量变化的敏感程度也就越高。使用时,应根据分辨率的需要来选定转换器的位数。

(2) 建立时间

建立时间是描述 D/A 转换速度快慢的一个参数,用于表明转换速度。其值为从输入数字量到输出达到终值误差±(1/2)LSB(最低有效位)时所需的时间。输出形式为电流的转换器建立时间较短,而输出形式为电压的转换器,由于要加上运算放大器的延迟时间,因此建立时间要长一些。但总之,D/A 转换速度远高于 A/D 转换速度,例如,快速的 D/A 转换器的建立时间可达 1 μs 以下。

2. 典型 D/A 转换器芯片 DAC0832

DAC0832 是一个常用的 8 位 D/A 转换器。单电源供电，从＋5 V 到＋15 V 均可正常工作。基准电压的范围为－10～＋10 V；电流建立时间为 1 μs；采用 CMOS 工艺，低功耗 20 mW，芯片为 20 引脚，双列直插式封装。下面介绍 DAC 0832 芯片与 MCS-51 的接口及转换应用程序的设计方法。

(1) DAC0832 的结构

DAC0832 内部结构如图 6-9(a)所示。

DAC0832 主要由两个 8 位寄存器和一个 8 位 D/A 转换器组成。两个 8 位寄存器(输入寄存器和 DAC 寄存器)构成双缓冲结构。

(2) 引脚及功能

DAC0832 芯片为 20 引脚双列直插式封装，如图 6-9(b)所示，各引脚的功能如下。

① D0～D7：数据输入线，TTL 电平，有效时间大于 90 ms。

② ILE：数据锁存允许控制信号输入线，高电平有效。

③ $\overline{CS}$：片选信号输入线，低电平有效。

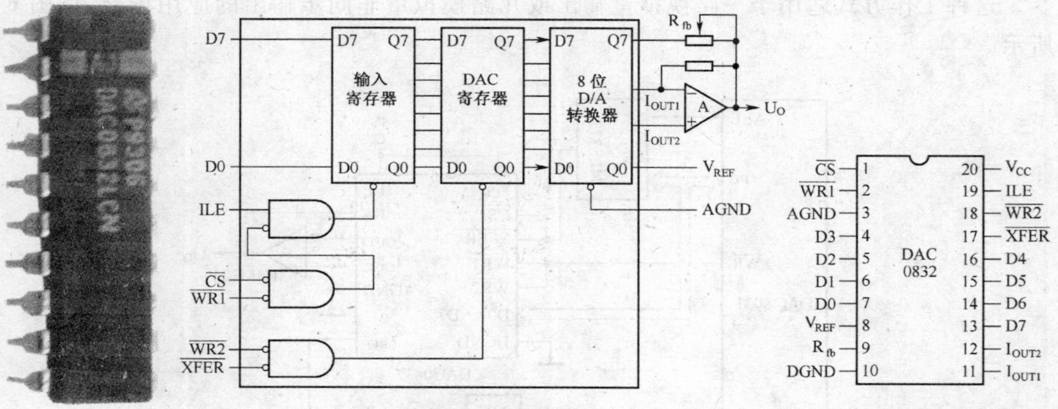

(a) DAC 0832 内部结构框图　　(b) DAC 0832 引脚图

图 6-9　DAC0832 内部结构及引脚图

④ $\overline{WR1}$、$\overline{WR2}$：输入寄存器的写选通输入线，负脉冲有效(脉冲宽度应大于 500 ns)，当 $\overline{CS}$=0，ILE=1，$\overline{WR1}$=0 时，D0～D7 的数据被锁存至输入寄存器。

⑤ $\overline{XFER}$：传送控制信号输入线，低电平有效。

⑥ $\overline{WR2}$：DAC 寄存器写选通输入线，负脉冲有效(脉冲宽度应大于 500 ns)。当 $\overline{XFER}$=0，$\overline{WR2}$=0 时，输入寄存器的内容传送至 DAC 寄存器。

⑦ I_{OUT1}：输出电流 1，当输入数据为全"1"时，I_{OUT1} 最大。

⑧ I_{OUT2}：输出电流 2，当输入数据为全"1"时，I_{OUT2} 最小。

两个输出电流之和总为常数。

⑨ R_{fb}：运算放大器外接反馈电阻引线端。

⑩ V_{CC}：芯片电源电压，其值为＋5～＋15 V。

⑪V_{REF}:基准电压输入线,其值为−10～+10 V。

⑫AGND:模拟地,为模拟信号和基准电源的参考地。

⑬DGND:数字地,为工作电源地和数字逻辑地,两种电源地在基准电源处的一点共地比较恰当。

(3) DAC0832 的工作方式

DAC0832 利用$\overline{WR1}$、$\overline{WR2}$、ILE、$\overline{XFER}$控制信号可以构成 3 种不同的工作方式。

① 双缓冲方式:两个寄存器均处于受控状态。这种工作方式使用于多模拟信号同时输出的应用场合。

② 单缓冲方式:两个寄存器之一始终处于直通状态($\overline{WR1}$=0 或$\overline{WR2}$=0),另一个寄存器处于受控状态。

③ 直通方式:$\overline{WR1}$=$\overline{WR2}$=0 时,数据可从输入端经两个寄存器直接进入 DAC 转换器。

3. DAC0832 与 DAC8031 的接口及应用

DAC0832 与 DAC8031 单片机有两种基本的接口方法,即单缓冲方式和双缓冲方式。

(1) 单缓冲方式接口及应用

这种工作方式适用于一路模拟量输出或几路模拟量非同步输出的应用场合,如图 6-10 所示。

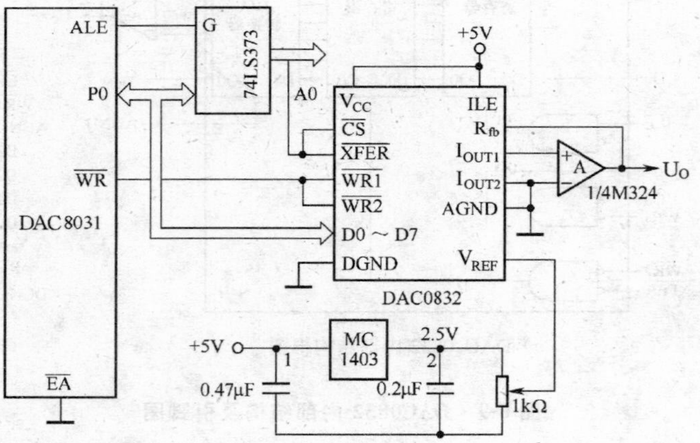

图 6-10　DAC0832 单缓冲方式与 DAC8031 的接口电路

让 ILE 接+5 V,寄存器选择信号$\overline{CS}$及数据传送信号$\overline{XFER}$都与地址选择线相连,两级寄存器的写信号都由 DAC8031 的$\overline{WR}$控制。当地址线选通到达 DAC0832 后,DAC0832 就能一步完成数字量的输入锁存和 D/A 转换输出。

由于 DAC0832 具有数字量的输入锁存功能,故数字量可以直接从 DAC8031 的 P0 口送入。执行下面几条指令就能完成一次 D/A 转换。

```
MOV    DPTR, #0FEFH      ;指向 DAC0832
MOV    A, #DATA          ;数字量先送入累加器
MOVX   @DPTR, A          ;数字量从 P0 口送到 P2.7 所指向的地
```

址，$\overline{WR}$有效时，完成一次 D/A 转换

参照图 6-10 连接并编写不同的转换程序可产生各种不同的输出波形。

例 6.1　产生锯齿波(见图 6-11)。

```
START：MOV     DPTR，#0FEH              ；选中 DAC0832
       CLR A
LP：   MOVX    @DPTR，A                 ；转换数据送 DAC0832
       INC  A  ；数据加 1
       SJMP LP
```

若要改变锯齿波的频率，可在 SJMP LP 指令前插入延时程序即可。

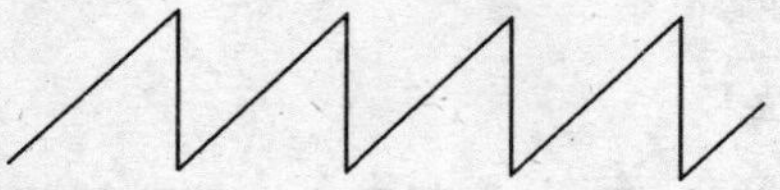

图 6-11　例 6.1 图

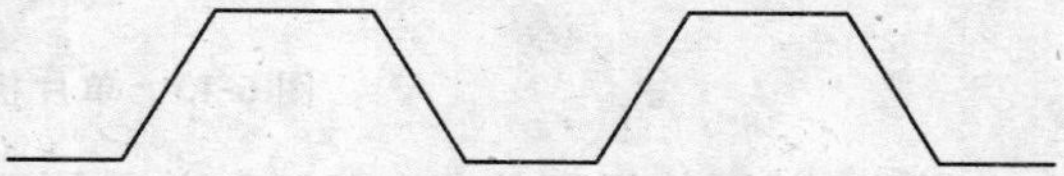

图 6-12　例 6.2 图

例 6.2　产生梯形波(见图 6-12)。

```
START：MOV     DPTR，#00FEH
L1：   MOV     A，#DATAL                ；置下限值
UP：   MOVX    @DPTR，A
       INC     A
       CLR     C
       SUBB    A，#DATAH                ；与上限值比较
       JNC     DOWN                     ；表示转换值与上限值相等时跳转
       ADD     A，#DATAH                ；不相等，恢复原数，继续
       SJMP    UP
DOWN：ACALL    DEL                      ；调上限延时程序
L2：   MOVX    @DPTR，A
       DEC     A
       SUBB    A，#DATAL                ；与下限值比较
       JC      L1                       ；相等重复循环
       ADD     A，#DATAL
       SJMP    L2
```

(2) DAC0832 双缓冲方式接口及应用

这种工作方式适用于多路模拟量同时输出的应用场合，此情况下每一路模拟量输出需要一片 DAC0832 才能构成同步输出系统。

图中两片 DAC0832 的输出寄存器分别由两个不同的片选信号区分开，即首先将两路数据由不同的片选分别打入对应的 DAC0832 的输入寄存器；而两片 DAC0832 的 DAC 寄存器传送控制信号$\overline{XFER}$同时由一个片选信号控制，当选通 DAC 寄存器时，各输入寄存器中的数据可以同时进入各自的 DAC 寄存器以达到同时进行转换，然后同步输出的目的。

例如，使用单片机控制 X-Y 绘图仪。X-Y 绘图仪由 X、Y 两个方向的步进电动机驱动，

其中一个电动机控制绘笔沿X方向运动,另一个电动机控制绘笔沿Y方向运动。对X-Y绘图仪的控制有两点基本要求:一是需要两路D/A转换器分别给X通道和Y通道提供模拟信号,使绘图笔能沿X-Y轴作平面运动;二是两路模拟信号要同步输出,以使绘制的曲线光滑,否则绘制出的曲线就是台阶状的,如图6-13所示。

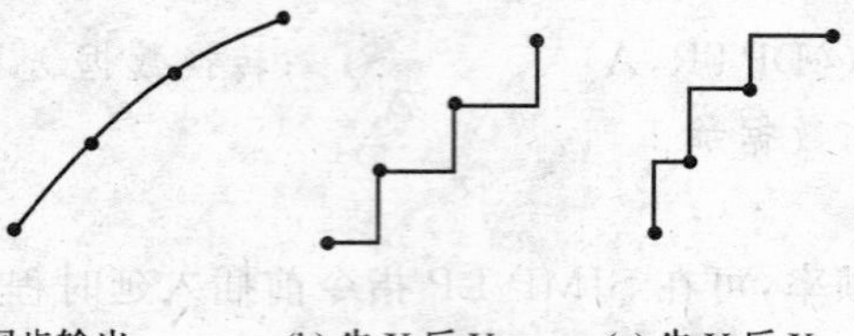

图6-13　单片机控制X-Y绘图位

为此,就要使用两片DAC0832,并采用双缓冲方式连接,如图6-14所示。电路中以译码法产生地址。两片DAC0832共占据3个单元地址,其中两个输入寄存器各占一个地址,而两个DAC寄存器则合用一个地址。

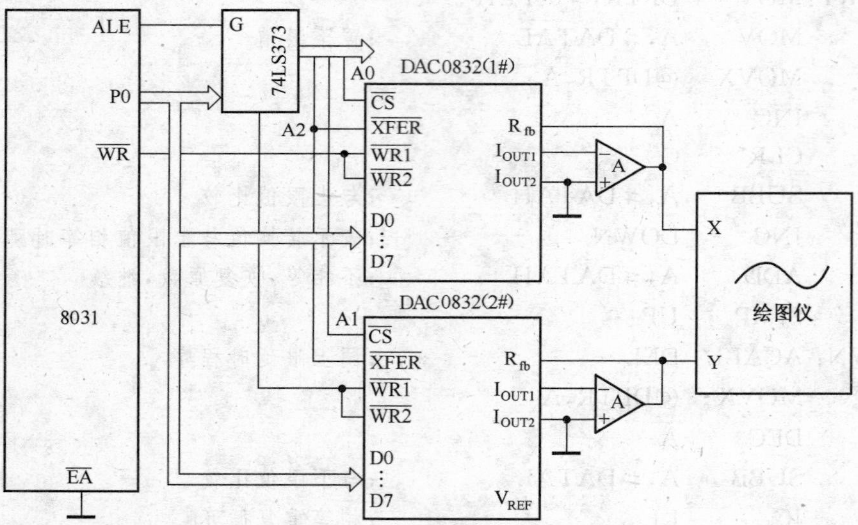

图6-14　DAC0832双缓冲方式与DAC8031接口电路

编程时,先用一条传送指令把X坐标数据送到X向转换器的输入寄存器,再用一条传送指令把Y坐标数据送到Y向转换器的输入寄存器。最后再用一条传送指令打开两个转换器的DAC寄存器,进行数据转换,即可实现X、Y两个方向坐标量的同步输出。

假定X方向DAC0832输入寄存器地址为0FEH,Y方向DAC0832输入寄存器地址为0FDH,两个DAC寄存器公用地址为0FBH,X坐标数据存于data单元中,Y坐标数据存于data+1单元中,则绘图仪转换程序如下。

```
MOV    DPTR,#0FEH          ;置1# DAC0832输入寄存器地址
MOV    A,#DATA1
```

```
MOVX   @DPTR,A         ;数据写入1# DAC0832输入寄存器
MOV    DPTR,#0FDH      ;置2# DAC0832输入寄存器地址
MOV    A,#DATA2
MOVX   @DPTR,A         ;数据写入2# DAC0832输入寄存器
MOV    DPTR,#0FBH      ;置1#及2# DAC0832寄存器地址
MOVX   @DPTR,A         ;选通1#及2# DAC0832寄存器
```

4. 12位转换器DAC1208与MCS-51单片机接口电路

8位D/A转换器分辨率低,在要求控制精度较高的系统中,需要12位分辨率的D/A转换器。

(1) DAC1208转换器性能及内部结构

DAC1208与DAC0832结构相似,因此其D/A转换的控制方法也相似,可直接与8位或16位单片机接口。

其主要性能如下:

①分辨率为12位(数据分两次输入)。

②片内有两级缓冲锁存器,可工作在单缓冲或双缓冲方式。

DAC1208转换器结构如图6-15所示。

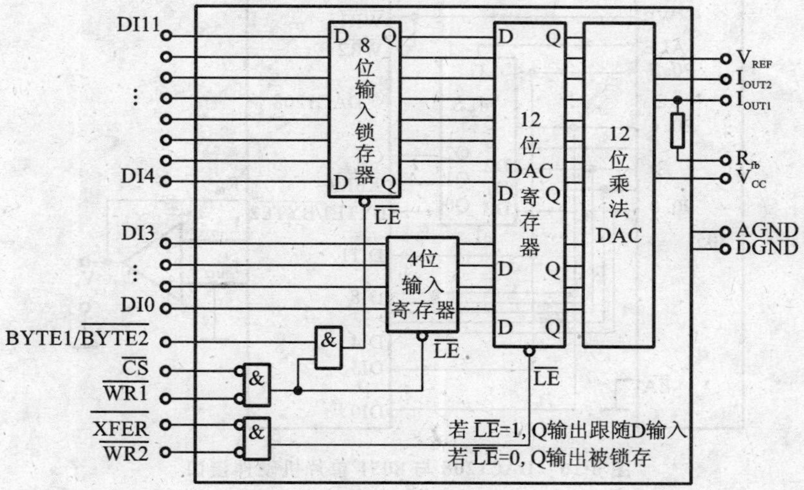

图6-15 D/A转换器DAC1208内部结构框图

由图6-15可见,12位输入寄存器分成一个8位输入锁存器和一个4位输入锁存器并联,为的是和8位CPU数据总线相连接。但在CPU送数据时要分两次输出,先送高8位、再送低4位,然后12位数一次输出进行D/A转换。

两级缓冲锁存控制由4根输入控制线完成。第一级两个输入寄存器由$\overline{CS}$和$\overline{WR1}$来控制。但是为了区分数据是进入8位还是4位输入锁存器,增加了一条高/低字节控制线:BYTE1/$\overline{BYTE2}$。当BYTE1/$\overline{BYTE2}$=1时,选中8位输入锁存器(也选中低4位锁存器);当BYTE1/$\overline{BYTE2}$=0时只选中低4位锁存器。因此用户写入时一定要先送高8位,后送低4位。

第 2 级 12 位 DAC 寄存器由 $\overline{XFER}$ 和 $\overline{WR2}$ 共同控制。实现双缓冲功能。

(2) 引脚功能

DAC1208 共 24 条引脚。大部分与 DAC0832 功能相同，现将不同的部分说明如下：

DI11～DI0——12 位数字输入线。其中 DI11～DI4 与 P0 口相连接，DI3～DI0 与 P0 口高 4 位 P0.7～P0.4 相连接。

BYTE1/$\overline{BYTE2}$——字节输入顺序控制信号。当该信号线为 1 时，同时开启 8 位和 4 位两个锁存器，CPU 将数据同时送入两个锁存器中；当该信号为 0 时，则仅开启低 4 位输入锁存器，CPU 只能送入低 4 位数据。

(3) DAC1208 与 8051 单片机的接口方法

DAC1208 采用双缓冲方式工作。12 位数据分两次输入，需要 2 个数据输入锁存器地址，控制第二级 DAC12 位寄存器需要 1 个地址，共 3 个地址。

$\overline{WR1}$ 和 $\overline{WR2}$ 同时连接 8051 的 WR，P0 控制 BYTE1/$\overline{BYTE2}$，P0.1 控制 $\overline{XTER}$，而 P0.2 控制 $\overline{CS}$ 端，完成双缓冲工作方式控制。硬件连线如图 6-16 所示。其中：

8 位输入锁存器地址为　　011B＝03H；

4 位输入锁存器地址为　　010B＝02H；

12 位 DAC 寄存器地址为　　100B＝04H。

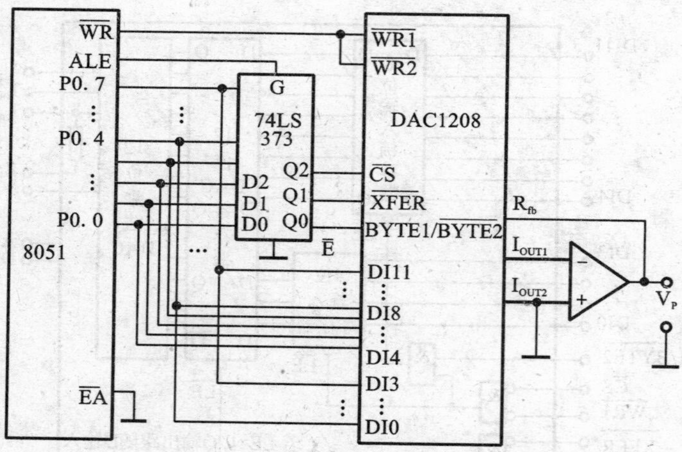

图 6-16　DAC1208 与 8051 单片机硬件接口

注意：这里采用向左对齐的数据格式，即 12 位数据的高 8 位作为字节 1，低 4 位作为字节 2，如图 6-17 所示。

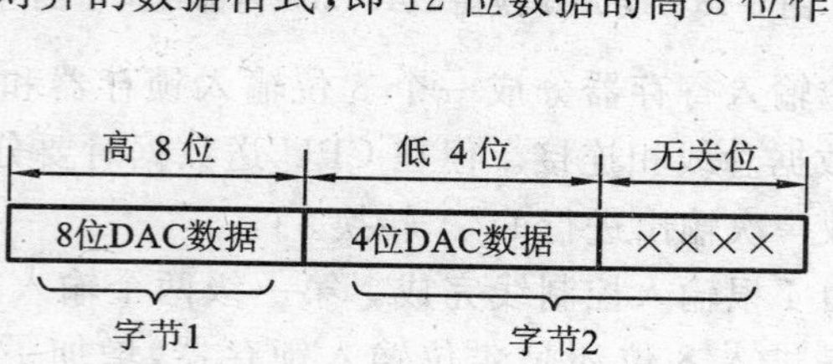

图 6-17　向左对齐数据方式

CPU 用指令向低 4 位输入锁存器写入数据时，要按图 6-17 所示的格式写入。

(4) DAC1208 的 D/A 转换程序

设12位待转换的数字存放在8051片内RAM的30H、31H两个单元中，现按图6-17中的连接，送到DAC1208去进行D/A转换。程序分三步完成：

① 取出高8位数据写入DAC1208的8位输入锁存器。

② 取出低4位数据写入4位输入锁存器中。

③ 12位数据同时送入12位DAC寄存器进行D/A转换，并输出相应的模拟电压 V_O。

DAC1208的D/A转换程序如下：

```
MOV    R0, #03H        ;送8位输入锁存器地址
MOV    A, 30H          ;取出待转换的高8位数据
MOVX   @R0, A          ;送入高8位输入锁存器中
MOV    R0, #02H        ;4位输入锁存器地址
MOV    A, 31H          ;取出待转换的低4位数据
SWAP   A               ;低4位数据与高4位交换(向左对齐)
MOVX   @R0, A          ;写入DAC1208低4位输入锁存器中
MOV    R0, #04H        ;指向12位DAC寄存器地址
MOVX   @R0, A          ;锁存并完成12位D/A转换(A的内容任意)
```

5. F/V 频压转换器

频率信号是一种串行数据，它具有很高的信噪抑制比，因此采用频率信号输出占用线数少、易于远距离传输，所以在输出通道中常采用频率信号。但某些执行机构所需控制信号为电压信号，为此，这类输出通道中需设置频压(F/V)转换器。

(1) F/V 转换基本原理

F/V转换器是将频率变化的信号线性转换成电压变化的信号的器件，简称FVC。图6-18是FVC的基本组成形式，它包括电平比较器、振荡器(MMV)和低通滤波器(LPF)三部分。其中关键的是MMV部分，它不仅要产生宽度稳定的脉冲，而且要求脉冲幅度也稳定，这样才能通过低通滤波器取得高精度正比于频率变化的输出电压。

FVC的基本工作过程是：输入频率信号 f_{IN} 通过比较器变成快速上升/下降的窄脉冲，去触发MMV而随即产生定宽度(定时 T_W)、定幅度(V_m)的输出脉冲序列。将此脉冲列经LPF平滑取平均值，就可得到正比于 f_{IN} 的输出电压 V_O。

(2) 常用 F/V 转换器

实现F/V转换可以采用专用FVC电路，如FVC4700系列和FVC2917等，但实现经常采用的是压频互变的器件。下面介绍一下LM×31的FVC用法。

LM×31是一种压频互变的器件，这里仅介绍实现FVC转换的电路，如图6-18所示。

图5-26中，R_t、C_t 仍为产生内定时比较器 A_2 翻转控制器信号的定时积分元件，即 R_t、C_t 与内比较器 A_2、单稳触发器FF以及复位晶体管VT构成了MMV，可产生定时 T_W(=1.1 R_tC_t)脉冲。R_S 仍起调节恒流 I_R 大小的作用，I_R=1.9/R_S。频率输入端由外接电容与内输入比较器 A_1 的输入阻抗构成微分电路。

F/V转换的工作原理为：频率信号 f_{IN} 在6端输入，在其脉冲的下降沿时，使内输入比较器 A_1 翻转去触发FF，FF发出定时控制脉冲使开关S接通，同时使晶体管VT截止，+

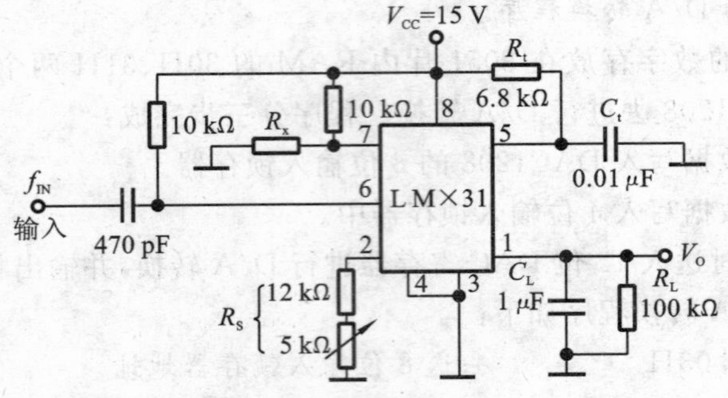

$V_O=2.09f_{IN}\cdot R_t\cdot C_t\cdot R_L/R_S$

图 6-18　LM×31 用作 F/V 转换的外部接线图

V_{CC}电源经 R_t向 C_t充电。

开关 S 导通后，恒流 I_R经 1 端输出，向积分电容 C_L充电，充电电流为 I_R-V_O/R_L，积分输出电压线性上升。同时，C_t经过 T_W时间的充电，使 5 端电位高于内比较器 A_2的阈值，则 A_2翻转去触发 FF，FF 发出控制脉冲，使开关 S 断开，同时 VT_1导通，C_t迅速放电。

S 断开后，C_L经 R_L自行放电，放电电流为 V_O/R_L，积分输出电压下降。

上述整个过程在频率输入信号 f_{IN}的一个脉冲周期中完成，当 f_{IN}的下一个脉冲的下降沿结束时，上述过程重复进行。这样就构成一个振荡周期为 $1/f_{IN}$的振荡器。

根据电荷平衡的原理可知

$$(I_R-V_O/R_L)\cdot T_W=V_O/R_L(1/f_{IN}-T_W)$$

式中，$I_R=1.9/R_S$，$T_W=1.1R_tC_t$。整理得由输入频率信号转换而来的电压输入为

$$V_O=2.09f_{IN}\cdot R_t\cdot C_t\cdot R_L/R_S$$

图 6-19 为精密转换电路，运算放大器 A 提供缓冲输出并实现双极点滤波器的作用。采用此电路可提高 F/V 转换精度和响应速度，对于高于 1 kHz 的频率，波纹峰值小于 5 mV。但输入频率低于 200 Hz 时，其输出波动要比图 6-18 中的大，对此在设计时应予以考虑。

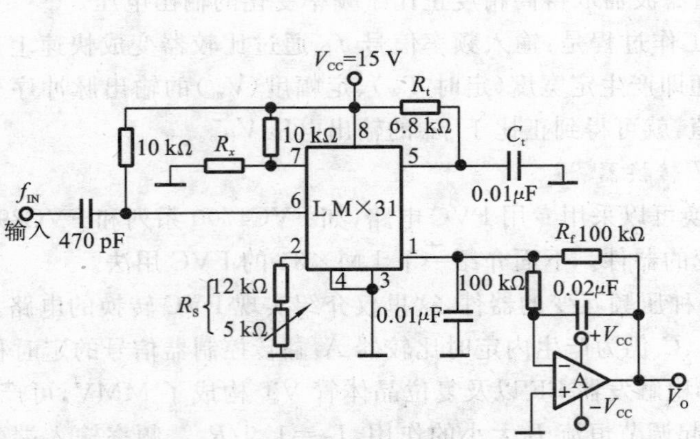

图 6-19　精密 F/V 转换电路

思考与练习

1. 试说明 D/A 转换的工作原理。

2. 使用 D/A 转换器产生三角波，试编程实现。

3. 用 8031 单片机和 DAC0832D/A 转换器产生梯形波，梯形波的斜边采用步幅为 1 的线性波，幅度为 00H～80H，水平部分维持 1 ms，采用定时器维持，写出梯形波产生的程序。

4. 在一个 8031 单片机与一片 DAC 0832 组成的应用系统中，DAC 0832 的地址为 7FFFH，输出电压为 0～5 V。试画出有关逻辑框图，并编写产生矩形波，其波形占空比为 1∶4，高电平时电压为 2.5 V，低电平时为 1.25 V 的转换程序。

5. 在一个 f_{osc} 为 6 MHz 的 8031 系统中接有一片 D/A 器件 DAC 0832，它的地址为 7FFFH，输出电压为 0～5 V。请画出有关逻辑框图，并编写一个程序，使其运行后能在示波器上显示锯齿波（设示波器 X 方向扫描频率为 50 μs/格，Y 方向扫描频率为 1 V/格）。

6. F/V 转换的作用是什么？

任务三　常用执行器

任务要求

✧掌握继电器的应用

✧伺服电动机的应用

✧步进电动机的应用

✧了解电磁阀、变频器控制

相关知识

执行器或执行机构是计算机控制系统中重要的组成部分，它的作用是把微机发出的控制信号转换成调整机构的动作，使生产过程按规定的要求进行。也就是说，它是实现微机对被控对象实施控制的执行者，前面各环节的作用最终要由它来体现。若选择和运用不当，往往会给生产带来许多困难，甚至造成严重的生产事故。因此，必须十分重视执行器的使用。

执行器的种类繁多，由于篇幅所限，这里只介绍固态继电器、伺服电动机、步进电动机、电磁阀、变频器等几种常用器件。

1. 固态继电器

固态继电器（SSR）是一种元触点通/断功率型电子开关。当施加触发信号后其主回路呈导通状态，无信号时呈阻断状态。它利用电子技术实现控制回路（输入端）与负载回路（输出端）之间的电隔离和信号耦合，而没有任何可活动部件或触头，实现了与电磁继电器一样的功能，故称为固态继电器。与普通电磁式继电器相比，它具有体积小、开关速度快、无机械触点和机械噪声、开关无电弧、耐冲击、抗有害气体腐蚀、寿命长等优点，因而在微机控制系统中得到了广泛的应用。

(1) 固态继电器的结构原理

固态继电器通常是四端组件，即两个输入端、两个输出端，图 6-20 为其结构框图。

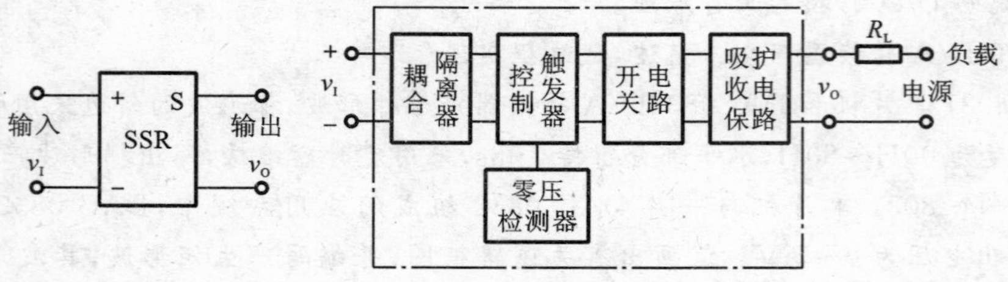

(a) (b)

图 6-20 固态继电器的原理框图

它一般由五部分组成，其中耦合隔离器的作用是使输入与输出两端电气上完全隔离；控制触发器用于为后级开关电路导通提供触发；吸收保护电路的功能是防止电源的尖峰和浪涌损坏开关电路一般采用的 RC 串联网络或压敏电阻；零压检测器用于控制开关开通时刻消除射频干扰；开关电路用来接通或关断直流和交流负载的大功率器件。

(2) 固态继电器的分类

根据负载端所加电压的不同，SSR 可分为直流型和交流型两种，交流型产品又有单相用和三相用之分。直流型 SSR 内部的开关元件为功率晶体管，交流型 SSR 的开关元件为双向晶闸管和两支反并联的单向晶闸管。交流型 SSR 按控制触发方式不同可分为过零型和非过零型两类，其中应用最广泛的是过零型。过零型交流 SSR 是指当加入控制信号后，交流电压过零时固态继电器为通态；而当断开控制信号后，SSR 要等交流电的正负半周的零电位时(严格说是负载电流小于晶闸管导通的维持电流时)SSR 才断开。这种设计能防止高次谐波的干扰。

非过零型 SSR 的关断条件与过零型 SSR 相同，但其通态条件简单，只要加入控制信号即可。直流型 SSR 的控制信号(输入)与输出完全同步。图 6-21(a)、(b)、(c)所示分别为直流、单相交流型 SSR 输入/输出的关系波形。

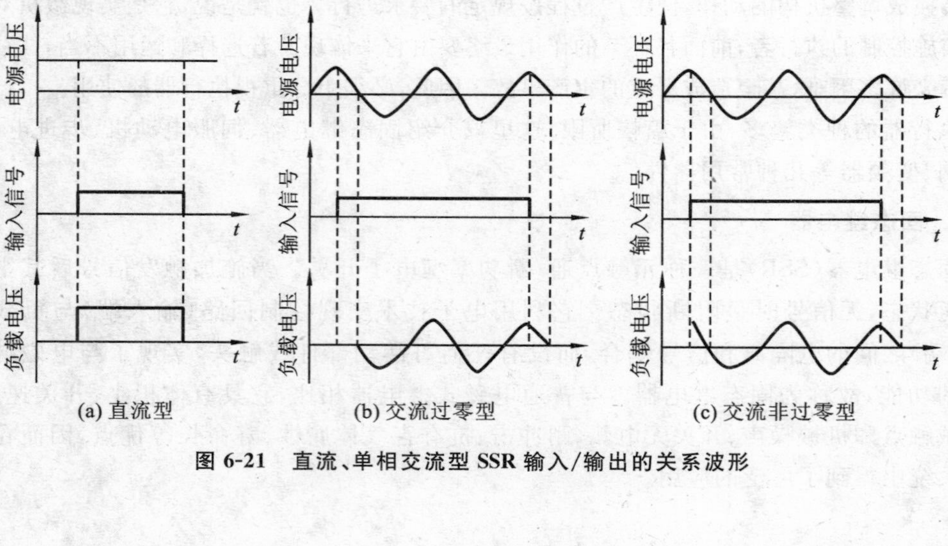

(a) 直流型 (b) 交流过零型 (c) 交流非过零型

图 6-21 直流、单相交流型 SSR 输入/输出的关系波形

(3) SSR输入端的驱动及使用注意事项

SSR输入5～10 mA电流时SSR通，而小于1 mA时SSR断；输入端工作电压通态一般不低于3 V，断态一般小于1 V。图6-22为几种基本的SSR输入端驱动方式。

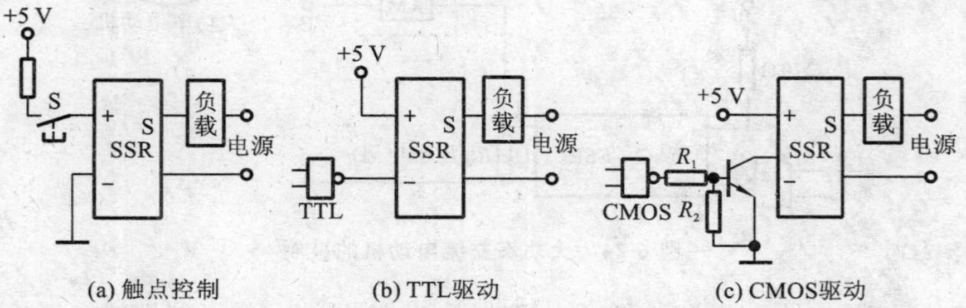

图6-22　几种基本的SSR输入端驱动方式

使用SSR时的注意事项：

①对于直流型SSR，当负载为感性时（如直流电磁阀或电磁铁），应在负载两端并联一只二极管。二极管电流应等于工作电流，电压应大于工作电压的4倍，且SSR应尽量靠近负载。

②大功率的SSR应加瞬间过电压保护。由于电源上电时RC回路的充放电会产生误动作，大功率的SSR无RC吸收保护网络环节。为此，可采用压敏电阻保护。

③过电流保护。由于负载断路、浪涌电流等易造成SSR器件损坏，因此，一般应按额定电流的10倍以上浪涌电流值来选择合适的SSR。保护措施最好采用快速熔断器或电源中串接限流电抗器。

④SSR的负载能力受工作环境温度影响较大，温度升高，负载能力随之下降。故在选用时应留有一定余量，并注意散热处理。

(4) 单片机对固态继电器的控制接口

图6-23和图6-24分别是单片机通过固态继电器驱动小功率和大功率交流电动机的典型应用实例。

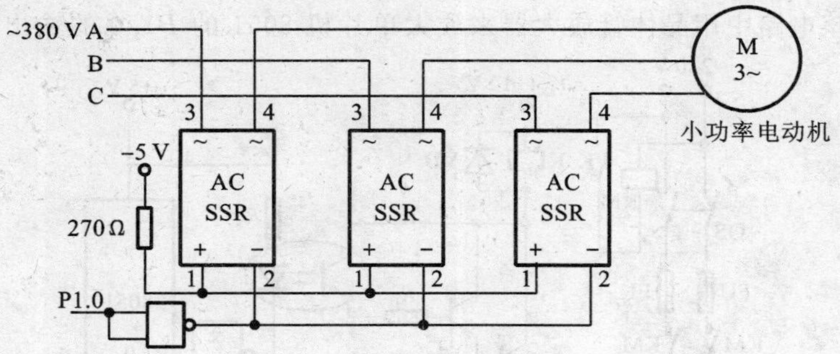

图6-23　小功率交流电动机的控制

2. 伺服电动机

伺服电动机亦称执行电动机，它具有服从控制信号要求而动作的功能：在信号到来之

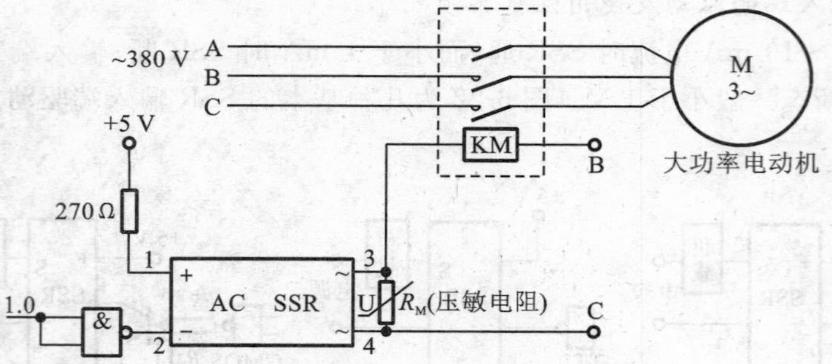

图 6-24　大功率交流电动机的控制

前,转子静止不动;信号到来之后,转子立即转动;当信号消失,转子能即时自行停转。由于这种"伺服"性能而得名的伺服电动机,控制性能较好、功率也不大。常用的伺服电动机有交流和直流两大类。

(1) 交流伺服电动机

这种电动机的任务是将电信号转换为轴上的角位移和角速度的变化。伺服电动机应具有的基本性能是:良好的可控性、运行稳定和快速响应。它的输出功率一般是 0.1～100 W,最常用的是 30 W 以下的。其电源频率为 50 Hz 时,电压为 36 V、110 V、220 V、380 V;电源频率为 400 Hz 时,电压为 20 V、26 V、36 V、115 V。伺服电动机不仅需具有启、停的伺服性,而且还需具有对转速大小和方向的可控性。根据不同的用途,可采用以下三种控制方法。

第一种为幅值控制,即保持控制电压的相位不变,仅仅通过改变其幅值来进行控制。第二种为相位控制,即保持控制电压的幅值不变,仅仅改变其相位来进行控制。第三种为幅-相控制,即同时改变控制电压的幅值和相位来进行控制。这三种控制方法的实质是利用改变正转与反转旋转磁通势大小的比例,来改变正转与反转电磁转矩大小,从而达到改变合成电磁转矩和转速的目的。

图 6-25 是交流伺服电动机的一个驱动电路,它是仅控制伺服电动机静止、旋转和停止的典型线路。该电路中用晶体管放大器来放大单片机 8051 的 $P1.0$ 的输出信号,当 $P1.0$

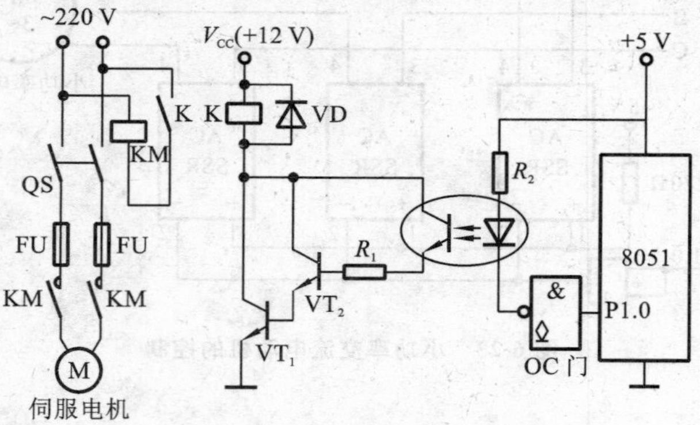

图 6-25　单相交流伺服电动机驱动电路

为高电平时，光电耦合器接通，直流大功率继电器 K 的线圈就能流过来自电源 E 的电流，使继电器触点闭合，从而使接触器 KM 线圈通电，共触点闭合，电动机启动。停止旋转时，只要 $P1.0$ 为低电平即可。

(2) 直流伺服电动机

直流伺服电动机作为执行元件，系统对其主要要求是下垂的机械特性、线性调节特性和对控制信号能做出快速响应。

它通常应用在功率稍大的系统中，其输出功率一般为 1～600 W，也有达数千瓦的；电压有 6 V、9 V、12 V、24 V、27 V、48 V、110 V、220 V 等。

在直流伺服系统中常用的是电磁式和永磁式直流伺服电动机。其工作原理与普通直流电动机的相同，只要在其励磁绕组中有电流通过且产生了磁通，此时电枢绕组中通有电流时，则这个电枢电流与磁通相互作用而产生转矩使伺服电动机投入工作。只要两个绕组中有一个断电，电动机就立即停转，而不像交流伺服电动机那样有“反转”现象，所以直流伺服电动机是一种较理想的执行元件。

直流伺服电动机有两种控制方法：一个是用电枢绕组来进行控制；另一个是用励磁绕组来进行控制。前者机械特性和调节特性的线性度较好，而且特性曲线族是一组平行线；当只有励磁绕组通电时，输入损耗小、控制回路电感小、响应迅速，故在系统中广泛应用，而后者只用于小功率电动机中。

电磁式电枢控制的电流伺服电动机在使用时，要先接通励磁电源，然后再加上电枢电压。在工作过程中，一定要避免励磁绕组断电，以免电枢电流过大和造成电动机超速。在用晶闸管整流电源时，最好采用三相全控桥式整流电路；在选用其他电路时，应有适当的滤波装置，不然直流伺服电动机只能在降低容量情况下使用。

随着电力电子技术的发展，GTO、功率 MOSFET、IGBT 等新型器件出现，使直流伺服电动机的驱动能力在高性能、高可靠、低成本方面取得了很大进展。

3. 步进电动机

步进电动机是一种将电脉冲转换成相应角位移或线位移的电磁机械装置，具有快速启停的能力。在电动机的负荷不超过它能提供的动态转矩时，可以通过输入脉冲来控制它在一瞬间的启动或停止。步进电动机的步距角和转速只与输入的脉冲频率有关，与环境温度、气压、振动无关，也不受电网电压波动和负载变化的影响。因此，步进电动机多应用在需要精确定位的场合。

(1) 步进电动机的控制原理

三相步进电动机定子上有 6 个磁极，每两个相对磁极上绕有一相绕组，以 U、V、W 表示。定子两个相邻磁极之间的夹角为 60°，各磁极上还有 5 个均匀分布的矩形小齿。电动机转子上没有绕组，它上面有 40 个矩形小齿均匀分布在圆周上，相邻两个齿之间的夹角(即齿距角)为 9°。

当某相绕组通电时，相应的两个磁极就分别形成 N-S 极，产生磁场，并与转子形成磁路。如果这时定子的小齿与转子的小齿没有对齐，则在磁场的作用下，转子将转动一定的角度，使转子齿与定子齿对齐，从而使步进电动机向前“走”一步。

①步进电动机的控制。

如果通过单片机按顺序给绕组施加有序的脉冲电流，就可以控制电动机的转动，从而实现了数字到角度的转换。转动的角度大小与施加的脉冲数成正比，转动的速度与脉冲频率成正比，而转动的方向则与脉冲的顺序有关。以三相步进电动机为例，电流脉冲的施加共有三种方式。

a. 单三拍方式——按单相绕组施加电流脉冲，如图 6-26 所示。

b. 双三拍方式——按双相绕组施加电流脉冲，如图 6-27 所示。

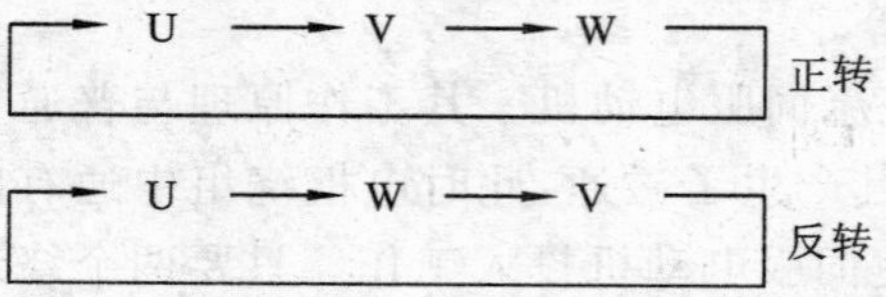

图 6-26　单三拍方式

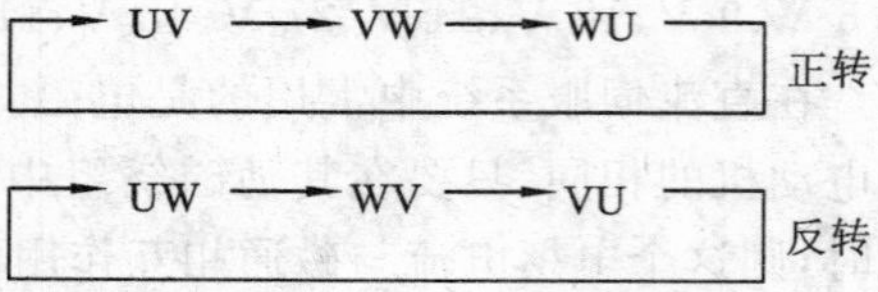

图 6-27　双三拍方式

c. 六拍方式——单相绕组和双相绕组交替施加电流脉冲，如图 6-28 所示。

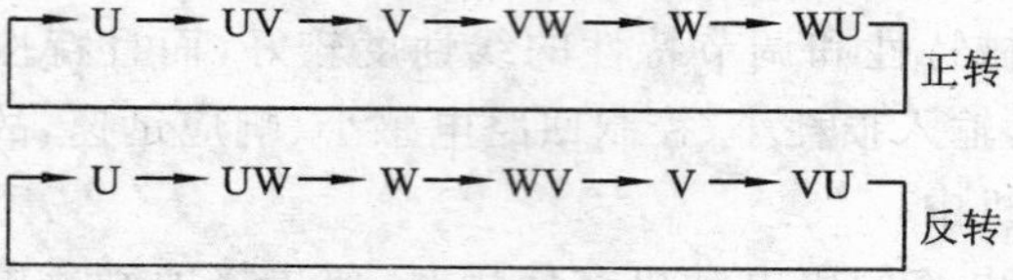

图 6-28　六拍方式

单三拍方式的每一拍步进角为 3°，六拍的步进角则为 1.5°。因此在六拍方式下，步进电动机的运行平稳柔和，但在同样的运行角度与速度下，六拍驱动脉冲的频率需要提高一倍，对驱动开关管的开关特性要求较高。

②步进电动机的驱动方式。

步进电动机常用的驱动方式是全电压驱动，即在电动机移步与锁步时都加载额定电压。为防止电动机过电流及改善驱动特性，需加限流电阻。由于步进电动机锁步时，限流电阻要消耗掉大量的功率，因此，限流电阻要有较大的功率容量。

步进电动机的另一种驱动方式是高低压驱动，即在电动机移步时加额定或超过额定值的电压，以便在较大电流驱动下，使电动机快速移步；而在锁步时则加低于额定值的电压，只让电动机绕组流过锁步所需的电流值。这样既可以减少限流电阻的功率消耗，又可以提高电动机的运行速度。高低压驱动方式的电路要复杂一些。

下面以高低压驱动方式为例进行说明，其电路如图 6-29 所示。

当电动机移步时，单片机除向 VT2、VT3、VT4 发出相应控制信号外，还通过 P1.0 使 VT1 导通。+24 V 驱动电压经过 VT1 加到步进电动机相应绕组上，实现高压移步。经过一段时间延迟后，单片机将 VT1 关闭，这样锁步电压就经 VD 加到步进电动机相应绕组上，实现低压锁步。

驱动脉冲的分配可以使用硬件方法，即使用脉冲分配器实现。现在脉冲分配器已经标准化、芯片化，市场上可以买到，但硬件方法不但结构复杂，而且成本也较高。

步进电动机的控制(包括控制脉冲的产生和分配)也可以使用软件方法，即使用单片机

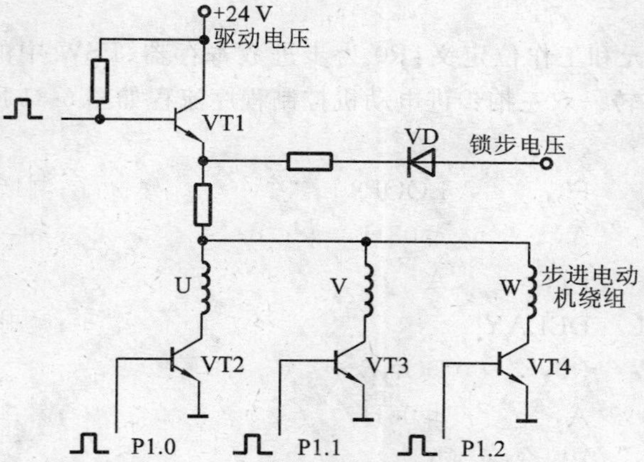

图 6-29　步进电动机高低压驱动电路

实现，这样不但简化了电路，而且也降低了成本。使用单片机以软件方式驱动步进电动机，不但可以通过编程方式在一定范围之内自由地设定步进电动机的转速、往返转动的角度以及转动次数等，而且还可以方便灵活地控制步进电动机的运行状态，以满足不同用户的要求。因此，常把单片机步进电动机控制电路称为可编程步进电动机控制驱动器。

(2) 步进电动机的单片机控制

步进电动机控制的最大特点是开环控制，不需要反馈信号，因为步进电动机的运动不产生旋转量的误差积累。由单片机实现的步进电动机控制系统如图 6-30 所示。

图 6-30　单片机控制步进电动机控制原理

假定 8051 的 P1 口接步进电动机的绕组，输出控制电流脉冲。其中 P1.0 接 U，P1.1 接 V，P1.2 接 W。

下面以双三拍和六拍的控制方式进行编程，工作方式及控制字如表 6-1 所示。

表 6-1　三相步进电动机工作方式及控制字

方　式	步　序	P1.2(W 相)	P1.1(V 相)	P1.0(U 相)	通电绕组	控　制　字
三相双三拍式	1 步	0	1	1	UV 相	03H
	2 步	1	1	0	VW 相	06H
	3 步	1	0	1	WU 相	05H
三相六拍方式	1 步	0	0	1	U 相	01H
	2 步	0	1	1	UV 相	03H
	3 步	0	1	0	V 相	02H
	4 步	1	1	0	VW 相	06H
	5 步	1	0	0	W 相	04H
	6 步	1	0	1	WU 相	05H

①双三拍控制。

设有如下工作单元和工作位定义：R0 为步进数寄存器；PSW 中的 F0 为方向标志位，F0＝0 正转，F0＝1 反转。双三拍步进电动机控制程序流程如图 6-31 所示。

参考程序如下：

```
ROUTN:JB       F0,       LOOP2              ;判断正反转
LOOP1: MOV     A,        #03H               ;第一拍控制码
       MOV     P1,       A
       LCALL   DELAY                        ;延时
       DJNZ    R0,       DONE
       MOV     A,        #06H               ;第二拍控制码
       MOV     P1,       A
       LCALL   DELAY                        ;延时
       DJNZ    R0,       DONE
       MOV     A,        #05H               ;第三拍控制码
       MOV     P1,       A
       LCALL   DELAY                        ;延时
       DJNZ    R0,       DONE
       AJMP    LOOP1                        ;循环
LOOP2: MOV     A,        #03H               ;反转
       MOV     P1,       A
       LCALL   DELAY                        ;延时
       DJNZ    R0,       DONE
       MOV     A,        #06H
       MOV     P1,       A
       LCALL   DELAY
       DJNZ    R0,       DONE
       AJMP    LOOP2                        ;循环
DONE:  RET                                  ;返回
```

②六拍控制。

在双三拍的程序中，P1 口输出的控制字是在程序中给定的；而在六拍的控制中，由于控制字较多，因此可以把这些控制字以表的形式预先存放在 ROM 中，运行程序时以查表的方式逐个取出并输出。

六拍步进电动机程序流程如图 6-32 所示。

参考程序如下：

```
ROUTN:JB       F0,       LOOP2              ;判断正反转
       MOV     DPTR,     #POINT             ;建立正转数据指针
LOOP1: CLR     A
       MOVC    A,        @A+DPTR            ;查表读控制字
```

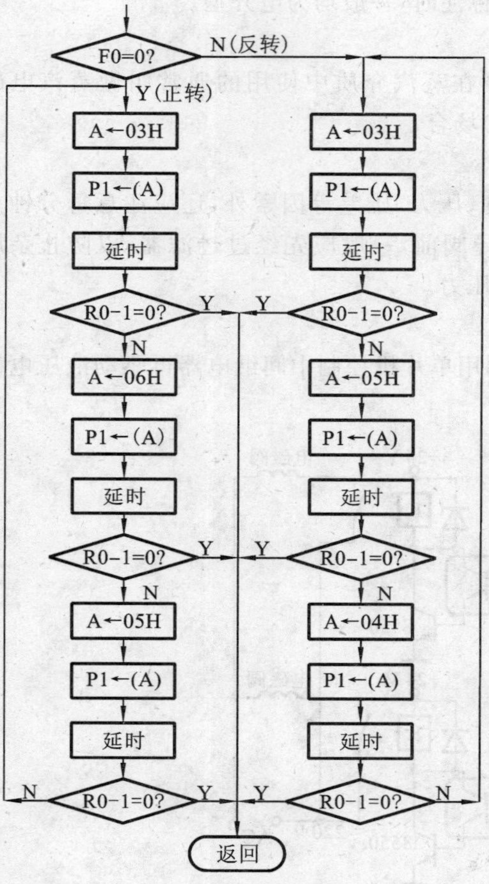

图 6-31 双三拍步进电动机控制流程

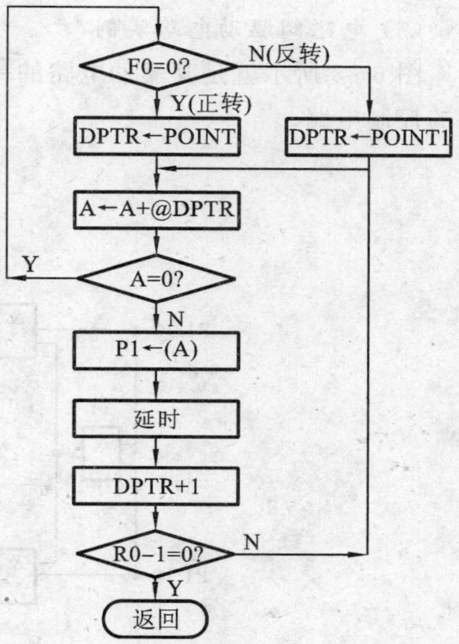

图 6-32 六拍步进电动机控制流程

```
        JZ      ROUTN                               ;循环标志转
        MOV     P1,     A
        LCALL   DELAY                               ;延时
        INC     DPTR                                ;指针加
        AJMP    LOOP3
LOOP2:  MOV     DPTR,   #POINT                      ;建立反转数据指针
        AJMP    LOOP1
LOOP3:  DJNZ    R0,     LOOP1                       ;判断步数到否
DELAY:                                              ;延时子程序略
        RET
POINT:  DB      01H,03H,02H,06H,04H,05H,00H         ;正转,00H 作为结束标志
        DB      01H,05H,04H,06H,02H,03H,00H         ;反转,00H 作为结束标志
```

4. 电磁阀

电磁阀是常用的二位式电动执行器,它是依靠电磁力工作的。它有电开型(通电阀打

开)和电闭型(通电阀闭合)两种。当产品样本未标注时,一般均为电开型。

(1) 电磁阀的选用

电磁阀一般按使用介质或用途来命名,如可在蒸汽介质中使用的通常叫做蒸汽电磁阀。不同结构的电磁阀适合用于不同压力(压差)场合。

(2) 使用时注意事项

除一般应考虑工作介质的温度、黏度、腐蚀度、压力、压差等因素外,还应注意每分钟允许通断的工作次数,以防止线圈烧坏;介质进入导阀前,一般应先经过过滤器,以防止杂质堵塞阀门;流体压力应大于电磁阀铭牌上标注的压力。

(3) 电磁阀驱动电路实例

图 6-33 所示就是其驱动电路的一种,它是利用单片机控制中间继电器再驱动液压电磁阀的控制电路。

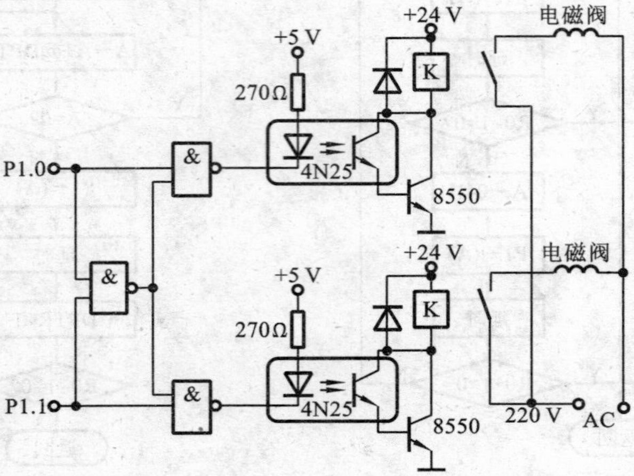

图 6-33　电磁阀驱动电路

5. 变频器

变频器作为电气调整的主要组成部分,广泛用于风机、水泵、压缩机等流体机械和纺织、化纤、塑料、化学等工业领域,可用来改善控制性能、节能、提高产品质量和数量。本小节介绍变频器的性能和使用方法。

(1) 变频器的类型

工业中使用的变频器可分为通用变频器和专用变频器。通用变频器用于工业驱动交流电动机;专用变频器用于特定的控制对象。通用变频器按容量可分为中小容量变频器和大容量变频器;按输入、输出电压分为低压变频器和高压变频器。

(2) 变频器调速的基本控制方式

根据电机学原理,交流异步感应电动机的转速、电动势和转矩公式分别为

$$n = 60 f_1 (1 - s)/p$$

$$E_1 = C_E f_1 \Phi$$

$$T = C_T I_2 \Phi$$

式中:E_1 为相电动势(如果忽略定子绕组漏抗,E_1 等于定子相电压 U_1);C_E 为电动势常数(C_E

$=4.44K_1$）；C_T为转矩常数；I_2为转子电流。

从上述公式可以看出，若连续改变定子电流频率 f_1，则可以相应地改变电动机的参数。在频率增加而电压U_1保持不变的情况下，随着转速的升高，气隙磁通 Φ 将相应减少。气隙磁通的减少将会导致电动机允许输出的转矩下降，严重时会出现堵转现象，反之，在频率减小而电压U_1保持不变的情况下，随着转速的下降，气隙磁通 Φ 会相应增多，气隙磁通的增多势必导致电动机磁路的饱和，励磁电流 I_d的上升，于是会急剧增加损耗，恶化运行条件。由 $E_1=C_E f_1 \Phi$ 可知，Φ 值由 E_1和 f_1共同决定，只要对 E_1和 f_1进行适当的控制，就可以使气隙磁通 Φ 保持额定值不变。

调速控制是综合基频以下的恒磁通和基频以上的弱磁两种情况的异步电动机变频调速，其基本控制方式如图 6-34 所示。

(3) 变频器的构成

通用变频器的基本结构如图 6-35 所示，由主回路和控制回路两部分组成，主回路包括整流器、中间直流环节、逆变器。

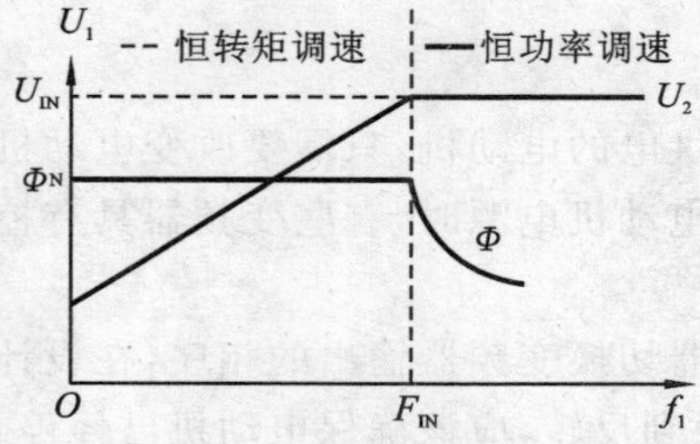

图 6-34　异步电动机变频调速时的控制特性

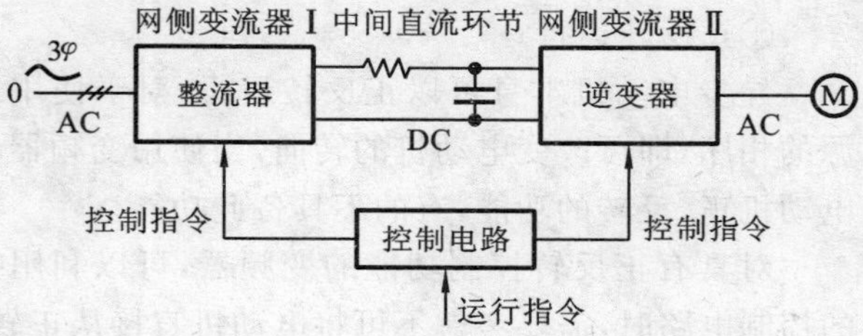

图 6-35　变频器的基本结构

①整流器。

电网侧的变流器Ⅰ是整流器，它的作用是把三相（也可以单相）交流电整流成直流。

②逆变器。

负载侧的变流器Ⅱ为逆变器。最常用的结构是利用 6 个半导体开关器件组成的三相桥式逆变电路。有规律地控制逆变器中各主开关 S1～S6 的通与断，可以得到任意频率的三相交流输出。三相逆变器等效电路如图 6-36 所示。把开关换成绝缘栅双极晶体管（IGBT），如图 6-37 所示，就组成了实际逆变器。

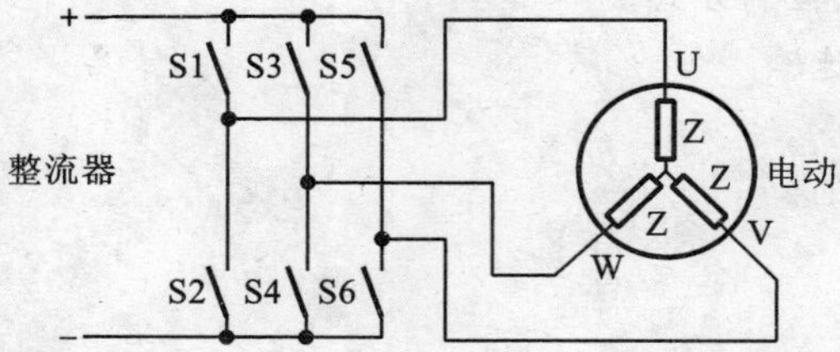

图 6-36　三相逆变器等效电路

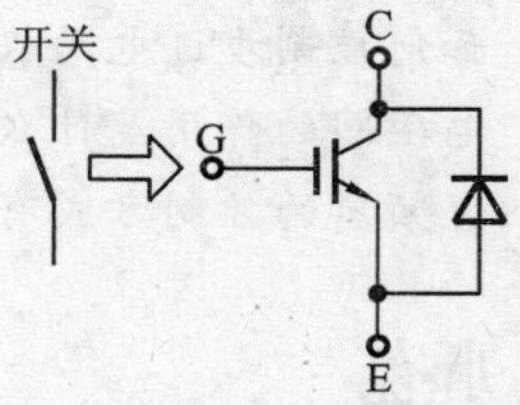

图 6-37　每个桥臂的晶体管开关

③中间直流环节。

由于逆变器的负载是电动机，属于感性负载。无论电动机处于电动状态或发电制动状态,其功率因数总不会是1。因此,中间环节和电动机之间总会有无功功率的交换,这种无功能量要靠中间直流环节的储能元件(电容器或电抗器)来缓冲。所以又常称中间直流环节为中间直流储能环节。

④控制电路。

控制电路常由运算电路、检测电路、控制信号的输入输出电路和驱动电路等构成。其主要任务是完成对逆变器的开关控制,对整流器的电压控制及各种保护功能等。控制方法可以采用模拟控制或数字控制。高性能的变频器目前已经采用微型计算机进行全数字控制,采用尽可能简单的硬件电路,主要靠软件完成各种功能。由于软件的灵活性,数字控制方式常可以完成模拟控制方式很难完成的功能。

利用计算机的串行通信功能可以完成操作功能,可以实现一些操作。新一代变频器均具有标准通信接口,用户可以利用通信接口在远处对变频器进行集中控制,适应了自动化要求。在变频器中使用的串行通信接口通常为标准RS458接口,这种接口具有控制距离远、抗干扰能力强等特点。

(4) 变频器的运行方式

①正反转运行。

异步电动机本身可以正反转运行,对于使用工频供电的电动机,只需要改变电动机电源的相序,即可改变电动机的转向,当使用变频器作为电动机电源时,有些变频器具有控制电动机正、反转的功能,有的不具备此功能。

对具有正反转控制功能的变频器,可以利用接触器切换变频器输出的相序,在设计它的控制电路时,需要考虑不可将电动机直接从正转切换到反转,应该确保电动机已经停止,再切换到反转,否则,切换的过程中会产生很大的电流,将会对变频器和电动机造成损害。

②多级速度运行。

多级速度运行主要用在生产过程中对应不同状况要求不同转速的场合。例如,运输车在运输物品时低速行驶,卸载后高速返回。多级速度运行是一种简单的顺序速度控制,每一过程的频率及运行时间可以自由设定。不同变频器可以设定的级数不同,通常有7级。

思考与练习

1. 试述固态继电器的作用与分类。
2. 试述交流、直流伺服电动机的工作原理、控制方式。
3. 如何控制步进电动机的正转、反转及转速?
4. 电磁阀的作用是什么?
5. 变频器的控制方式有哪些?

项目小结

A/D和D/A转换器是计算机与外界联系的重要途径。计算机只能处理数字信号,因此当计算机系统中需要控制和处理温度、速度、电压、电流、压力等模拟量时,就需要采用A/D和D/A转换器。

A/D 转换器、D/A 转换器是数据采集系统的关键部件，分辨率、转换精度、转换速度和转换时间是 A/D 转换器、D/A 转换器的重要参数，设计人员在进行系统设计时，关键是要合理选用 A/D、D/A 转换芯片，了解它们的性能以及与单片机之间的接口方法。

D/A 转换器的主要技术指标有 D/A 转换速度（建立时间）和 D/A 转换精度（分辨率）。其中，转换速度一般在几十秒到几百微秒之间，转换精度一般为 8、10、12 位。本项目重点介绍了转换器芯片 DAC0832 的工作原理、单缓冲方式的接口及应用。

D/A 转换器的主要特性指标包括以下几方面：分辨率、线性度、转换精度、建立时间、温度系数。

DAC0832 是 8 位双缓冲 D/A 转换器，片内带有数据锁存器，可与通常的微处理器直接连接。电路有极好的温度跟随性。使用 CMOS 电流开关和控制逻辑来获得低功耗和低输出泄漏电流误差。

根据对 DAC0832 的输入锁存器和 DAC 寄存器的不同的控制方法，DAC0832 有 3 种工作方式：单缓冲方式、双缓冲方式、直通方式。

项目测试

一、填空题

1. DAC0832 是________位________结构的 D/A 转换器芯片。

2. DAC1208 是________位________结构的 D/A 转换器芯片。

3. 设 DAC0832 经运算放大器输出最大模拟电压为＋5 V，若需要输出＋3 V 电压，则对应输入的数字量为________ H。

4. D/A 转换器芯片 DAC1208 中，既可作为高字节，又可作为低 4 位控制锁存使用的是________信号。

5. 满量程为 10 V 的 8 位 DAC 芯片的分辨率为________，一个同样量程的 16 位 DAC 的分辨率高达________。

6. 要进行 0 V 到 5 V 的 A/D 转换，要求量化误差小于 3 mV，应该选取分辨率至少为________位的 D/A 转换器。

7. D/A 转换器的主要技术指标有________、________、________、________。

8. DAC0832 芯片是________位 D/A 转换器。

9. DAC0832 的三种工作方式为________、________、________。

10. 使用双缓冲方式的 D/A 转换器，可实现多路模拟信号的________同时输出。

二、选择题

1. 在应用系统中，芯片内没有锁存器的 D/A 转换器，不能直接接到 MCS-51 单片机的 P0 口上使用，这是因为(　　)。

A. P0 口不具有锁存功能　　B. P0 口为地址数据复用

C. P0 口不能输出数字量信号　　D. P0 口只能用作地址输出而不能用作数据输出

2. 在使用多片 DAC0832 进行 D/A 转换并分时输入数据的应用中，它的两级数据锁存结构可以(　　)。

A. 保证各模拟电压能同时输出　　B. 提高 D/A 转换速度

C. 提高 D/A 转换精度　　D. 增加可靠性

3. 使用 D/A 转换器再配以相应的程序,可以产生锯齿波,该锯齿波的(　　)。

A. 斜率是可调的　　B. 幅度是可调的

C. 极性是可变的　　D. 回程斜率只能是垂直的

4. 与其他接口芯片和 D/A 转换器芯片不同,A/D 转换芯片中需要编址的是(　　)。

A. 用于转换数据输出的数据锁存器　　B. A/D 转换电路

C. 模拟信号输入的通道　　D. 地址锁存器

5. DAC0832 的分辨率是________。

A. 8 位　　B. 12 位　　C. 12 位　　D. 16 位

6. DAC0832 的工作方式通常为________。

A. 直通工作方式　　B. 单缓冲工作方式

C. 双缓冲工作方式　　D. 单缓冲、双缓冲和直通工作方式

7. DAC0832 是一种________芯片。

A. 8 位模拟量转换成数字量　　B. 16 位模拟量转换成数字量

C. 8 位数字量转换成模拟量　　D. 16 位 A/D 数字量转换成模拟量

8. DAC1208 的输入锁存地址值为 010B,则选择的通道为________。

A. 8 位输入锁存　　B. 4 位输入锁存

C. 8 位、4 位输入锁存　　D. 不锁存

9. 在描述 D/A 转换器性能的参数中,通常所说的 D/A 转换器的位数指的是 D/A 转换器的________。

A. 分辨率　　B. 转换精度　　C. 转换时间　　D. 转换速率

10. 要想将数字送入 DAC0832 的输入缓冲器,其控制信号应满足________。

A. ILE=1,$\overline{CS}$=1,$\overline{WR_1}$=0　　B. ILE=1,$\overline{CS}$=0,$\overline{WR_1}$=0

C. ILE=0,$\overline{CS}$=1,$\overline{WR_1}$=0　　D. ILE=0,$\overline{CS}$=0,$\overline{WR_1}$=0

三、简答题

1. 8 位单极性 D/A 转换器的满刻度电压值为+10 V,当数字输入量分别为 7FH、81H、F3H 时,试计算模拟输出电压值。

2. 简述 D/A 转换的作用及原理。

3. 使用 DAC0832 时,单缓冲方式如何工作?双缓冲方式如何工作?它们各占用 8051 外部 RAM 的哪几个单元?软件编程有什么区别?

四、综合应用

函数信号发生器的设计。

① 采用 DAC0832 编程实现三角波、方波和正弦波的波形发生器。

② 波形切换可采用单片机外部中断扩展电路,通过不同按键产生所需要的输出波形。

项目 7

数字控制器

知识目标

1. 了解数字控制系统的概念；
2. 掌握数字控制系统的工作原理；
3. 掌握基本 PID 算法；
4. 了解 PID 算法的应用。

能力目标

1. 简单 PID 控制系统的设计；
2. PID 控制系统的应用。

任务一　PID 算法

任务要求

✧掌握 PID 算法概念

✧掌握 PID 算法的表示形式

✧了解 PID 算法的改进形式

✧了解 PID 控制参数的整定及意义

相关知识

1. PID 模拟控制器及其调节规律的数字化

所谓 PID 控制就是比例(Proportional)、积分(Integral)和微分(Differential)控制，对于实际的物理系统，其被控对象通常都有储能元件，这就造成系统对输入作用的响应有一定的惯性。另外，在能量和信息传输过程中，由于管道和传输等原因会引入一些时间上的滞后，这往往会导致系统的响应变差，甚至不稳定。因此，为了改善系统的调节品质，通常会在系统中引入偏差的比例调节，以保证系统的快速性。引入偏差的积分调节以提高控制精度,引入偏差的微分调节来消除系统惯性的影响,这就形成了按偏差 PID 调节的系统,控制结构如图 7-1 所示。其控制规律为

$$u(t) = K_P\left[e(t) + \frac{1}{T_I}\int e(t)\mathrm{d}t + T_D\frac{\mathrm{d}e(t)}{\mathrm{d}t}\right] \tag{7-1}$$

式中:$u(t)$为控制量;$e(t)$为系统的控制偏差;K_P为比例增益;T_I为积分时间;T_D为微分时间。

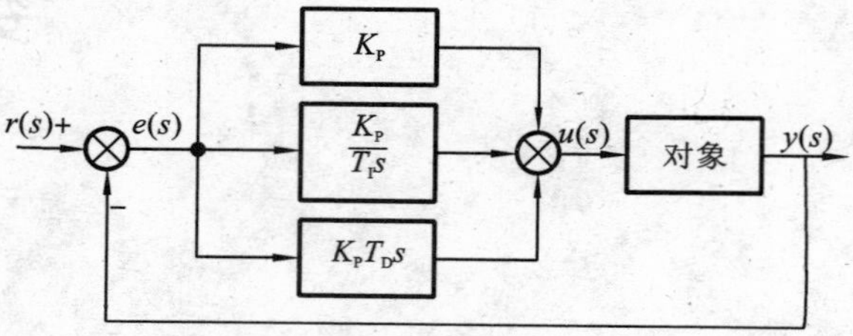

图 7-1　PID 控制系统框图

模拟 PID 调节器的调节规律是由硬件来实现的。在计算机控制系统中,PID 调节算法一般用软件来实现,由于编程的灵活性,它使 PID 控制器的调节功能变得更加丰富和完善。

在计算机控制系统中,为实现 PID 调节算法,应对微分方程式(7-1)离散化。最常见的方法是用式(7-2)计算控制量:即对应于 $t=KT$(其中 T 为采样周期)采样时刻取控制量 $u(k)$为

$$u(k) = K_P\left\{e(k) + \frac{T}{T_I}\sum_{j=0}^{k}e(j) + \frac{T_D}{T}[e(k)-e(k-1)]\right\} \tag{7-2}$$

如果采样周期 T 取得足够小,这种逼近就会相当准确,被控制的过程与连续过程将十分接近,称为"准连续控制"。

公式(7-2)提供了执行机构位置 $u(k)$(如阀门开度)的算法,称为位置式的 PID 控制算法。当执行机构需要的不是控制量的绝对值,而是其增量(如驱动步进电动机)时,可由公式(7-2)导出增量式 PID 控制算法。

$$\begin{aligned}\Delta u(k) &= u(k) - u(k-1)\\ &= K_P\{[e(k)-e(k-1)] + \frac{T}{T_I}e(k) + \frac{T_D}{T}[e(k)-2e(k-1)+e(k-2)]\}\end{aligned} \tag{7-3}$$

或

$$\Delta u(k) = Ae(k) - Be(k-1) + Ce(k-2) \tag{7-4}$$

式中:$A=K_P\left(1+\frac{T}{T_I}+\frac{T_D}{T}\right)$;$B=K_P\left(1+2\cdot\frac{T_D}{T}\right)$;$C=K_P\cdot\frac{T_D}{T}$。

增量式 PID 控制算法较之位置式 PID 控制算法有下列优点。

① 位置式 PID 控制算法的输出量与整个过去状态有关,计算公式中要用到偏差$e(j)$的累加值,容易产生较大的累计误差。而且这样也需占用较多的存储单元,不便于计算机编程。增量式算法的输出量只与 3 个采样值有关,计算误差或精度不足对控制量的计算影响较小。

② 当控制从手动切换到自动时,增量式 PID 调节易于实现无冲击切换。另外,在计算

机发生故障时，由于执行装置本身有寄存作用，故增量控制可使它保持原位。

在实际工程中，增量式算法比位置式算法应用广泛得多。

PID 计算程序可根据精度要求和计算速度选择定点计算和浮点计算。定点计算程序简单，运算速度快但精度有限。浮点计算适应范围宽、精度高，但程序复杂、运算速度慢。

在微机控制中，既要考虑控制器的计算精度，又要考虑系统的实时性、通用性。这里给出一种较为实用的两字节定点 PID 计算方法，精度较高，程序又比较简单，总长为 16 位。图 7-2 给出了 PID 计算程序框图和内存分配图。图 7-3 为两字节定点数格式。为编程方便，设

$$\Delta e(k) = e(k) - e(k-1)$$

$$\Delta^2 e(k) = \Delta e(k) - \Delta e(k-1) = e(k) - 2e(k) + e(k-2)$$

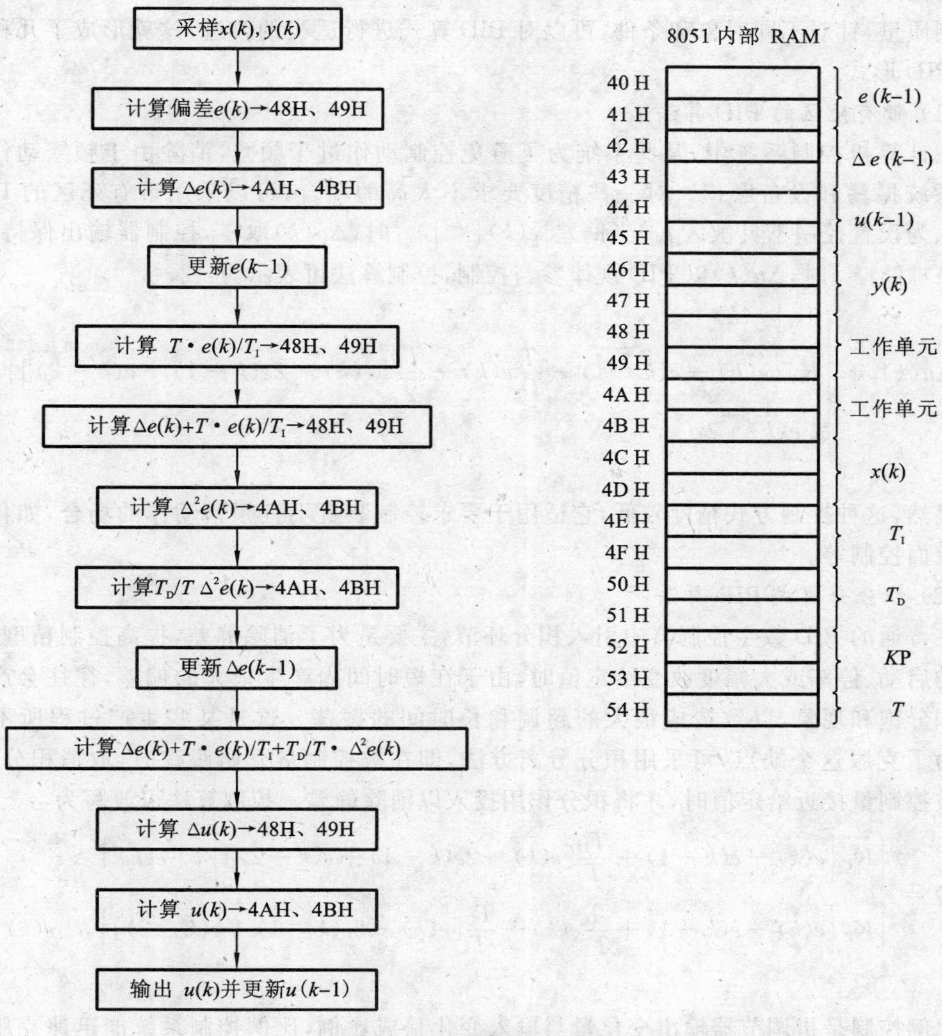

图 7-2　PID 计算程序框图和内存分配图

尾数高 8 位	尾数低 8 位

图 7-3 两字节定点数规格

化简

$$\Delta u(k)=K_{\mathrm{P}}\left(\Delta e(k)+\frac{T}{T_{\mathrm{I}}}e(k)+\frac{T_{\mathrm{D}}}{T}\Delta^{2}e(k)\right)$$

调用程序前将设定值 $x(k)$ 和测量值 $y(k)$ 以两字节定点数形式分别存于 4CH、4DH 和 46H、47H 中。

2. PID 控制器的几种改进形式

前面介绍的 3 种形式是理想的 PID 控制器,但其实际控制效果并不一定理想。为了改善控制质量,针对不同对象和条件,可以对 PID 算式进行适当的改进,这就形成了几种非标准的 PID 形式。

(1) 带有死区的 PID 算法

在计算机控制系统中,某些系统为了避免控制动作过于频繁,消除由于频繁动作所引起的系统振荡和设备磨损。对一些精度要求不太高的场合,可以采用带有死区的 PID 控制。人为设置控制不灵敏区 e_0,当偏差 $|e(k)|<|e_0|$ 时,$\Delta u(k)$ 取零,控制器输出保持不变。当 $|e(k)|\geqslant|e_0|$ 时,$\Delta u(k)$ 以 PID 规律参与控制,控制算法可表示为:

$$\Delta u(k)=\begin{cases}0, & |e(k)|<|e_0| \\ K_{\mathrm{P}}\left\{e(k)-e(k-1)+\dfrac{T}{T_{\mathrm{I}}}e(k)+\dfrac{T_{\mathrm{D}}}{T}[e(k)-2e(k-1)+e(k-2)]\right\}, & |e(k)|\geqslant|e_0|\end{cases} \tag{7-5}$$

显然,这种控制方式精度较低,它适用于要求控制装置不宜频繁动作的场合,如化工过程的液面控制等。

(2) 积分分离式 PID 算法

在普通的 PID 数字控制器中引入积分环节,主要是为了消除静差,提高控制精度,但在过程的启动、停车或大幅度改变给定值时,由于在短时间内产生很大的偏差,往往会产生严重的积分饱和现象,以致造成很大的超调和长时间的振荡。这是某些生产过程所不允许的。为了克服这个缺点,可采用积分分离方法,即在被控制量开始跟踪时,取消积分作用;而当被控制量接近给定值时,才将积分作用投入以消除静差。控制算法可改写为

$$\Delta u(k)=\begin{cases}K_{\mathrm{P}}\left\{e(k)-e(k-1)+\dfrac{T_{\mathrm{D}}}{T}[e(k)-2e(k-1)+e(k-2)]\right\}, & |e(k)|\geqslant\varepsilon \\ K_{\mathrm{P}}\left\{e(k)-e(k-1)+\dfrac{T}{T_{\mathrm{I}}}e(k)+\dfrac{T_{\mathrm{D}}}{T}[e(k)-2e(k-1)+e(k-2)]\right\}, & |e(k)|<\varepsilon\end{cases} \tag{7-6}$$

比例控制是指调节器输出变化量与输入变化量成比例,比例控制系统能迅速克服干扰影响,使系统稳定下来。其优点是反应快、控制及时;缺点是被控对象负荷发生改变时,系统输出存在余差。

比例度是反映比例控制器的比例控制作用强弱的参数。比例度越大，表示比例控制作用越弱。减小比例度，系统的余差越小，最大偏差也越短，系统的稳定程序降低；其过渡过程逐渐以衰减振荡走向临界振荡直至发散振荡。

积分控制是指调节器输出变化量与输入余差积分成正比，积分控制可以消除余差，但输出变化总是滞后于余差变化，不能及时克服扰动影响，使被控变量的波动加剧，使系统难以稳定。

积分时间 T_I表示积分控制作用强弱的参数，积分时间越小，表示积分控制作用越强。积分时间 T_I的减少，会使系统的稳定性下降，动态性能变差，但能加快消除余差的速度，提高系统的静态准确度，最大偏差减小。

微分控制是指调节器输出变化量与输入偏差变化速度成正比，且具有一定的超前控制作用，抑制振动，增强系统稳定。

微分时间 T_D是表示微分控制作用强弱的一个参数。如微分时间 T_D越大，表示微分控制作用越强。增加微分时间 T_D，克服对象的滞后，改善系统的控制质量，提高系统的稳定性，但微分作用不能太大，否则有可能引起系统的高频振荡。

比例调节规律适用于负载变化较小，纯滞后不太大而工艺要求不高又允许有余差的调节系统。

比例积分调节规律适用于对象调节通道时间常数较小，系统负载变化不大(需要消除干扰引起的余差)，纯滞后不大(时间常数不是太大)而被调参数不允许与给定值有偏差的调节系统。

比例积分微分调节规律适用于容量滞后较大，纯滞后不太大，不允许有余差的对象。

程序框图如图 7-4 所示。在单位阶跃信号的作用下，将积分分离式的 PID 控制与普通的 PID 控制响应结果进行比较(见图 7-5)，可以发现，积分分离式 PID 超调小，过渡过程时间短。

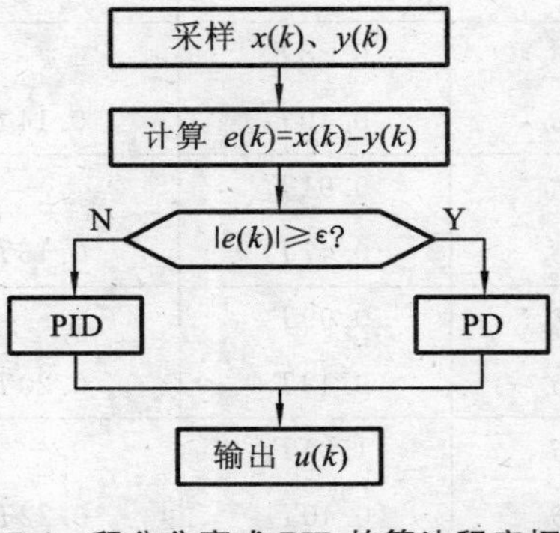

图 7-4　积分分离式 PID 的算法程序框图

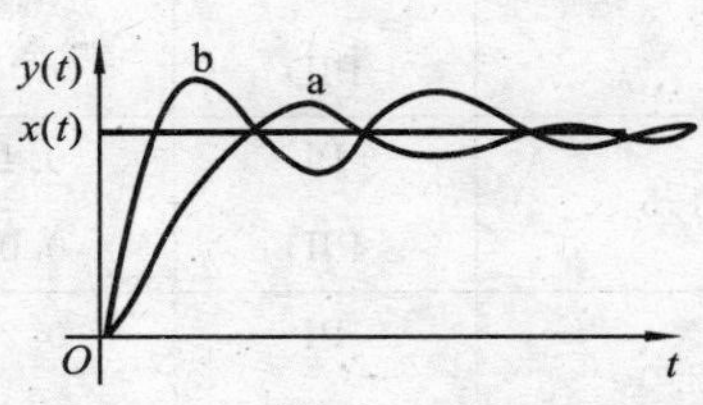

图 7-5　两种控制效果比较

a—积分分离式 PID；b—普通 PID

3. PID 控制参数的整定

为了使控制系统不仅静态特性好，而且稳定性好、过渡过程快，正确地整定 PID 数字控制器参数 K_P、T_I、T_D是非常重要的。在连续控制系统中，模拟调节器参数整定方法非常多，但常用的方法还是简单易行的工程整定法。它的优点是整定参数时不必依赖控制对象的数学模型,另外这种方法也是由经典频率法简化而来的,虽然较粗糙,但很适于现场应用。

下面介绍的两种数字PID控制算法的参数整定方法,就是按照模拟调节器的工程整定法加以分析、综合和扩充而得到的。

(1) 按扩充临界比例度法整定 T 和 K_P、T_I、T_D

扩充临界比例度法是对模拟调节器中使用的临界比例度法的扩充,是实验经验法的一种。用它来整定 T 和 K_P、T_I、T_D的工作步骤如下所述。

① 选择一个较短的采样周期 T_{min}。所谓较短,具体地说就是采样周期选择应小于对象的纯滞后时间的1/10。

②用上述的 T_{min},依采样与模拟调节器的临界比例度法,求出临界比例度 δ_k及临界振荡周期 T_k。具体做法是仅让DDC作纯比例控制,逐渐缩小比例度,最终得到一个等幅振荡,此时的比例度即为 δ_k,振荡周期即为 T_k。

③选择控制度。所谓控制度,就是以模拟调节器为基准,将DDC的控制效果与模拟调节器的控制效果相比较。控制效果的评价函数通常采用 $\min\int_0^\infty e^2(t)\mathrm{d}t$(最小的误差平方面积)表示。

$$控制度 = \frac{\left[\min\int_0^\infty e^2(t)\mathrm{d}t\right]_{\mathrm{DDC}}}{\left[\min\int_0^\infty e^2(t)\mathrm{d}t\right]_{模拟}} \tag{7-7}$$

实际应用中并不需要计算出两个误差平方面积,控制度仅表示控制效果的物理概念。例如,当控制度为1.05时,就是指DDC与模拟控制效果基本相同;控制度为2.0时,是指DDC比模拟控制效果差。

④根据选定的控制度查表7-1,可求得 T、K_P、T_I、T_D的值。

表7-1　按扩充临界比例度法整定 T 和 K_P、T_I、T_D

控制度	控制规律	T	K_P	T_I	T_D
1.05	PI	$0.03T_k$	$0.53\delta_k$	$0.88T_k$	—
	PID	$0.14T_k$	$0.63\delta_k$	$0.49T_k$	$0.14T_k$
1.2	PI	$0.05T_k$	$0.49\delta_k$	$0.91T_k$	—
	PID	$0.043T_k$	$0.47\delta_k$	$0.47T_k$	$0.16T_k$
1.5	PI	$0.14T_k$	$0.42\delta_k$	$0.99T_k$	—
	PID	$0.09T_k$	$0.34\delta_k$	$0.43T_k$	$0.20T_k$
2.0	PI	$0.22T_k$	$0.36\delta_k$	$1.05T_k$	—
	PID	$0.16T_k$	$0.27\delta_k$	$0.40T_k$	$0.22T_k$
模拟调节器	PI	—	$0.57\delta_k$	$0.83T_k$	—
	PID	—	$0.70\delta_k$	$0.50T_k$	$0.13T_k$
Ziegler-Nichols整定式	PI	—	$0.45\delta_k$	$0.83T_k$	—
	PID	—	$0.60\delta_k$	$0.50T_k$	$0.125T_k$

⑤按求得的参数整定运行,在投运中观察控制效果,用探索法进一步寻求比较满意

的值。

(2) 按扩充响应曲线法整定 T 和 K_P、T_I、T_D

扩充响应曲线法是对模拟调节器中使用的响应曲线的扩充，也是一种实验经验法，其整定 T 和 K_P、T_I、T_D的工作步骤如下所述。

①数字控制器不接入控制系统，让系统处于手动操作状态，将被调量调节到给定值附近，并使之稳定下来。然后突然改变给定值，给对象一个阶跃输入信号。

②用记录仪表记录被调量在阶跃输入下的整个变化过程曲线，如图 7-6 所示。

③在曲线拐点处作切线，求得滞后时间 τ，被控对象时间常数 T_τ以及它们的比值 T_τ/τ。

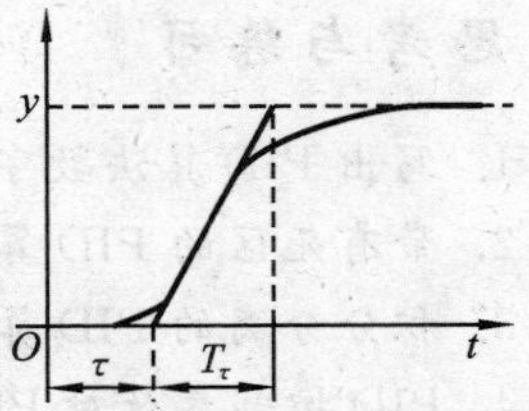

图 7-6 控制对象阶跃响应曲线

④由求得的 T_τ和 τ 及它们的比 T_τ/τ，选择一个控制度，查表 7-2 即求得数字 PID 的控制参数 K_P、T_I、T_D及采样周期 T。

⑤按求得的整定参数设数运行，在投运中观察控制效果，用探索法进一步寻求比较满意的值。

表 7-2 按扩充响应曲线法整定 T 和 K_P、T_I、T_D

控制度	控制规律	T	K_P	T_I	T_D
1.05	PI	0.1τ	$0.84\frac{T_\tau}{\tau}$	3.4τ	—
	PID	0.05τ	$1.15\frac{T_\tau}{\tau}$	2.0τ	0.45τ
1.2	PI	0.2τ	$0.78\frac{T_\tau}{\tau}$	3.6τ	—
	PID	0.16τ	$1.0\frac{T_\tau}{\tau}$	1.9τ	0.55τ
1.5	PI	0.5τ	$0.68\frac{T_\tau}{\tau}$	3.9τ	—
	PID	0.34τ	$0.85\frac{T_\tau}{\tau}$	1.62τ	0.65τ
2.0	PI	0.8τ	$0.57\frac{T_\tau}{\tau}$	4.2τ	—
	PID	0.6τ	$0.6\frac{T_\tau}{\tau}$	1.5τ	0.82τ
模拟调节器	PI		$0.9\frac{T_\tau}{\tau}$	3.3τ	—
	PID	—	$1.2\frac{T_\tau}{\tau}$	2.0τ	0.4τ
Ziegler-Nichols 整定式	PI	—	$0.9\frac{T_\tau}{\tau}$	3.3τ	—
	PID	—	$1.2\frac{T_\tau}{\tau}$	3.0τ	0.5τ

PID 调节器的参数 K_P、T_I、T_D对控制性能的影响：

①比例增益 K_P反映比例作用的强弱，K_P越大，比例作用越强，反之亦然。比例控制克服干扰能力较强、控制及时、过渡时间短，但在过渡过程终了时存在余差；

②积分时间 T_I反映积分作用的强弱，T_I越小，积分作用越强，反之亦然。积分作用会使系统稳定性降低，但在过渡过程结束时无余差；

③微分时间 T_D反映微分作用的强弱，T_D越大，微分作用越强，反之亦然。微分作用能产生超前的控制作用，可以减少超调，减少调节时间；但对噪声干扰有放大作用。

思考与练习

1. 写出 PID 算法数字表达式：离散式、增量式。
2. 带有死区的 PID 算法特点适用的场合?
3. 积分分离的 PID 算法特点、适用的场合?
4. PID 控制参数对 PID 控制的影响?

任务二　数字 PID 控制应用

任务要求

◇了解数字 PID 控制系统的应用

相关知识

1. 电热水暖恒温自动控制系统

家庭采暖是一个日常生活中的实际问题。集中供热方式的热源固定，而且能够24小时供暖，比较方便实惠。但也存在问题，如供热不及时、能源浪费、中途能量损耗大、污染严重、收费一刀切、不便于分散居民使用等。近些年来，随着人们的生活水平不断提高，人们对生活品质需求也越来越高，又由于电力资源的不断丰富，电费价格下降，许多用户开始用起了独立的家庭电热采暖器，这也满足了人们对家用产品方便、灵活、卫生、安全和经济的要求。所以近几年来，电热式采暖系统越来越受人们的青睐。然而与此同时，也存在一些问题，经市场调查发现：

① 现在市场上出现的家庭水暖系统所用的大多是简单的开关控制，没有做到恒温控制；

② 所用的交流接触器所带来的噪声令用户十分不满意。

针对以上问题，以恒热家庭采暖/热水一机两用型机为例，对其控制电路进行改进，来解决家庭电热采暖器设计的不足，满足人们的需求。本设计实现的功能是：要将系统原来的简单开关控制方法进行改进，做到恒温控制，消除交流接触器的噪声。

(1) 系统设计目标及控制算法

对家庭采暖系统目标：

①改进执行装置，实现无触点式控制，消除机械噪声；

②改进控制方法，控制精度达到±0.5 ℃或更高；

③系统对水温控制的恒定温度在30～80 ℃范围内连续可调；

④故障提示音报警；

⑤PID 参数可自行设定和修改；

⑥装置可将温度数据通过串口送到上位机，上位机软件可将接收到的数据存储并可显示温度变化曲线。

系统总体方案框图如图 7-7 所示。

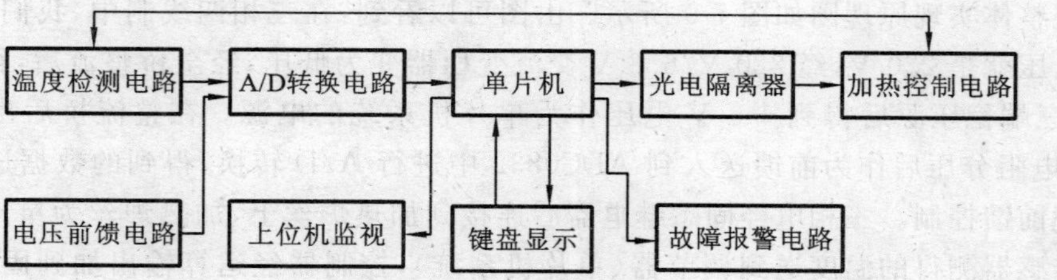

图 7-7　系统整体框图

系统选用具有电压前馈的数字化 PID 作为系统闭环的控制算法。当电网电压波动较快时，由于温度响应的滞后，温控精度仍受影响。电压前馈控制的原理是当电网电压瞬间下降或上升时，立即进行调整，使输出功率保持不变，也就是说使输出有效电压不变。于是加入电压前馈。具有电压前馈的数字化 PID，其控制系统方块图如图 7-8 所示。PID 数字化控制算法表达式

$$P(k) = P(k-1) + K_P[E(k) - E(k-1)] + K_I E(k) + K_D[E(k) - 2E(k-1) + E(k-2)] \tag{7-8}$$

其中：$K_I = K_P \dfrac{T}{T_I}$，积分系数；$K_D = K_P \dfrac{T_D}{T}$ 微分系数。

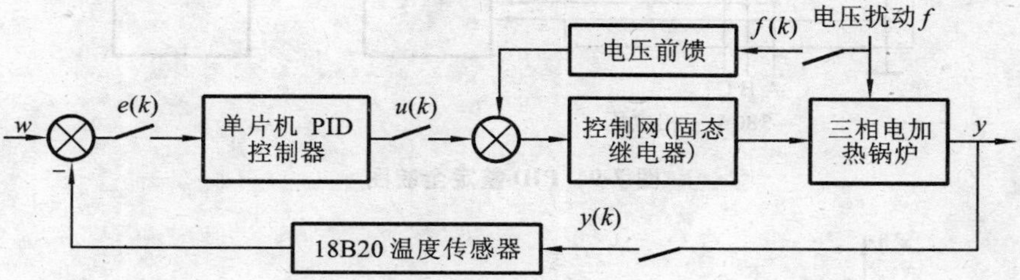

图 7-8　数字控制系统

采用公式(7-8)来实现 PID 运算，K_P、K_I、K_D 由设定值比例度 P、积分时间 I 和微分时间 D 运算得来。

(2) 电压前馈与调功输出

调功过程是在周期内控制热功的时间，设额定电压为 U_0，实际电压为 U_t，则带有电压前馈的输出脉宽：

$$t_{out} = t_{PID} + t_{补} = t_{PID} + t_{PID}(U_0^2/U_t^2 - 1) \tag{7-9}$$

式中：t_{out} 为脉宽时间；t_{PID} 为 PID 运算所得控制时间。

由于系统的电加热炉为三相四线制接法，其单相对地的波形相同，为正弦波形式。我国电力供电采用 50 Hz，固态继电器多为过零型，则最小可准确到一个波头，1 秒钟有 100 波头，取 5 秒钟为一个功率输出周期，PWM 控制方式的功率误差就是 ±1/500，即 ±0.2%。

上为输出曲线,下为输入曲线。实际情况还有些变动,PWM 调制输出可能没问题,但脉宽中电平由低电平变为高电平时,电压波形不会正好在过零点,可能在两过零点之间,实际控制输出的功率也就存在一定的误差,其误差在上面已分析过,有最大±0.2%的误差。

(3) 硬件设计

系统整体实现原理图如图 7-9 所示。由图可以看到:在三相四线制中,我们取其二相,它对地电压就是 220 V,经 220 V/6.3 V 交流变压器变为低压,经全桥整流后,得的 7.7 V 直流,经三端稳压源后得到+5 V 电压作为单片机系统的电源。在整流桥后出来的直流 7.7 V经电阻分压后作为前馈送入到 ADC0832 中进行 A/D 转换,得到的数据送单片机系统来实现前馈控制。三相电经固态继电器后连接到加热炉丝上,加热炉丝为星形接法。数字温度传感器测得的温度送到调节器(单片机系统),控制器经运算输出加到固态继电器,实现调功控制,固态继电器输出方式如图 7-10 所示。

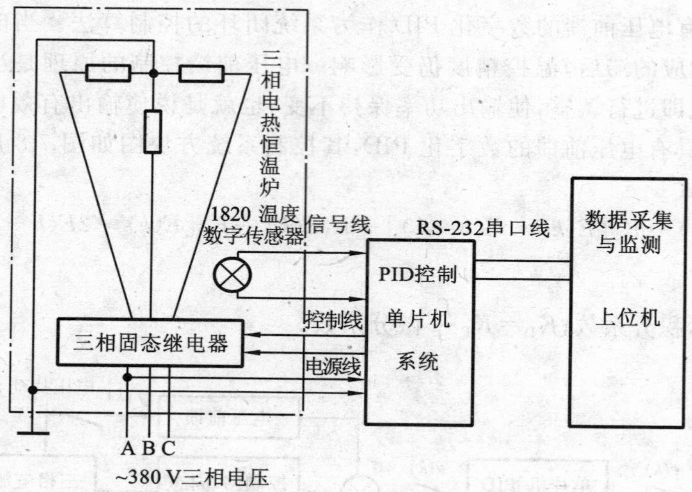

图 7-9　PID 整定全貌图

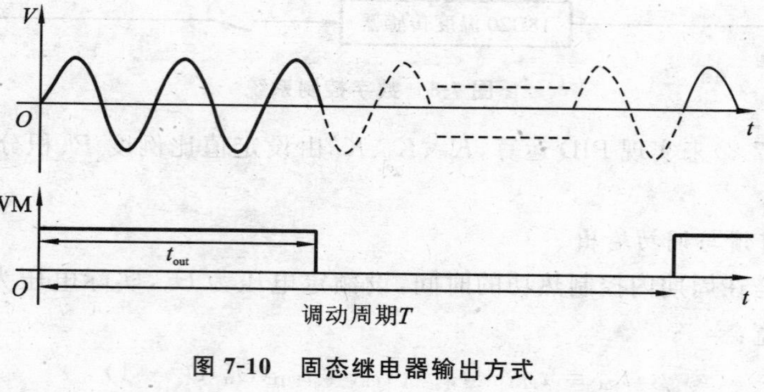

图 7-10　固态继电器输出方式

(4) 软件设计

本系统程序编写,将前述的控制方案都得到实现,其整体流程图如图 7-11 所示。89C52 有 256 个字节的内部数据存储器,虽然内部占用了一些,对于本系统已经足够了,在确定全局变量时,要看哪些变量有必要作为全局变量,尽量节省内存空间。

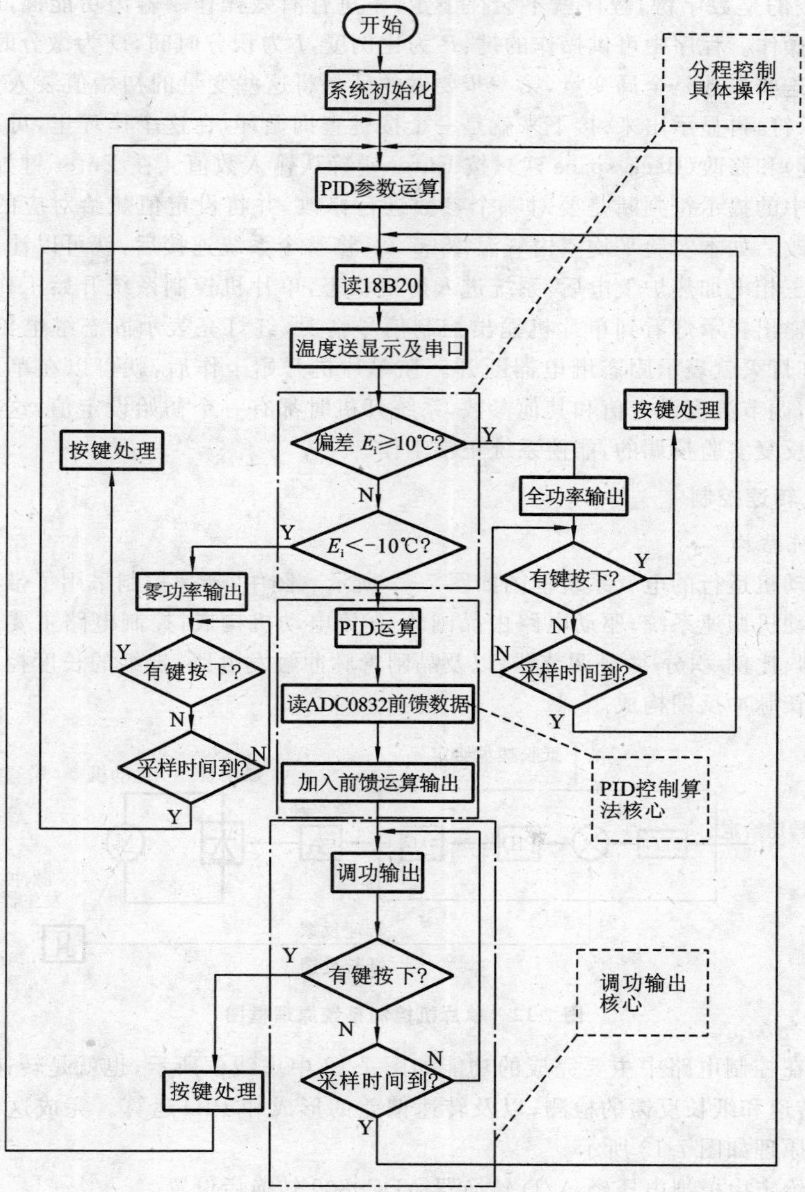

图 7-11　系统软件流程图

主体程序是围绕 PID 运算和调功输出来进行的，其中比例增益、积分增益、微分增益为节约机时是不用经常运算的，只需要在有设定参数改动时才进行运算。在主程序流程图中可以看到，有按键操作时，循环跳转返回点是不同的，用时最多的还是在调功输出上，整体程序尽量做到延时准确，以提高控制输出准确性。读键值操作是在中断程序中完成的，在主程序中是用查询方式进入键盘处理子程序的。键盘处理子程序的设计主要思路是：刚开始取出的键值是与键盘上的标注不同的，通过查表程序将其转换成自定义键盘值，完成这一步后，再查看键值范围是不是在功能键范围内，若不在，则做误操作处理，跳出键操作处理，刚开始按的是数字键，程序就不会往下走，不进行有效操作。若为功能键，就进入下一步键盘处理操作。程序中可供操作的键：P 为比例度，I 为积分时间，D 为微分时间，T 为温度设定值。这些参数是全局变量，第一步要做的就是将这些变量的初始值装入显示存储区中，加上提示符，再显示出来；接下来就是一个按键查询循环，在这个循环里，可以进行参数输入(数字键)和修改(Back space 建)，按 Enter 键确认输入数值。在 Enter 键处理中，根据显示存储区中的提示符判断是要对哪个参数进行修改，并将设定值赋给对应的全局变量，完成参数修改。如本实验平均室内气温 18.5 ℃，将整个系统连接后，就可以让系统开机投入运行了。三相电加热炉上电后，系统进入待机状态，单片机控制系统开始工作后，可以从固态继电器输出指示灯看到单片机输出控制信号情况，红灯亮表示固态继电器闭合，炉丝发热工作，红灯灭就表示固态继电器断开。在单片机开始工作后，就可以在单片机系统的键盘上操作，调节温度设定值和其他参数，系统开机时都有一个初始设定值，这些初始设定值都是经过反复实验校调的，能使系统正常工作。

2. 纸机转速控制

(1) 系统结构

控制电动机运行的电气系统框图如图 7-12 所示。图中，转速控制采用了带有转速单闭环的直流电动机调速系统；驱动电路由晶闸管-直流电动机构成；控制电路主要包括转速给定、转速反馈、比例-积分-微分调节器，以及晶闸管脉冲触发电路；走纸的长度控制主要由纸长设定和纸长脉冲反馈构成。

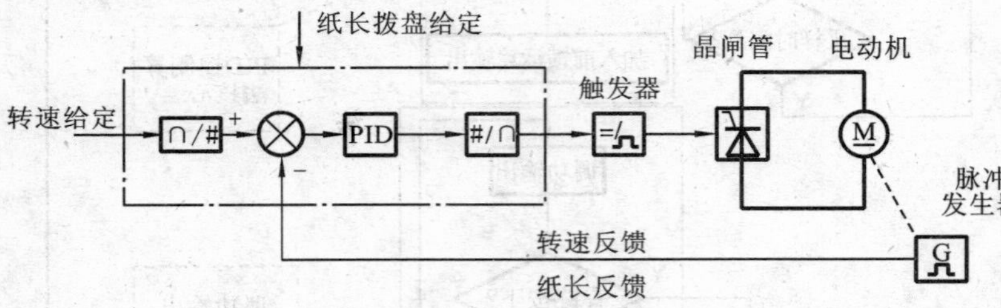

图 7-12　单片机控制系统原理框图

单片机在控制电路中主要完成的功能如图 7-12 中虚线框所示，也就是转速的给定、纸长的设定、转速和纸长反馈的检测，以及转速偏差的形成和 PID 运算。完成这些功能的系统硬件结构原理如图 7-13 所示。

转速的给定由模拟电压经 A/D 转换器 ADC0809 转换后设置。

走纸长度的设定由拨盘设置。由于拨盘的输入值采用了 BCD 码形式，每个数字占 4 位二进制数，当走纸长度的范围在 0000～9999 m 时，需用 16 条 I/O 线来读，为此，单片机扩展了一片具有综合功能的芯片 8155，除增加 22 条 I/O 线(PA 口、PB 口 8 位、PC 口 6 位)外，还利用 8155 中的 256 字节静态 RAM 和一个 14 位减法计数器，完成扩展数据存储器和定时器/计数器功能。本系统中，8155 的 PA 口；PB 口用作输入端口，输入 4 个拨盘的 BCD 码，PC 口用作输出端口，其中 PC0 和 PC1 分别提供走纸长度到规定值的指示信号和停机信号。

6 位数码管分别用于显示转速和走纸长度，前 2 位显示运行转速的 m/min 值，后 4 位

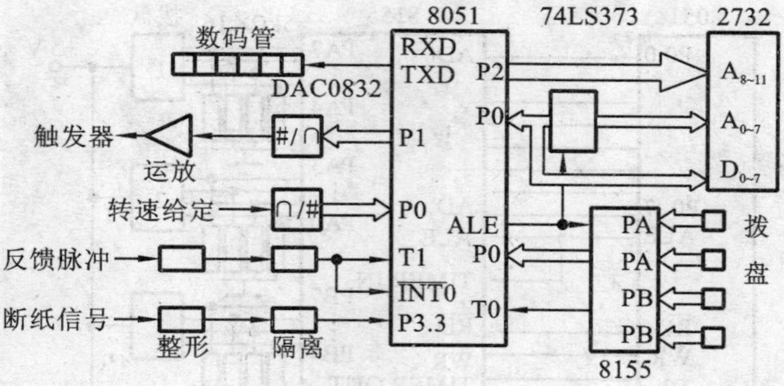

图 7-13　纸张复合机系统硬件原理图

显示当前剩下纸张的米数，纸长从设定值开始，每走纸 1 米则减 1。为了简化显示电路，采用了串行口的移位寄存器方式，以连接数码管。

由光电码盘送来的反馈脉冲信号，经光电隔离器 4N30 并整形后送入单片机的计数器 T1 和外部中断 $\overline{\text{INT0}}$，前者用于计量走纸长度，后者用于检测纸机的转速。单片机通过计量而反馈脉冲间的时间或计量单位时间内出现的脉冲个数，即可得出转速反馈值的大小，反馈信号与转速设定值形成偏差后，作 PID 运算，并把结果经 D/A 转换器 DAC0832 输出，从而提供晶闸管脉冲触发电路的控制信号。

(2) 系统控制功能

① 纸长的设定。

如前所述，纸长的设定由 4 位拨盘给出，为了增加 I/O 线，扩展了 8155 芯片、单片机 8155 的接口电路如图 7-14 所示。

为使 8155 的 PA 口和 PB 口为基本输入方式，PC 口为基本输出方式，并使 8155 的计数器具有将 ALE 信号分频的功能，8155 的控制字为 11001100＝0CCH。当 8155 的计数器取分频系数为 1000D＝03E8H，并处于具有自动重装此计数初值和方波信号才输出的工作方式时，计数器初值应设置成 0100 0011 1110 1000B＝43E8H。

对于 8051 单片机与 8155 按图 7-14 所示的接口电路来说，控制字寄存器、PA 口、PB 口、PC 口和计数器的地址分别为 00H、01H、02H、03H 和 04H。当要写入控制字，并把计数器设置成作 1000D 分频的工作状态，且使 PA、PB 端口输入，PC 端口输出时，程序可安排如下：

```
        MOV     R0, ＃00H          ；写控制字
        MOV     A, ＃0CCH
        MOVX    @R0, A
        MOV     R1, ＃04H          ；写计数器初值与工作方式
        MOV     A, ＃0E8H
        MOVX    @R1, A
        INC     R1
        MOV     A, ＃43H
        MOVX    @R1, A
```

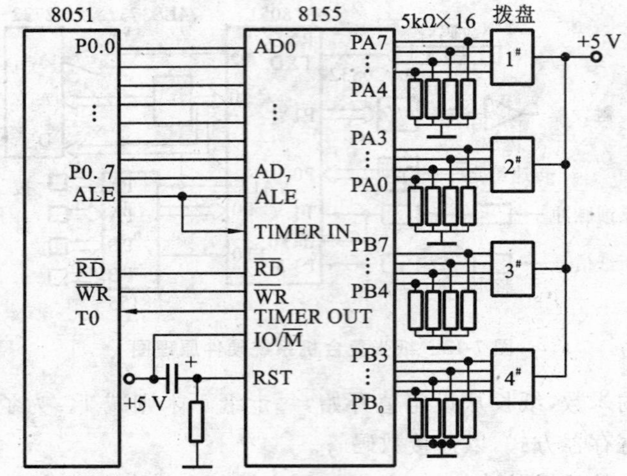

图 7-14　8051 单片机接口 8155 及拨盘

```
MOV     R0, #01H        ;把 PA 口内容读入单片机 RAM 7FH
MOVX    A, @R0
MOV     7FH, A
INC     R0              ;把 PB 口内容读入单片机 RAM 7EH
MOV     A, @R0
MOV     7EH, A
INC     R0              ;把#01H 由 PC 口输出
MOV     A, #01H
MOVX    @R0, A
```

② 转速的设定。

在调速过程中,要求转速能够顺滑地调节,为此,系统采用了用模拟电压设定转速大小的方法。利用模数转换器 ADC0809 实现 A/D 转换,并把转换结果读入单片机内作为转速设定值。

③纸长检测与控制。

前已述及,走纸长度的设置由 4 位拨盘设定,走纸的检测信号来自线速度不变的码盘脉冲。由于两脉冲间的距离表示了一定的纸长(脉冲当量),当反馈脉冲的引入量达到一定的数量后,可使设定值不断进行减 1 计数,直至为零后停止。

若系统采用的脉冲当量为每脉冲 1 cm,当计纸长度单位为 10 m 时,1000 个反馈脉冲可使纸长设定值减 1。这一功能可由单片机的定时器/计数器 T1 来实现。由于 1000D＝03E8H,T1 的计数初值应为$(03E8H)_{补}$＝FC18H。当 T1 处于工作方式 1 的计数状态时,每引入 T1 脚 1000 个脉冲后,单片机将自动进入 T1 的中断服务程序,使计数值减 1 并重置计数初值。

由于拨盘的设定值为 BCD 码,走纸长度的显示值也应为 BCD 码。所以在不断作减法运算的 T1 中断服务程序中应注意 BCD 逐次减 1 的运算方法。下面是一段 T1 的中断服务程序，设二位压缩BCD码的纸长值在RAM7FH单元中。

```
T1INT: PUSH   A            ;保护
       PUSH   PSW
       MOV    TH1, #0FCH   ;重置初值
       MOV    TL1, #18H
       DEC    7FH          ;纸长减1
       MOV    A, 7FH
       ANL    A, #0FH      ;取低位
       CJNE   A, #0FH,ED   ;判断是否在BCD码范围
       DEC    7FH
       DEC    7FH
       DEC    7FH
       DEC    7FH
       DEC    7FH
       DEC    7FH
ED:    POP    PSW          ;恢复
       POP    A
       RETI
```

在硬件上，为了使反馈脉冲的信号与单片机的TTL电平相适应，应减小反馈信号对单片机的冲击影响，采用了光电隔离器把两端信号隔离开来，并用放大电路和运算放大器来整形反馈输入信号，电路形式如图7-15所示。

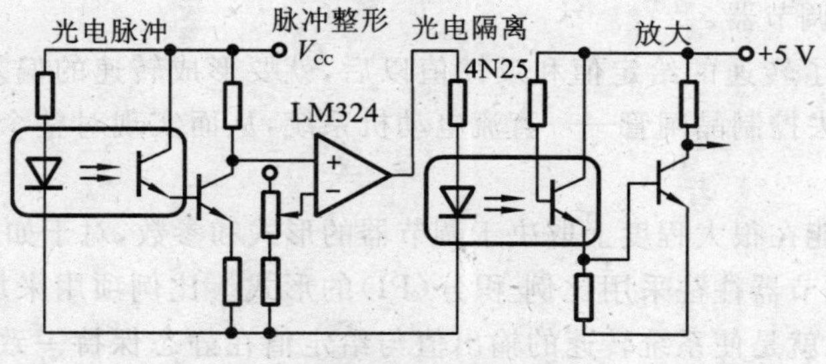

图7-15 反馈信号的整形、隔离和放大

④转速反馈量的求取。

纸机的反馈信号仅来自光电码盘的脉冲，该脉冲信号除用于检测纸长外，也用来求取纸机运行的线速度。

计算速度的基本方法如下：设在单片机系统中产生了一固定频率的计量信号，其周期为T_C，又设两光电反馈脉冲间的间距为D，当纸机运行时，在两反馈脉冲间计量到n个测量信号，则纸机的线速度可表示为

$$v=\frac{D}{nT_C}$$

例如，若$D=2.5$ cm，$T_C=10$ ms，$n=10$，则依上式可计算得到线速度$v=15$ m/min。

固定频率的计量信号的个数，可由 8155 中的计数器对单片机的 ALE 信号分频得到。当单片机的晶振频率 $f_{osc}=6$ MHz 时，ALE 的频率为 1 MHz，要得到周期为 10 ms 的计量信号，需对 ALE 作 10^4 分频。这通过对 8155 计数器初值的设置可方便地实现。

获取两反馈脉冲间计量信号的个数，可由外部中断$\overline{INT0}$和定时器 T0 的联合使用来实现，硬件接线如图 7-17 所示。其方法是将 8155 输出的计量信号直接引入定时器 T0 的外部引脚，以自动加 1 的方式累加计量信号的个数；反馈脉冲则接入$\overline{INT0}$，通过程序将其设置成由下降沿引起中断的工作方式，两次中断间的时间正好反映两反馈脉冲间的持续时间过程，在每次中断服务程序中，读出 T0 中已有的测量脉冲个数，并在主程序中加以运算，就可以得出纸机运行的线速度。下面是$\overline{INT0}$中断服务程序中，读出 T0 中计数值的指令。

```
T0INT：PUSH     A                   ;保护
       PUSH     PSW
       CLR      TR0                 ;关断 T0
       MOV      A, TL0              ;读 TL0
       MOV      7CH, A
       MOV      A,TH0               ;读 TH0
       MOV      7BH, A
       MOV      TL0, ＃00H           ;清 TL0
       MOV      TH0, ＃00H           ;清 TH0
       SETB     TR0                 ;打开 T0
       POP      PSW                 ;恢复
       POP      A
```

⑤单片机 PID 调节器。

单片机在获得了转速的给定值和反馈值以后，就要形成转速的偏差，并且利用调节器算法所得到输出值去控制晶闸管——直流电动机系统，从而实现对整个直流传动系统的闭环控制。

传动系统的性能在很大程度上取决于调节器的形式和参数，对于如图 7-12 所示的转速单闭环调速系统，调节器往往采用比例-积分(PI)的形式。比例项用来放大转速偏差，积分项可使偏差消除，也就是使系统转速的输出值与给定值在静态保持一致。单片机要构成比例-积分调节器只能采用离散差分式算法。设 e 为转速偏差，K_P 为比例系数，K_I 为积分系数，u 为调节器输出。因

$$u(k)=u(k-1)+\Delta u(k)$$

所以

$$\Delta u(k)=(K_P+K_I)e(k)-R(k-1)$$

$$R(k)=K_Pe(k)$$

其中，$R(k)$和 $R(k-1)$都是递推中间值。

由于转速偏差 e 可正可负(转速超调节为负)，并且从运算精度上考虑，宜采用双字节算法，因此上面的递推算式主要包括双字节补码数的乘法运算。

在实际编程过程中，首先，为了扩大运算的范围，可先把反馈量和给定量都缩小几倍(如 8 倍)，形成偏差，利用上一步的 $R(k-1)$进而算出 $\Delta u(k)$，之后在扩大相同倍数还原；然

后由 $\Delta u(k)$和上一步的 $u(k-1)$算出 $u(k)$，作为 PI 调节器的本步输出值。在求取 $u(k)$之后，还要算出 $R(k)$以作为计算下一步 $u(k+1)$的中间值。

对于双字节补码数的乘法运算，由于 MCS-51 系列单片机有直接乘法指令，因此能既快又简便地实现。

根据系统实际运行中对转速最高速有一定限制的要求，程序中还可设置 $u(k)$的最大值幅值。此外，为了加快启动过程，也可使 $u(k)$具有一定初值。下面给出了一段实现比例-积分运算的程序供读者参考。

```
PPI:    MOV     A, 20H          ;取 uf(k)
        MOV     B, #20H         ;uf(k)缩小 2^3
        MUL     AB
        MOV     R1, #2BH        ;存 uf(k)
        MOV     @R1, B
        DEC     R1
        MOV     @R1, A
        MOV     A, 21H          ;ug(k)缩小 2^3
        MOV     B, #20H
        MUL     AB
        MOV     R0, #59H        ;存 ug(k)
        MOV     @R0, B
        DEC     R0
        MOV     @R0, A
        LCALL   PSUB            ;求取 e(k)
        MOV     A, @R1          ;e(k)→R5、R4
        MOV     R5, A
        DEC     R1
        MOV     A, @R1
        MOV     R4, A
        MOV     R3,27H          ;取系数(KP+KI)
        MOV     R2,26H
        LCALL   PMUL            ;求(KP+KI)×e(k)→57H、56H
        MOV     R0, #56H        ;指向(KP+KI)×e(k)
        MOV     R1, #2CH        ;指向 R(k-1)
        LCALL   PSUB            ;求取 Δu(k)→2DH、2CH
        DEC     R1
        MOV     A, @R1          ;Δu(k)扩大 2^3
        MOV     B, #08H
        MUL     AB
        MOV     @R1, A
```

```
        MOV     R7, B
        INC     R1
        MOV     A, @R1
        MOV     B, #08H
        MUL     AB
        ADD     A, R7
        MOV     @R1, A
        MOV     R0, #24H            ;指向 u(k-1)
        DEC     R1                  ;指向 Δu(k)
        CLR     C                   ;求取 u(k)
        MOV     A, @R0
        ADD     A, @R1
        MOV     @R0, A
        INC     R0
        INC     R1
        MOV     A, @R0
        ADDC    A, @R1
        MOV     @R0, A
        CJNE    @R0, #0F0H,PA       ;输出是否超过限幅值
        MOV     @R0, #0F0H
PA:     MOV     A,@R0               ;输出 u(k)
        MOV     DPTR, #EFFFH
        MOVX    @DPTR,A
        MOV     R2,28H              ;取 KP
        MOV     R3,29H
        MOV     R4,2AH              ;取 e(k)
        MOV     R5,2BH
        LCALL   PMUL                ;计算 KP×e(k)
        MOV     2DH, @R0
        DEC     R0
        MOV     2CH, @R0
        RET
PSUB:   CLR     C
        MOV     A, @R0
        SUBB    A,@R1
        MOV     @R1, A
        INC     R0
        INC     R1
```

```
        MOV     A, @R0
        SUBB    A,@R1
        MOV     @R1, A
        RET
```

上述程序中的 PMUL 为双字节补码数乘法子程序。

比例-积分调节器的参数可根据电力拖动自动控制系统中介绍的方法求取。若求得的比例系数 $K_P=0.5$，积分系数 $K_i=1$，采样周期 $\Delta T=10$ ms，则 $K_I=K_i\Delta T=0.01$。比例积分递推算式中的系数$(K_P+K_I)=0.51$，$K_P=0.5$。

(3) 调速操作与保护

纸机启动前已把纸张安装在机器上，因此，要求启动从零平稳地到达给定的过纸速度，不能出现阶跃扰动。在运行过程中，调节过纸速度的上升或下降也要求平稳地进行，不能出现转速突变。此外，纸机在达到了设定运行的纸张后，机器能自动从给定的线速度逐渐缓慢地下降到零。纸张运行过程中，如出现断纸现象，应要求立即停机。

上述操作及保护功能的实现对单片机系统来说是十分简便的。为了使启动和调速过程中的速度变化平稳，单片机可采用给定积分的形式，也就是启动时，从零开始，每延时一段时间后便增加一定量，直到达到给定的过纸速度为止。调速的增加或降低都采用不断延时、不断缓慢加减的方式。

下面是一段采用给定积分形式启动和调速的程序。由于给定值来自拨盘中的 BCD 数，在使速度不断加减的过程中，要注意 BCD 数的运算。

设拨盘给定的线速度值(BCD 码)在片内 RAM7DH 单元中，实际输出的线速度在 RAM7AH 单元中。则启动和调速的程序如下：

```
SSR：   MOV     A, 7AH
        CLR     C
        SUBB    A,7DH               ;比较转速值
        JZ      NEXTT               ;相等,则停止加减
        JC      NEXT1
        DEC     7AH                 ;减速
        MOV     A,7AH
        ANL     A, ＃0FH
        CJNE    A, ＃0FH, ED2       ;BCD 数调整
        DEC     7AH
        DEC     7AH
        DEC     7AH
        DEC     7AH
        DEC     7AH
        DEC     7AH
ED2：   SJMP    NEXTT
NEXT1： MOV     A,7AH
```

```
        ADD     A, #01H             ;加速
        DA      A                   ;BCD 数调整
        MOV     7AH,A
NEXTT:          LCALL Delay         ;延时
```

项目小结

微机构成的控制器属于数字系统，而工程上多数被控对象属于模拟(连续量)系统，微机控制系统严格地说属于数字模拟混合系统。系统中不同信号形式的两部分可通过 A/D、D/A 转换器连接起来，对于这种混合系统通常采用两种等效的设计方法：一种等效方法是把输入、输出量与被控对象用数学方法处理为数字量，各环节视为数字环节，等效后的系统变为数字控制系统。可利用离散系统(或采样系统)的理论方法按数字指标要求进行分析和设计，这种方法称为数字控制器直接解析设计法。另一种等效方法是把 A/D、D/A 转换器和微机控制器都看作模拟量，现在微机采样速度能够满足此要求。这样，系统完全等效为一个模拟系统。然后，利用模拟系统的理论和方法进行分析和设计，得到模拟控制器。然后再将模拟控制器进行离散化(数字化)，得到数字控制器。这种间接得到数字控制器的方法称为数字控制器间接设计法。从而使研究诸如控制方法选择、系统稳定性、控制器参数的设置与整定等问题大为简化，最后演化成为对比较习惯的模拟系统进行分析计算和处理。这样，剩下的问题便是离散控制系统的数学描述和模拟控制器的数字处理方法，以及常用数字控制器(PID)的设计方法与实现。

工业控制中最常用的数字控制算法是数字 PID 控制算法。对大多数控制对象，采用数字 PID 控制，均可达到满意的控制效果。但是对有特殊要求或具有复杂对象特性的系统，采用数字 PID 控制，则很难达到目的。在这种情况下，需要从控制对象特性出发，运用系统控制理论来设计相应的控制算法，或者采用智能控制方法等。

项目测试

一、填空题

1. 对 PID 调节器而言，当积分时间________，微分时间________时，调节器呈________调节特性。

2. 积分作用的优点是可消除________，但引入积分作用会使系统________下降。

3. 在 PID 调节器中，调节器的 K_C 越大，表示比例作用________，T_I 值越大，表示积分作用________，T_D 值越大表示微分作用________。

4. 由于微分调节规律有超前作用，因此调节器加入微分作用主要是用来________：

克服调节对象的惯性滞后________，容量滞后 τ_C 和纯滞后 τ_0。

克服调节对象的纯滞后 τ_0。

克服调节对象的惯性滞后________，容量滞后 τ_C。

二、选择题

1. 定值调节是一种能对________进行补偿的调节系统。

A. 测量与给定之间的偏差　B. 被调量的变化

C. 干扰量的变化　D. 设定值的变化

2. 调节系统在纯比例作用下已整定好，加入积分作用后，为保证原稳定度，此时应将比例度________。

A. 增大　B. 减小　C. 不变　D. 先增大后减小

3. 成分、温度调节系统的调节规律，通常选用________。

A. PI　B. PD　C. PID

4. 流量、压力调节系统的调节规律，通常选用________。

A. PI　B. PD　C. PID

5. 液位调节系统的调节规律，通常选用________。

A. PI　B. PD　C. PID　D. P

6. 调节系统中调节器正、反作用的确定是根据________。

A. 实现闭环回路的正反馈　B. 实现闭环回路的负反馈

C. 系统放大倍数恰到好处　D. 生产的安全性

三、简答题

1. PID 调节器的参数 K_P、T_I、T_D对控制性能各有什么影响？

2. 什么是调节器的控制规律？调节器有哪几种基本控制规律？

3. 什么是双位控制、比例控制、积分控制、微分控制，它们各有什么特点？

4. 比例、积分、微分分别用什么量表示其控制作用的强弱？并分别说明它们对控制质量的影响。

5. 通常在什么场合下选用比例(P)、比例积分(PI)、比例积分微分(PID)调节规律？

四、问答题

1. 有一流量调节系统，信号传输管线很长，因此，系统产生较大的传送滞后。有人设想给调节器后加微分器来改善系统特性，试问这种设想合理否？为什么？若不合理，应采取什么合理措施？

2. 利用微分作用来克服控制系统的信号传递滞后的设想是否合理与正确？

五、计算题

某电动比例调节器的测量范围为 100～200 ℃，其输出为 0～10 mA。当温度从 140 ℃变化到 160 ℃时，测得调节器的输出从 3 mA 变化到 7 mA。试求该调节器比例带。

设计一个比例积分(PI)调节器，控制一个温度调节系统。控制器的调节范围为 0～3000 ℃，控制器的输出为 4～20 mA。当给定被控对象一个如图(a)所示的阶跃输入时，测定的被控对象响应曲线如图(b)所示(响应曲线法控制器参数整定经验公式见下表)。

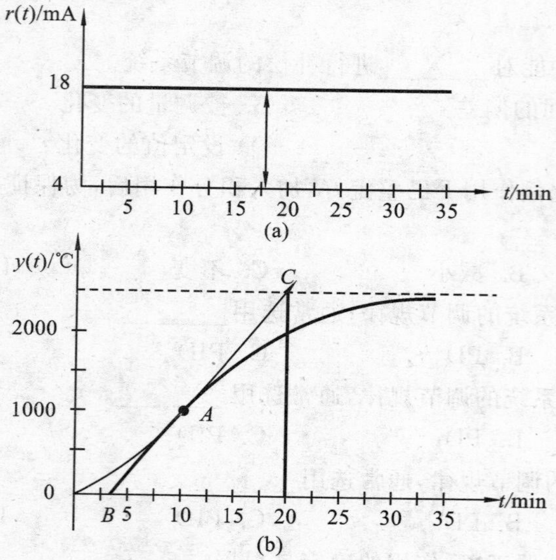

调 节 规 律	调 节 参 数		
	比例度 δ	积分时间 T_I	微分时间 T_D
P	$(K_0\tau_0/T_0)\times100\%$		
PI	$1.1(K_0\tau_0/T_0)\times100\%$	$3.3\tau_0$	
PID	$0.85(K_0\tau_0/T_0)\times100\%$	$2\tau_0$	$0.5\tau_0$

项目8

抗干扰技术

知识目标

1. 了解微机控制系统干扰的类型;
2. 熟悉微机控制系统抗干扰的技术。

能力目标

1. 掌握硬件抗干扰方法;
2. 掌握软件抗干扰方法。

任务一　干扰的来源和分类

任务要求

✧了解干扰的来源
✧了解干扰的分类

相关知识

1. 干扰的来源

微机控制系统运行环境的各种干扰主要表现在以下几个方面。

(1) 恶劣的供电条件

工业现场大功率设备很多,大功率设备的启停,特别是大感性负载的启停会造成电网的严重污染,使得电网电压大幅度涨落。工业电网电压的过压或欠压常常达到额定电压的15%以上,这种状况有时长达几分钟、几小时甚至更长时间。由于大功率开关的通断、电机的启停、电焊操作等原因,电网上常常出现几百伏甚至几千伏的尖脉冲干扰。例如,某轧钢厂有一套微机控制的轧钢机经常控制失灵,后通过对电源检测发现,电网中50 Hz正弦电压上,几乎每周在40°及140°左右出现两个400～500 V的尖峰,这些尖峰电压来源于轧钢机操作,干扰了微机系统的正常工作。

(2) 严重的噪声环境

除了电网引入的严重干扰以外,通过控制系统开关量输入/输出通道和模拟量输入/输出通道引入的干扰也非常严重。在工业现场,这些输入/输出的信号线和控制线多达几百条甚至几千条,其长度往往达几百米或几千米,因此不可避免地要将干扰引入计算机系统。当有大的电气设备漏电,如果接地系统不完善,或者测量部件绝缘不好,都会使通道中直接串入很高的共模电压或差模电压;各通道的线路如果同处一根电缆中或绑扎在一起,那么各路间会通过电磁感应而产生相互间的干扰,尤其是将0～15 V的信号与交流220 V的电源线同套在一根长达几百米的管中时,干扰更为严重。这种彼此感应产生的干扰,其表现形式仍然是在通道中形成共模电压或差模电压,轻则会使测量的信号发生误差,重则会使有用信号完全淹没。有时这种通过感应产生的干扰电压会达到几十伏以上,使微机根本无法工作。多路信号通常要通过多路开关和保持器等进行数据采集后送入微机中,若多路开关和保持器性能不好,当干扰信号幅度较高时也会出现邻近通道信号间的串扰,这种串扰会使有用信号失真。

此外,还有来自空间的干扰,如太阳及其他天体辐射的电磁波,广播电台或通信发射台发出的电磁波,周围电气设备如电机、变压器、中频炉、晶闸管逆变电源等发出的电干扰和磁干扰,气象条件、空中雷电甚至地磁场的变化也会引起干扰。这些空间辐射干扰有时会使微机不能正常工作。

上述干扰以来自交流电源的干扰最主要,其次为来自通道的干扰。来自空间的辐射干扰就不太突出,一般只需加以适当的屏蔽及接地即可解决。图8-1形象地表示了微机控制系统的噪声环境。

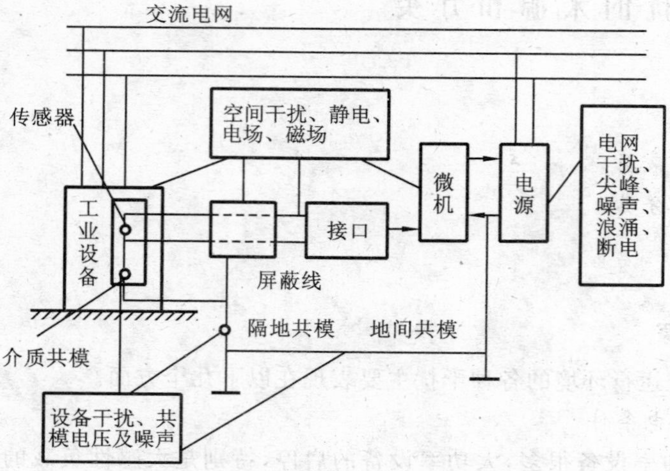

图8-1 微机控制系统的干扰来源

(3) 其他

工业环境的温度、湿度、灰尘、腐蚀性气体及其他损害,均会影响微机控制系统的可靠性。综上所述,在工业环境中运行的微机控制系统,必须解决对恶劣环境的适应性问题,并采用各种措施提高其可靠性。这主要从电源、屏蔽、接地和各种抗干扰技术以及可靠性技术等方面予以解决。

2. 干扰的分类

按干扰的作用形式分类，干扰一般有串模干扰和共模干扰两种。

(1) 串模干扰

串模干扰又称差模干扰，它是串联于信号回路之中的干扰，如图 8-2 所示。图中 V_S 为信号电压，V_n 为串模干扰电压。V_n 即可来自干扰源，也可由信号源本身产生。在图 8-3 中，如果邻近的导线(干扰线)中有交变电流 I_a 流过，由此产生的电磁干扰信号就会通过分布电容 C_1 和 C_2 的耦合，引入放大器的输入端。

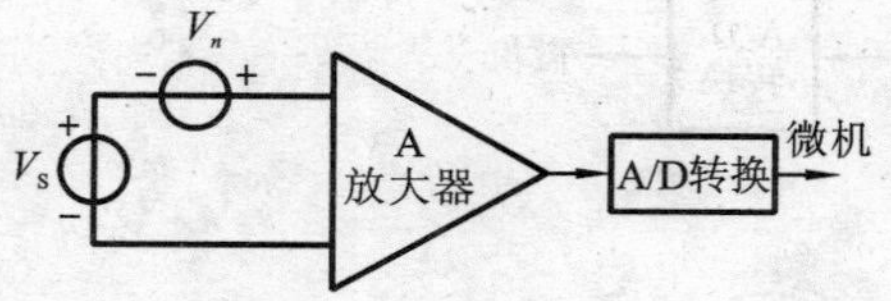

图 8-2　串模干扰示意图

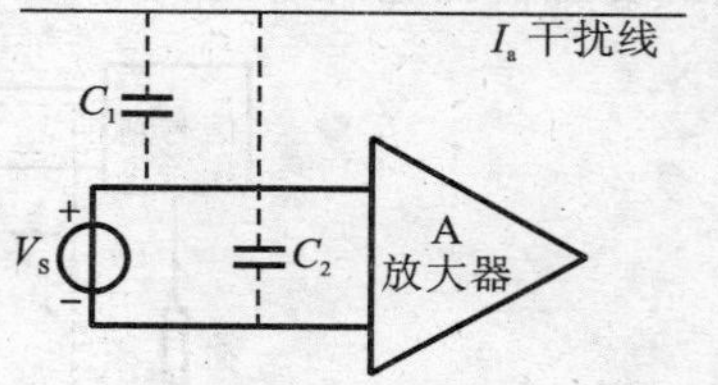

图 8-3　通过分布电容引入串模干扰

产生串模干扰的原因有分布电容的静电耦合、长线传输的互感、空间电磁场引起的磁场耦合以及 50 Hz 的工频干扰等。

下面是一个实践中经常会发生的典型例子：当一台微机正常工作时，如果在其附近启动一个大干扰的设备(如电钻)，则很有可能造成微机工作不正常，甚至死机。导致这种情况的最主要的原因是外部干扰经过电网和空间进入微机，引起微机内部逻辑地的不等电位，这就是所谓的不等电位干扰。进一步看下面的例子，CPU 与硬盘驱动器之间通过电缆连接，两者共地，地线上的线电阻是一个很小的值，在图中以 R_S 表示，整个连接情况如图 8-4 所示。

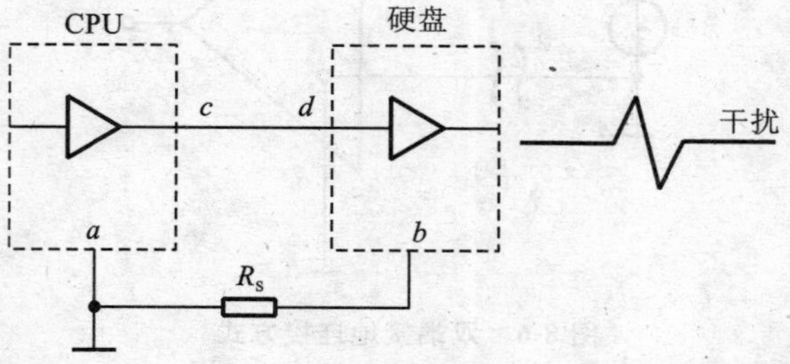

图 8-4　硬盘控制系统的干扰分析

当正常工作时，流过 R_S 的电流很小，加上电阻 R_S 本身也极小，因此 R_S 上压降很小，几乎可以认为图 8-4 中 a、b 两点是等电位的，但如果有一个图中所示的强尖峰干扰进入系统，瞬间引起 R_S 上通过一个大电流，则该电流在 R_S 两端会产生一个较大的压降，从而使得 a、b 两点电平有较大差别，假如 $V_a - V_b > 0.7$ V，这样当 CPU 以 V_a 为参考点在 c 点发出"0"电平时，硬盘以 V_b 为参考点在 c 端得到一个大于 0.7 V 的电平，也就是说这时硬盘收到的已不是"0"电平而是"1"电平了，因此系统便无法正常工作。其原因就是干扰引起了系统内部各部分地电平的不等位，造成串模干扰电压。

(2) 共模干扰

共模干扰是指放大器或模/数转换电路的两个输入端上共有的干扰电压。因为在微机控制生产过程中,被控和被测的参量往往分散在生产现场的各处,一般都用很长的导线把微机发出的控制信号传输到现场中的某个控制对象,或者把安装在某个装置中的传感器所产生的被测信号传送到微机的模/数转换端,距离往往较长,如几十米至几百米。这样,被测信号 V_S 的参考接地点和计算机端输入信号的参考接地点之间往往存在一定的电位差 V_C,这就是共模式干扰电压,它可能是直流电压,也可能是交流电压,其数值可达几伏,甚至几百伏,这取决于计算机和其他设备的接地情况以及现场产生干扰的因素。例如,一次仪表电源变压器漏电,往往会引入很高的共模式电压。图 8-5 是共模干扰引入的示意图。

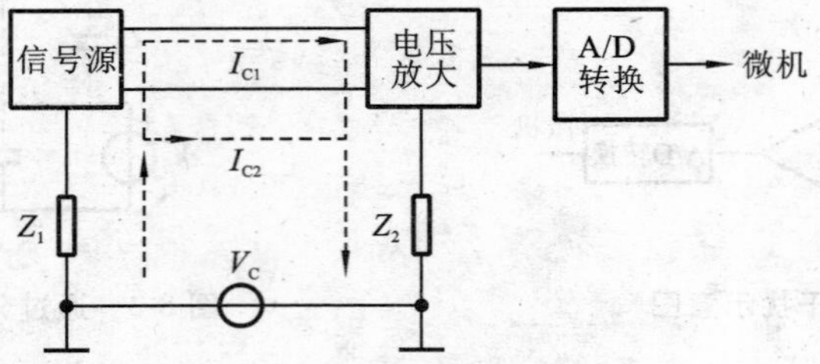

图 8-5 共模干扰引入的示意图

在微机控制系统中,被测信号有单端对地输入和双端对地输入两种方式。对于存在共模式干扰的场合,尽量不采用单端对地输入方式,因为此时的共模干扰电压将串联叠加,变为串模干扰电压。

假使 A/D 转换模块的放大电路与远程仪表连接采取双端接地,如图 8-6 所示。

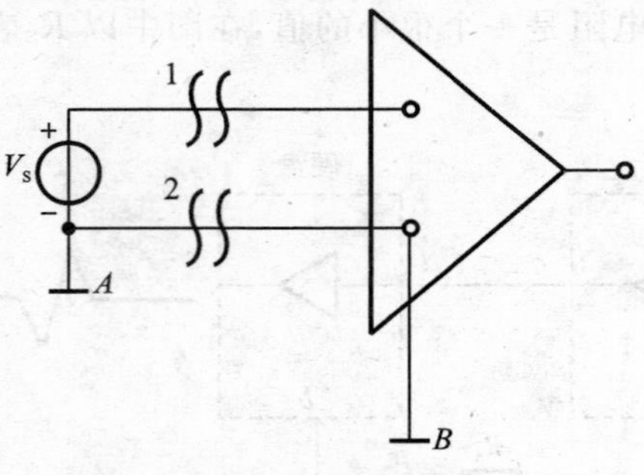

图 8-6 双端接地连接方式

这种电路正常工作的前提条件是 A、B 两点大地的电位相等,但在实际情况中,相距较远两点大地之间常常有一定的电位差,因此上述接法会造成地回路的共模干扰。

思考与练习

1. 微机控制系统的干扰源有哪些?
2. 什么是串模干扰?什么是共模干扰?原因是什么?

任务二　硬件抗干扰

任务要求

✧掌握硬件抑制干扰的方法

相关知识

1. 电源噪声的抑制

实践证明，电源的干扰是微机控制系统的主要干扰，抑制这种干扰的主要措施有以下几个方面。

(1) 电源变压器的屏蔽

对电源变压器设置合理的屏蔽(静电屏蔽和电磁屏蔽)是一种十分有效而简单的抗干扰措施。在微机控制和数据采集系统中，常将电源变压器的一、二次侧分别加以屏蔽，如图8-7所示。屏蔽通常与铁芯同时接地。在要求更高的场合，可采用层间也加屏蔽的结构，如图8-8所示。

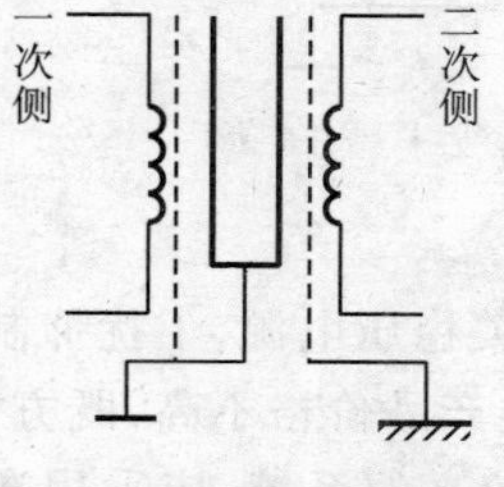

图 8-7　电源变压器的屏蔽

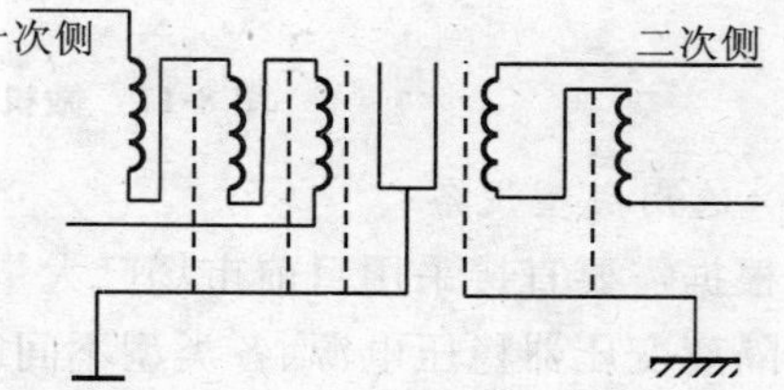

图 8-8　电源变压器的多层屏蔽

(2) 交流稳压器

交流稳压器主要用于克服电网电压波动对系统的影响；同时，由于交流稳压器中有电磁线圈，对干扰也有一定的抑制作用。传统的交流稳压器只能对付电源的慢慢变化，目前已有很多种能对付电源瞬间变化的净化技术产品，较好地解决了问题。

(3) 隔离变压器

高频噪声通过变压器主要不是靠初、次级线圈的互感耦合，而是靠初、次级间寄生电容耦合的，因此，应采用隔离变压器或超隔离变压器，以提高抗共模干扰的能力。

(4) 低通滤波器

采用低通滤波器(见图8-9)能抑制电网侵入的外部高频干扰。低通滤波器可让50 Hz的工频信号无衰减地通过，而滤去高于50 Hz的高次谐波。直流侧可采用图8-10所示双T滤波器，以消除50 Hz工频干扰。其优点是结构简单，对固定频率的干扰滤波效果好。可将电容C固定，调节电阻，在输入50 Hz信号的条件下，使$V_O=0$来确定电路参数。

(5) 采用分散独立功能块供电

在每个系统功能模块上用三端稳压集成块(如7805、7905、7812、7912等)组成稳压电

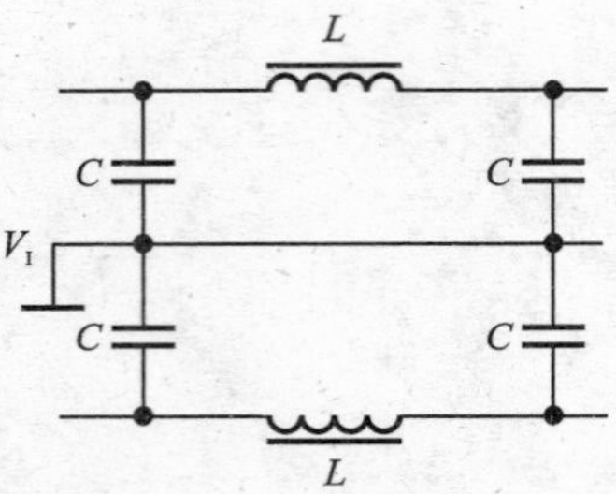

图 8-9　50 Hz 低通滤波器

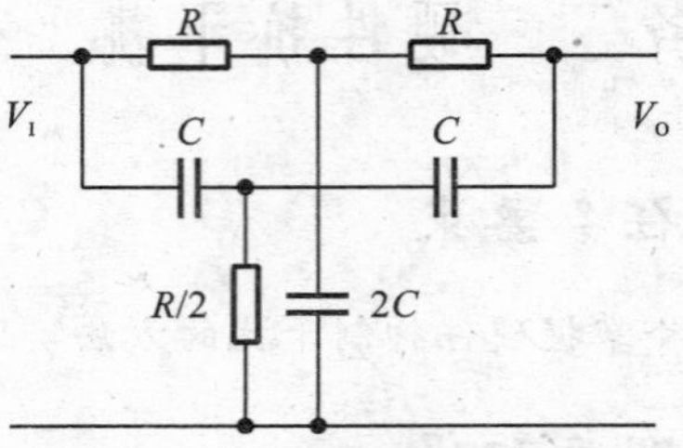

图 8-10　直流侧用双 T 滤波器

源。每个功能块单独对电压过载进行保护，不会因某块稳压电源故障而使整个系统破坏，而且也减少了公共阻抗的相互耦合，大大提高供电的可靠性，也有利于电源散热。抗干扰微机电源的供电配置如图 8-11 所示的结构。

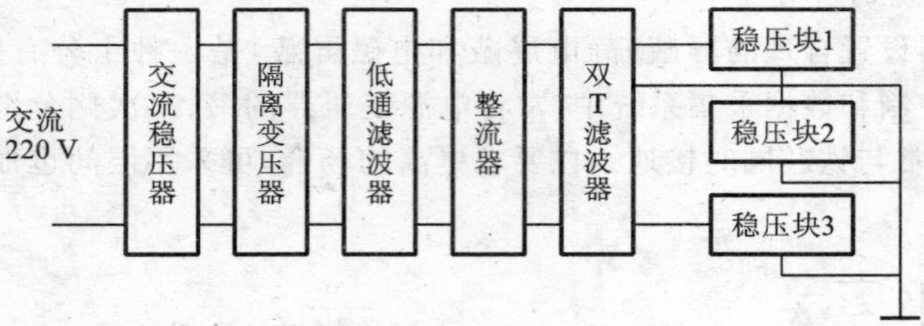

图 8-11　微机系统的抗干扰供电配置

(6) 选用成型设备

可根据需要直接采用目前市场已大量上市的高抗干扰的开关稳压电源、干扰抑制器和超大型隔离变压器稳压电源、各类型不间断电源(UPS)等。这类产品价格不高，既方便、又可靠。UPS 要注意后备式和在线式的选用。对供电质量要求较高的系统，应采用在线式 UPS。在线式 UPS 在电网正常电压时，将交流输入经变压、整流、滤波后，变成所需要的直流电压送逆变器，经逆变器变换和交流滤波，变成所需频率和电压的交流电压供给负载。逆变器具有稳压和稳频双重功能，提高了供电质量。当交流输入停电时，由蓄电池组向逆变器供电，以保证交流电不中断。

(7) DC/DC 转换器

如果系统供电电网波动较大，或者精度要求高，再采用上述方法就很难达到满意的效果。为解决直流电源变化问题，美国 MAXIM 公司专门研制了适合各种场合的系列 DC/DC 转换器。它们有升压型(step-up)、降压型(step-down)，还有升压/降压型等。也有无电感，可节省空间与成本的充电泵(Charge Pumps)，还有适用于手提式仪器使用的各种电池组的 DC/DC 转换器。它们的共同特点是，输入电压范围大(可从 1 个电池单元的 0.9 V 到几十伏)，输出电压稳定，且可调整(3.3 V、5 V 或线性可调整)，适应环境温度范围广(0～70 ℃或－55～＋125 ℃)，采用脉冲宽度调制(PWN)或脉冲频率调制(PFM)(最高频率可达 1 MHz)，效率高达 90%。DC/DC 转换器具有体积小、性能价格比高等特点。采用的封装形式有：DIP(双列直插封装)、SO(小型表贴)、SSOP(紧缩的小型表贴)、uMax(微型 Max)等。正因为如此，DC/DC 转换器近年来广泛应用于手提仪器、自动检测系统以及微型机控制系统中。MAX1626/MAX1627 的典型应用电路如图 8-12 所示。

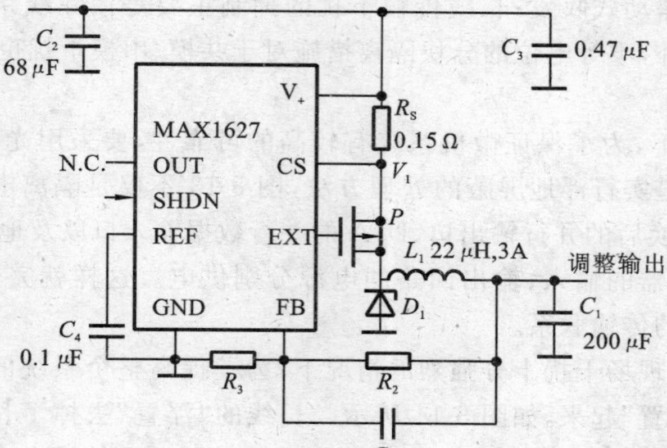

图 8-12 MAX1626/MAX1627 的典型应用电路

MAX1626/MAX1627 管脚功能如下。

①OUT:输出。把输入的电压转换成固定的 3.3 V 或 5 V 电压输出。对于 MAX1626 OUT 管脚在芯内被接到电压分配器上,它不能提供电流。对于 MAX1627,在可调输出方式时,OUT 管脚不用连接。

②3/5 或 FB。此管脚在 MAX1626/MAX1627 中有不同的作用。在 MAX1626 中,此管脚为 3/5 用来完成输出电压 3.3 V 或 5 V 电压选择。当其为低电平时,输出为 3.3 V。当其为高电平时,输出为 5 V。但在 MAX1627 中,此管脚为用于调整输出方式的反馈输入端。通常是将其接到外部输出端与地端的两个分压电阻上。

③SHDN:关断输入,高电平有效。当 SHDN 为高电平时,该芯片为关断状态。在这种方式下,参考输入(REF)、输出(OUT)和外部场效应管均是断开的。正常操作时,此管脚应接低电平(或地)。

④REF:1.3 V 参考输入。输出电流为 100 μA,通过 0.1 μF 的电容旁路。

⑤V_+:正电源输入,用 0.47 μF 电容。

⑥CS:电流检测输入。在 V_+ 和地之间连接一个电流检测电阻。当电阻上的电压等于极限电流触发电平(约 100 mV)时,外部场效应管断开。

⑦EXT 用于外部 P 沟道场效应管的栅极驱动。EXT 的幅值介于 V_+ 和 GND 之间。

⑧GND:地。

另外,线路设计时可在电路主板各位置上多接一些滤波电容,跨接在电源和地线之间。如有可能,最好为每一块大型集成芯片的供电引线两端均加一个瓷片电容。

2. 过程通道干扰的抑制

过程通道是输入接口、输出接口与主机或主机相互之间进行信息传输的路径,在过程通道中长线传输的干扰是主要因素。随着系统主振频率越来越高,微机系统过程通道的长线传输越来越不可避免,防止干扰的问题也就显得越来越重要。干扰的来源是多方面的,对于共模、串模和长线传输 3 类干扰,有不同的抑制方法。共模干扰的抑制方法主要有 3

种:变压器隔离、光电隔离和浮地屏蔽;串模干扰的抑制方法主要也有 3 种:用双绞线作信号引线、滤波、信号的差动式收发;长线传输干扰的抑制主要是消除线路中的波发射;采用阻抗匹配的方法。另外,不等电位的分块隔离措施对于共模、串模干扰也行之有效。

(1) 浮地屏蔽

在强干扰环境下,为了保证微机系统有较高的可靠性,要采用光电耦合器将微机部分与其他所有外接通道实行浮地屏蔽的处理方法,图 8-13 不仅是隔离电路,也是一个浮地屏蔽的实例。A/D 转换后的并行输出口、D/A 的并行数据输入口以及地址与控制线均采用光电隔离,而光电耦合器的输入、输出回路的电源分别供电。这样就完全切断了系统主机部分与外界的一切电的传输联系。

在传输线较长,现场干扰十分强烈的情况下,为了提高整个系统的可靠性,可用光电耦合器将长线完全"浮置"起来,如图 8-14 所示。长线的"浮置"去掉了长线两端的公共地线,不但有效地消除了各逻辑电路的电流流经公共地线时所产生的噪声电压相互干扰,而且也有效地解决了长线驱动和阻抗匹配等问题,同时也可以防止受控设备短路时保护系统不受损坏。

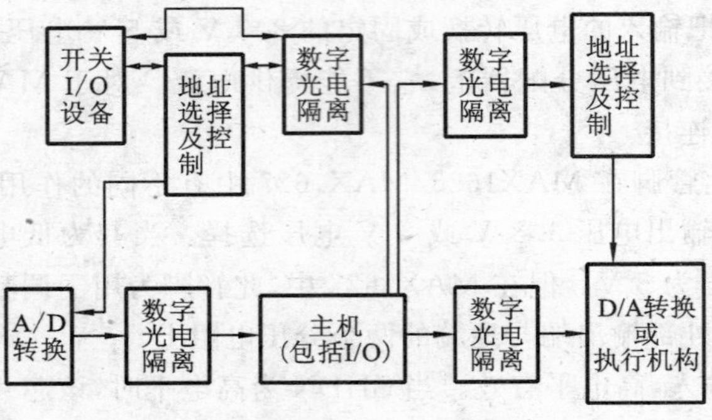

图 8-13　光电耦合基本配置

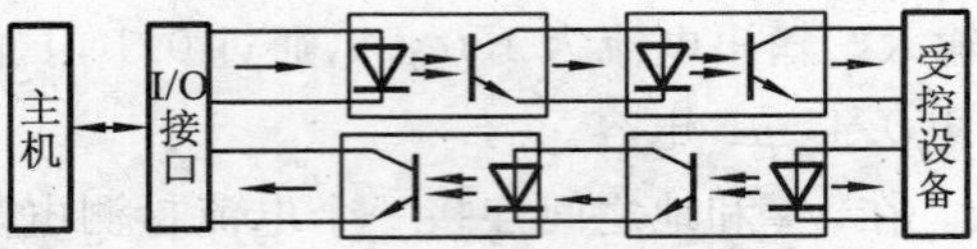

图 8-14　传输长线的光耦浮置处理

(2) 滤波

采用模拟滤波抑制串模干扰是一种常用的方法。如果干扰信号频率比被测信号频率高,选用低通滤波器;如果干扰信号频率比被测信号频率低,选用高通滤波器;当串模干扰与信号落在被测信号频率的两侧时,需采用带通滤波器。一般采用电阻 R、电容 C、电感 L 等无源元件构成无源滤波器,其缺点是信号有较大的衰减。为了把增益和频率特性结合起来,可以采用以反馈放大器为基础的有源滤波器。这对小信号尤其重要,它不仅可提高增益,而且可用频率特性进行分析。其缺点是线路复杂。在过程控制对象中,串模干扰比被测信号变化快,所以常用无源阻容低通滤波器,如图 8-15 所示,或采用有源低通滤波器,如图 8-16 所示。

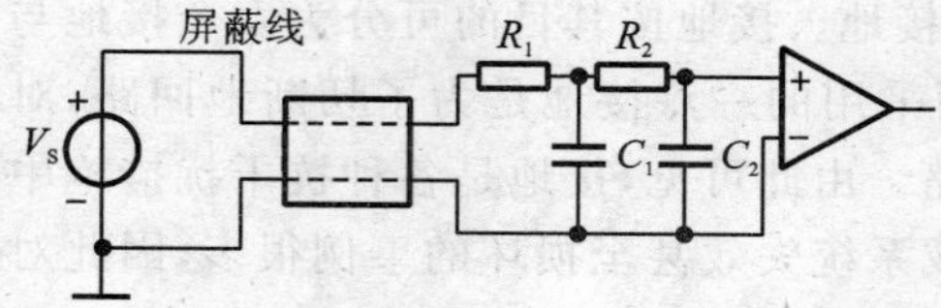

图 8-15 无源阻容低通滤波器

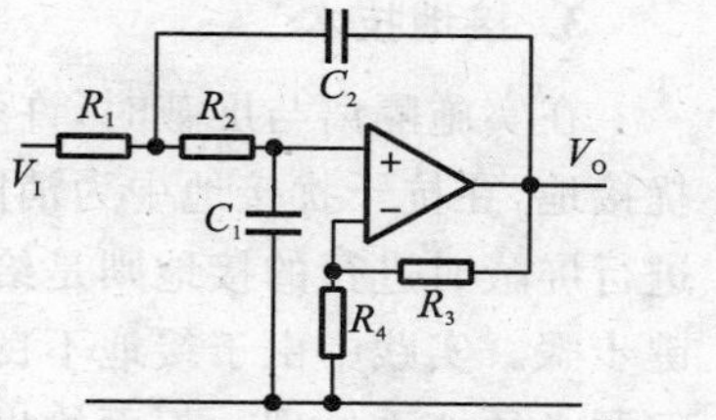

图 8-16 有源低通滤波器

(3) 信号的差分式发收

由于长距离信号传输中存在共模干扰，干扰可以是直流电压，也可以是交流电压，其幅值可达几伏甚至更高，这取决于现场环境条件和微机等设备的接地情况。实际上共模电压会转换成串模干扰加入到放大器输入端。为抑制干扰，一般可采用专用电路或芯片元件把单端传输信号变为双端差分信号进行长距离传送，接收端再把双端差分信号变为单端信号。这种方法对线路阻抗损耗产生的电压迁移有效。

(4) 不等电位干扰的分块隔离措施

在实际应用的系统中，电磁干扰影响同样是不容忽视的、主要的外部因素。为了克服电磁干扰对系统的影响，最有效的方法就是将大系统分为多个小部分，每部分单独共地，各部分之间采用高绝缘隔离，这样就缩小了每个共地系统的空间范围，从而从根本上消除了不等电位干扰。不等电位干扰在I/O中尤为明显，因此，I/O设计过程中必须采用隔离技术。下面介绍一种分解实例，如图 8-17 所示。其中I/O部件为电源、主机系统、I/O系统3个部分，外设对主机的干扰沿A方向传递时受到隔离，不能通过，只有返回电网，电网干扰会到主机电源，在电源处受到RC吸收或二极管钳位等手段的隔离，也无法进入主机，因此使主机系统抗干扰能力大为提高。

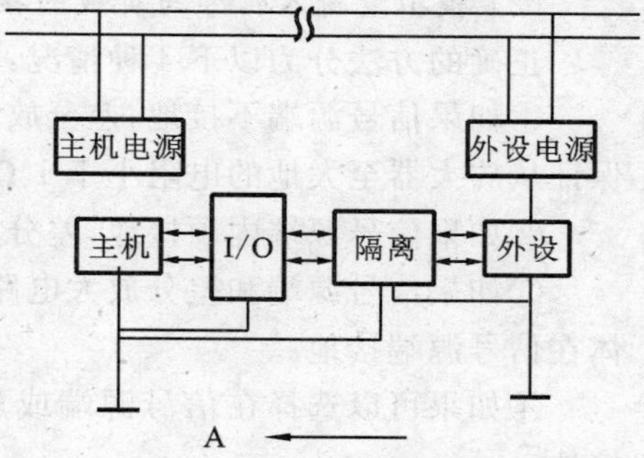

图 8-17 I/O的分块隔离

图 8-17 中，不同位置的隔离应采用不同的手段。在电源部分，由于开关电源的隔离作用，辅以抗干扰电路，可以减小电网干扰对主机的影响，使主机地电平形成浮地。在I/O隔离部分，数字量I/O常采用光电隔离，模拟量输入则多采用各种隔离放大器进行隔离，隔离器件需特殊供电时，其电源通过DC/DC转换器与主机系统进行隔离。

在隔离系统中另一个必须注意的问题是电源匹配，亦即在主机与外调之间如进行隔离，则两者必须由分别的电来供电；与此相反，如果不进行隔离，则应采用统一供电，保证一点接地以降低不等位干扰。

另外，还有一些有效方法，如当尖峰型串模干扰为主要干扰时，采用双积分型A/D转换器；如当传感器距离控制室的A/D转换器较远时，可采用电流传输代替电压传输，在A/D转换器端再用并联电阻把电流转换为电压；长线传输干扰抑制阻抗匹配的方法等，这里不再赘述。

3. 接地技术

在实施隔离与屏蔽时,许多措施中都需要接地。接地按其目的可分为安全接地与抗干扰接地,在抗干扰接地中为消除不等电位差而采用的一点接地是为了切断地回路,对干扰进行屏蔽时进行的接地则是给屏蔽体提供回路。由此可见,接地是各种抗干扰措施中的关键步骤。实践中由于接地不良或接法错误造成系统失效甚至损坏的事例很多,因此对接地问题必须慎重处理。下面给出一些接地要注意的问题:

(1) 电路板内的信号

电路板内信号地的连接分为两种情况:对于采用了诸如模拟放大器、模拟开关、D/A 转换器等高精度模拟器件的电路板,必须严格要求板上接地,主要的要求有:所有模拟器件(包括可能的输入/输出端)的接地端必须在一点并联相接,亦即一点接地,各地线应尽可能放宽。对于纯数字电路的电路板,各器件可以允许多点接地,但地线应尽可能粗,并尽量减少串联接地的情况。特别是对于高频信号器件,电路中应采用大面积直接接地,以减少电路间的相互影响。

(2) 模拟量输入信号与屏蔽的接地

正确的方法分为以下 4 种情况:

①如果信号源端不接地,差分放大电路端接地,则屏蔽体应在放大器端接地,接地时应保证从放大器至大地的电阻小于 1 Ω。

②如果信号源端内须接地,差分放大器端不接地,则屏蔽体应在信号源端接地。

③如果信号源端和差分放大电路端都必须接地,则对信号必须采用隔离等措施。屏蔽体在信号源端接地。

④如果可以选择在信号源端或放大电路端接地,则可将信号线与屏蔽层在信号源处接地。

(3) 安全接地

安全接地是指控制系统机柜及内部机件的接地,安全接地应注意下述问题:

①如果内部机件与机柜的接触不是非常好,则应以铜带将其与机柜相连,机柜也以铜带与大地单独一点相连。

②接地电缆(铜带)宜采用焊接的方式安装。

③内部电路如需接大地,不应随意接在壳体上,而需单独接地。

广义的接地包含两方面的意思,即接实地和接虚地。接实地指的是与大地连接;接虚地指的是电位基准点连接;如果地电位的基准点自行浮置或浮空(即与大地电气绝缘),则称为浮地连接。正确合理的接地技术对微机控制系统是极为重要的,它是抑制干扰的主要方法,也是保护微机、电气设备和操作人员安全的有效措施。所以,接地又分为工作接地和保护接地两大类。本书主要讨论工作接地技术。

微机控制系统的接地设计与一般电气设备(强电)的接地设计有着很大的差别。一般强电设备的接地(安全地)主要是以通道为目的,对地线上压强的大小、接地点的选择相对来说并不严格。而微机控制系统的接地除机壳、被控机械和设备的保护地线外,主要是屏蔽和信号基准点的选择,即从抗干扰角度考虑问题。

在微机控制系统中,大致有以下几种地线:模拟地、数字地、信号地、系统地、交流地和保护地。模拟地作为传感器、变送器、放大器、A/D 和 D/A 转换器中模拟电路的零电位。模拟信号有精度要求，有时信号比较小，而且与生产现场连接。有时为区别远距离传感器的弱信号地与主机的模拟地关系，会把传感器的地称作信号地。

数字地作为微机各种数字电路的零电位，应该与模拟地分开，避免模拟信号受数字脉冲的干扰。系统地是上述几种地的最终回流点，直接与大地相连作为基准零电位。

交流地是计算机交流供电电源地，即动力线地，它的地电位很不稳定。在交流地上任意两点之间往往就有几伏乃至几十伏的电位差存在。另外，交流地也容易带来各种干扰。因此，交流地绝不允许与上述几种地相连，而且交流电源变压器的绝缘性能要好，应绝对避免漏电现象。

保护地也叫安全地，目的是使设备机壳与大地等电位，以避免机壳带电影响人身及设备安全。以上这些地线如何处理，是浮地还是接地？是一点接地还是多点接地？这些都是实时控制系统设计、安装、调试中的重要问题。

思考与练习

1. 电源噪声干扰抑制的方法有哪些？
2. 过程通道干扰的抑制方法有哪些？
3. 微机控制接地类型有哪些？

任务三　CPU 软件抗干扰

任务要求

✧掌握 CPU 软件抗干扰的方法

相关知识

前两节主要介绍硬件的抗干扰技术，在后两节中介绍软件抗干扰技术。当干扰可能通过三总线作用进入 CPU 本身时，CPU 将不能按正常状态执行程序，从而引起混乱。为尽可能无扰动地恢复系统正常状态，常采取以下措施。

1. 人工复位

对于失控的 CPU，最简单的方法是使其复位，程序从 0000H 地址开始执行。为此只要在 8051 系列单片机的 RESET 端加上一个高电平信号，并持续两个机器周期以上即可。RESET 端接有一个上电复位电路，它由一个小电解电容和一个接地电阻组成，人工复位电路另外采用一个按钮来给 RESET 端加上高电平信号。图 8-18 为放电型人工复位电路，上电时 C 通过 R 充电，维持一段足够的高电平时间就完成了上电复位功能。C 充电结束后，RESET 端为低电平，CPU 正常工作。需要人工复位时，按下按钮 S，C 通过 S 和 R_1 放电，RESET

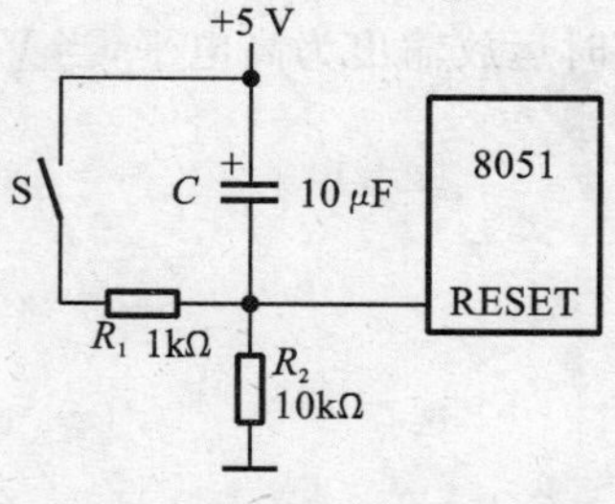

图 8-18　放电型人工复位

端电位上升到高电平,实现人工复位。S松开后,C 重新充电,充电结束后,CPU 重新工作。R_1是限流电阻,阻值不要过大,否则不能实现人工复位。一般 $R_1=1\ k\Omega$,$R_2=10\ k\Omega$,$C=10\ \mu F$。

人工复位虽然可以强迫 CPU 走上正轨,而且电路简单,但最大的缺点是不及时,往往系统已经瘫痪,人们在无可奈何的情况下才按下复位按钮。如果软件中没有特别的措施,那么人工复位和上电复位具有同等作用,系统将一切从头开始,已经完成的工作量全部作废,这在控制系统中是不允许的。因此,人工复位主要用于非控制系统,如各类智能测试仪器。如果 CPU 在受到干扰后能自动采取补救措施,再自动复位,这样才能为各类控制系统所接受。

2. 掉电保护

电网瞬间断电或电压突然下降,将使微机系统陷入混乱状态;当电网电压恢复正常后,微机系统难以恢复正常状态,对这类事故的有效处理方法就是采用掉电保护。掉电保护由硬件电路检测到,加到单片机的外部中断输入端。软件中将掉电中断规定为高级中断,使系统能够及时对掉电作出反应。

在掉电中断子程序中,首先进行现场保护,把当时的重要状态参数,中间结果一一从片外 RAM 调入单片机的 RAM 中,某些片内专用寄存器的内容也转移到片内通用 RAM 中。其次是对有关设备做出妥善处理,如关闭各输入输出口,使外设处于某一个非工作状态等。最后必须在片内 RAM 的某一个或两个单元作上特定标记,例如存入 0AAH 或 55H 之类的代码,作为掉电标记。这些应急措施全部实施完毕后,即可进入掉电保护工作状态。为保证掉电子程序能顺利执行,掉电检测电路必须在电压下降到 CPU 最低工作电压之前就提出中断申请,提前时间为几百微秒到数毫秒。掉电后,外围电路失电,但 CPU 不能失电,以保持 RAM 中内容不变,故 CPU 应有一套备用电源。另外,CPU 应采用 CMOS 型 8031 芯片,执行一条"ORLPCON,#2"的指令后即可进入掉电工作状态。当电源恢复正常时,CPU 重新复位,复位后应首先检查是否有掉电标记,如果没有,则按一般开机程序执行(系统初始化等)。

如果有掉电标记,则说明本次复位为掉电保护之后的复位,不应将系统初始化,而应按掉电中断子程序相反的方式恢复现场,以一种合理的安全方式使系统继续工作。

为实现以上功能,必须有一套功能完备的硬件掉电检测电路和 CPU 电源切换电路,如图 8-19 所示。利用 R_3 和 D_W 在运放的负输入端建立一个参考电压信号(2.5~3.5 V),再由 R_1 和 R_2 分压,在运放的正输入端建立电源检测信号,调整 R_1 和 R_2 的比值,使 V_{CC} 高于 4.8 V 时运放输出为高电平,当 V_{CC} 低于 4.8 V 时,运放输出低电平信号,触发 8031 的外部中断。

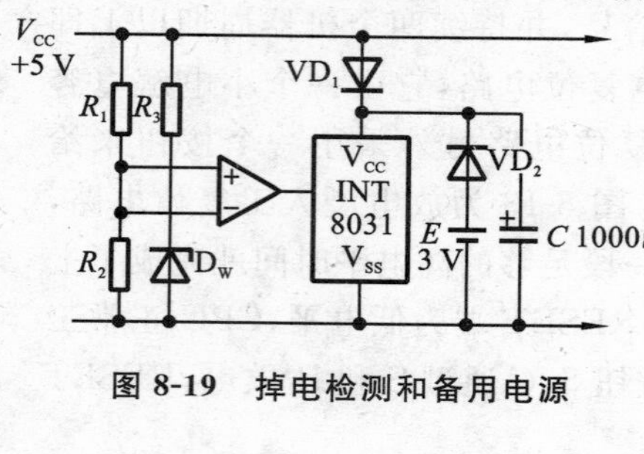

图 8-19 掉电检测和备用电源

CPU 进入掉电保护后耗电极微，V_{CC}继续下降后，CPU 通过 VD_2从备用电池 E 中得到作和电压(2.3～2.5 V)，以维持片内 RAM 中数据不丢失。如果电容 C 选用自身漏电极微的大容量电解电容(1000 μF 以上)，二极管 VD_1选用硅二极管，那么在不要备用电源 E(当然也不要二极管 VD_2)的情况下，RAM 中的信息可以保持 24 小时以上，这对于天天都开机的系统来说是完全足够的。

3. 睡眠抗干扰

CMOS 型 8031 通过执行 ORL PCON，#1 还可以进入睡眠状态，只有定时/计数系统和中断系统处于工作状态。这时 CPU 对系统三总线上出现的干扰不会做出什么反应，从而大大降低了系统对干扰的敏感程度。

仔细分析系统软件后可以发现，CPU 并不是一直忙于工作，有很多情况下是在执行一些踏步等待指令和循环检查程序，由于这时 CPU 虽未干什么主要工作，但却是很容易受干扰。我们让 CPU 在没有工作时就休眠，有工作时再由中断系统来唤醒它，干完后又接着休眠。采用这种安排之后，大多数 CPU 可以有 50%～95%的时间用于休眠，从而使 CPU 受到随机干扰的威胁就大大降低，对于低功耗系统，CPU 的功耗也有所下降。

在一些大功率微机控制系统中，大电流和高电压设备的投入和切除都是由软件指令来完成的。这些指令执行之后，必然引起强烈的干扰，这些干扰不能算随机干扰，它们与软件完全相关。如果 CPU 在做好各种准备工作之后，进行可能引起强烈干扰的 I/O 操作之后，立即进入休眠状态，也就不会受到干扰了。等到下一次唤醒时，干扰的高峰也基本消失了。

按这种思想设计的软件有如下特点：主程序在完成各种自检、初始化工作后，用下述两条指令取代踏步指令：

```
LOOP:ORL     PCON,#1
     LJMP    LOOP
```

系统所有的工作都放在中断子程序中执行，而监控程序一般放在定时中断子程序中。主程序在执行 ORL PCON，#1 之后便进入睡眠状态，这时程序计数器 PC 中的地址指向下一条指令 LJMP LOOP。当中断系统将 CPU 唤醒后，CPU 立即响应中断，首先将 PC 的值压入堆栈，然后执行中断子程序本身。完成任务之后，执行一条开中断指令，确保 CPU 在睡眠之后还能被唤醒，最后执行中断返回指令。这条指令结束中断子程序，并从堆栈中将主程序执行地址弹出到程序计数器 PC 中，CPU 便接着执行主程序中的 LJMP LOOP 指令，转回到“ORL PCON，#1”指令上，执行完这条指令后便再次进入睡眠状态，如此周而复始。前面已经提到，应将可能引起强烈干扰的 I/O 操作指令放在睡觉前执行，也就是说，这类 I/O 操作应放在中断子程序的尾部。为确保 CPU 不过早被唤醒，躲过强烈干扰的高峰，可临时关闭一些次要的中断，仅仅留一个内部定时中断，定时尽可能长些(如 100 ms)，并做好标记。下次定时中断响应后，根据标记，恢复系统的正常中断设置方式。以上措施使用合理时，系统出麻烦的次数便可大大减少。

4. 指令冗余

当 CPU 受到干扰后，往往将一些操作数当作指令码来执行，引起程序混乱，这时首先要尽快将程序纳入正轨(执行有用程序)。MCS-51 指令系统中所有的指令都不超过 3 个字节,而且有很多单字节指令。当程序弹飞到某一条单字节指令上时,便自动纳入正轨。当弹飞到某一双字节指令上时,有可能落到其操作数上,从而继续出错。当程序弹飞到三字节指令上时,因为有两个操作数,继续出错的机会就更大。因此,应多采用单字节指令,并在关键的地方人为插入一些单字节指令(NOP),或将有效单字节指令重复书写,这便是指令冗余。指令冗余无疑会降低系统的效率,但在绝大多数情况下,CPU 还不至于忙到不能多执行几条指令的程序,故这种方法还是得到了广泛采用。

在双字节指令和三字节指令之后插入两条 NOP 指令后,可保护其后的指令不被拆散。或者说,某指令前如果插入两条 NOP 指令,则这条指令就不会被前面冲下来的失控程序拆散,并将被完整执行,从而使程序走上正轨。但不能在程序中加入太多的冗余指令,以免明显降低程序正常运行的效率。因此,常在一些对程序流向起决定作用的指令之前插入两条 NOP 指令,以保证弹飞的程序迅速纳入正轨。此类指令有:RET、RETI、ACALL、LCALL、SJMP、AJMP、LJMP、JZ、JNZ、JC、JNC、JB、JNB、JBC、CJNE、DJNZ 等。

5. 软件陷阱

指令冗余使弹飞的程序安定下来是有条件的,首先弹飞的程序必须落到程序区,其次必须执行到冗余指令。当弹飞的程序落到非程序区(如 EPROM 中未使用的空间、程序中的数据表格区)时,前一个条件即不满足。当弹飞的程序在没有执行到冗余指令之前,已经自动形成一个死循环,这时第二个条件也不满足,对付前一种情况采取的措施就是设置软件陷阱,对于后一种情况采取的措施就是建立程序运行监视系统(Watchdog)。

所谓软件陷阱,就是一条引导指令,强行将捕获的程序引向一个指定的地址,在那里有一段专门对程序出错进行处理的程序。如果把该程序的入口标号称为 ERR 的话,软件陷阱即为一条 LJMP ERR 指令,为加强其捕捉效果,一般还在它前面加两条 NOP 指令,因此,真正的软件陷阱由 3 条指令构成:

```
NOP
NOP
LJMP ERR
```

软件陷阱一般安排在下列 4 个位置:

①未使用的中断向量区。有的编程人员将未使用的中断向量区(0003H～002FH)用于编程,以节约 ROM 空间,这是不可取的。现在 EPROM 的容量越来越大,价格也不贵,节约几十个字节的 ROM 空间已毫无意义。当干扰使未使用的中断开放,并激活这些中断时,就会进一步引起混乱。如果在这些地方布上陷阱,就能及时捕捉到错误中断。例如:系统共使用了 3 个中断:INT0、T0、T1,它们的中断子程序分别为 PGINT0、PGT0、PGT1,可按如下方式来设置中断向量区。

```
        ORG     0000H
        LJMP    MAIN            ;引向主程序入口
        LJMP    PGINT0          ;INT0 中断正常入口
        NOP                     ;冗余指令
        NOP
        LJMP    ERR             ;陷阱
```

```
        LJMP    PGT0        ;T0中断正常入口
        NOP                 ;冗余指令
        NOP
        LJMP    ERR         ;陷阱
        LJMP    ERR         ;未使用INT1,设陷阱
        NOP                 ;冗余指令
        NOP
        LJMP    ERR         ;陷阱
        LJMP    PGT1        ;T1中断正常入口
        NOP                 ;冗余指令
        NOP
        LJMP    ERR         ;陷阱
        LJMP    ERR         ;未使用串行口中断,设陷阱
        NOP                 ;冗余指令
        NOP
        LJMP    ERR         ;陷阱
        LJMP    ERR         ;未使用T2中断(8052)
        NOP                 ;冗余指令
        NOP
```

从0030H开始再编写正式程序,先编主程序或先编中断服务程序都是可以的。

② 未使用的大片未编程的ROM空间,一般很少将其全部用完。对于剩余的大片未编程的ROM空间,一般均维持原状0FFH,这对于8051指令系统来讲,是一条单字节指令"MOV　R7,A",程序弹飞到这一区域后将顺流而下,不再跳跃(除非受到新的干扰)。只要每隔一段设置一个陷阱,就一定能捕捉到弹飞的程序。有的编程者用02　00　00(即LJMP　START)来填充ROM的未使用空间,以为两个00H既是地址,可设置陷阱,又是NOP指令,起到双重作用,这样做实际上是不妥的。程序出错后直接从头开始执行将有可能产生一系列的麻烦。软件陷阱一定要指向出错处理过程ERR。可以将ERR安排在0030H开始的地方,程序不管怎样修改,编译后ERR的地址总是固定的(因为它前面的中断向量区是固定的)。这样就可以用00　00　02　00　30共5个字节作为陷阱来填充ROM中的未使用空间,或者每隔一段设置一个陷阱(02　00　30),其他单元保持0FFH不变。

③表格。有两类表格,一类是数表格,供"MOVC　A,@A+PC"指令或"MOVC　A,@A+DPTR"指令使用,其内容完全不是指令。另一类是散转表格,供JMP　@A+DPTR指令使用,其内容为一系列的三字节指令LJMP或两字节指令AJMP。由于表格内容的一一对应关系,在表格中间安排陷阱将会破坏其连续性和对应关系,所以只能在表格的最后安排五字节陷阱:NOP　NOP　LJMP　ERR。由于表格区较长,安排在最后的陷阱不能保证一定接到飞来的程序,只有其他位置的陷阱或冗余指令来接收。

④程序区。程序区是由一连串执行指令构成的,不能在这些指令串中间任意安排陷

阱,否则正常执行的程序也会被抓走。但是,在这些指令串之间常有一些断裂点,正常执行的程序到此便不会继续往下执行了,这类指令有LJMP、SJMP、AJMP、RET、RETI。这时PC的值应发生正常跳变。如果还要顺次往下执行,必然就出错了。当然,弹飞的程序刚好落到断裂点的操作数上或落到前面指令的操作数上(又没有在这条指令之前使用冗余指令),则程序就会正常执行的程序流程。例如:在一个根据累加器A中内容的正、负、零情况进行三分支的程序中,软件陷阱的安置方式如下:

```
        JNZ     XYZ
        ⋮                       ;零处理
        AJMP    ABC             ;断裂点
        NOP                     ;陷阱
        NOP
        LJMP    ERR
XYZ:    JB      ACC 7,UVW
        …                       ;正处理
        AJMP    ABC             ;断裂点
        NOP                     ;陷阱
        NOP
        LJMP    ERR
UVW:    …                       ;负处理
ABC:    MOV     A,R2            ;取结果
        RET                     ;断裂点
        NOP                     ;陷阱
        NOP
        LJMP    ERR
```

由于软件陷阱都安排在正常程序执行不到的地方,故不影响程序执行效率,在当前EPROM容量不成问题的条件下,还是多多益善,只是在打印程序清单时显得很臃肿,破坏了程序的可读性和条理性。可以在打印程序清单时不加(或删去)所有的软件陷阱和冗余指令,在编译前面再加上冗余指令和尽可能多的软件陷阱,生成目标代码后再写入EPROM中。

6. 程序运行监控电路

在微机控制系统中,虽然采用了上述一些抗干扰措施,但由于各种原因,仍然难以保证"万无一失",监控电路算是最后一道防线,以确保系统的可靠性。当程序弹飞到一个冗余指令和软件陷阱无能为力的死循环时,这时系统将完全瘫痪。如果操作者在场,可以按下人工复位按钮,强制系统复位,摆脱死循环。为让微机自己来监视系统运行情况,特为系统装加上不依赖CPU本身就能独立工作的程序运行监视系统Watchdog(看门狗)。CPU在一定的时间间隔中发出正常信号条件下,当CPU掉入死循环后,能及时发觉并使系统复位。在普通型8051系列单片机系统中,则必须由用户自己建立。如果为了简化硬件电路,也可以采用纯软件的Watchdog系统。当硬件电路设计时未考虑到采用Watchdog,则软件

Watchdog是一个比较好的办法，但可靠性不如硬件电路。

思考与练习

1. 软件抗干扰技术有哪些？
2. 指令冗余与指令陷阱抗干扰技术有什么不同？

任务四　看门狗技术

任务要求

✧掌握软件看门狗设计方法
✧掌握硬件看门狗电路设计

相关知识

1. 软件看门狗

前面已经提到，当程序弹飞到一个临时构成的死循环中时，软件陷阱也就无能为力了，这时系统将完全瘫痪。如果操作者在场，就可以按下人工复位按钮，强制系统复位，摆脱死循环。但操作者不能一直监视着系统，即使监视着系统，也往往是在引起不良后果之后才进行人工复位。能不能不要人来监视，而由计算机自己来监视系统运行情况呢？当然可以，这就是程序运行监视系统（Watchdog）。这好比是主人养了一条狗，主人在正常干活的时候总是不忘每隔一段固定时间就给狗吃点东西，狗吃过东西就安静下来，不影响主人干活。如果主人打瞌睡不干活了，到一定时间，狗饿了，发现主人还没有给它吃东西，就会大叫起来，把主人吵醒。国外把程序运行监视系统称为Watchdog（看门狗）也就是这个意思。从这个比喻中可以看出，Watchdog有如下特性：

①本身能独立工作，基本上不依赖于CPU；

②CPU在一个固定的时间间隔内和该系统打一次交道（喂一次狗），以表明系统目前尚正常；

③当CPU陷入死循环后，能及时发觉并使系统复位。

在8096系列单片机和增强型8951系列单片机芯片内已经内嵌了程序运行监视系统，使用起来很方便。而在普通型51系列单片机中，必须由用户自己建立。如果要实现Watchdog的真正目标，该系统还必须包括完全独立于CPU之外的硬件电路，有时为了简化硬件电路，也可以采用纯软件的Watchdog系统。当硬件电路设计未采用Watchdog时，软件Watchdog是一个比较好的补救措施，只是其可靠性稍差一些。

当系统陷入死循环后，什么样的程序才能使它跳出来呢？只有比这个死循环更高级的中断子程序才能夺走对CPU的控制权。为此，可以用一个定时器来作为Watchdog，将它的溢出中断设定为高优先级中断（掉电中断选用$\overline{INT0}$时，也可设为高级中断，并享有比定时中断更高的优先级），系统的其他中断均设为低优先级中断。例如，用T0作Watchdog，定时约为16 ms，可以在初始化时按下列方式建立Watchdog：

```
        MOV     TMOD, #01H      ;设置 T0 为 16 位定时器
        SETB    ET0             ;允许 T0 中断
        SETB    PT0             ;设置 T0 为高级中断
        MOV     TH0, #0E0H      ;定时约 16 ms(6 MHz 晶振)
        SETB    TR0             ;启动 T0
        SETB    EA              ;开中断
```

以上初始化过程可与其他初始化过程一并进行。如果 T1 也作为 16 位定时器,则可以用"MOV TMOD,#11H"来代替"MOV TMOD,#01H"指令。

Watchdog 启动以后,系统工作程序必须经常"喂它",且每两次的间隔不得大于 16 ms(如可以每 10 ms"喂"一次)。执行一条"MOV TH0,#0E0H"指令即可将它暂时"喂饱",若改用"MOV TH0,#00H"指令来"喂"它,它将"安静"131 ms(而不是我们要求的 16 ms)。这条指令的设置原则上和硬件 Watchdog 相同。

当程序陷入死循环后,16 ms 之内即可引起一次 T0 溢出,产生高优先级中断,从而跳出死循环。T0 中断可直接转向出错处理程序,在中断向量区放置一条"LJMP ERR"指令即可。由出错处理程序来完成各种善后工作,并用软件方法使系统复位。

下面是一个完整的看门狗程序,它包括模拟主程序,喂狗(DOG)程序和空弹返回 0000H(TOP)程序。

```
        ORG     0000H
        AJMP    MAIN
        ORG     000BH
        LJMP    TOP
MAIN:   MOV     SP,#60H
        MOV     PSW,#00H  ┐
        MOV     SCON,#00H │
        ⋮                 │ ;模拟硬件复位,这部分可根据系统对
                          │  资源使用情况增减
        MOV     IE,#00H   │
        MOV     IP,#00H   ┘
        MOV     TMOD,#01H
        LCALL   DOG             ;调用 DOG 程序的时间间隔应小于定时器定时
                                 时间
        ⋮
DOG:    MOV     TH0,#0B1H       ;喂狗程序
        MOV     TL0,#0E0H
        SETB    TR0
        RET
TOP:    POP     ACC             ;空弹断点地址
        POP     ACC
        CLR     A
```

```
PUSH    ACC        ;将返回地址换成 0000H,以便实现软件复位
PUSH    ACC
RETI
```

程序说明:一旦程序弹飞,便不能喂狗,定时器 T0 溢出,进入中断矢量地址 000BH,执行“LJMP TOP”指令,进入空弹程序 TOP。当执行完 TOP 程序后,就将 0000H 送入 PC,从而实现了软件复位。

2. 硬件(专用芯片)看门狗

(1) 硬件看门狗的工作原理

下面讨论专用看门狗芯片(以 X5045 为例)的应用,它的设计使用目的是作微处理器的一个监控者。微处理器在运行中会受到各种各样的干扰,如电源及空间电磁干扰,当其超过抗干扰极限时,就有可能引起微处理器死机或程序跑飞。尤其在 MCU 的应用环境中,更容易受到复杂干扰源的干扰影响。有了看门狗这个监控者,就能够在 MCU 死机或程序跑飞后,重新使它复位恢复运行。

有的单片机片内嵌入监视定时器 T3(看门狗),当 T3 溢出时,使 MCU 系统复位。

若不让定时器 T3 溢出而造成系统复位,就要保证用户程序总是在监视间隔内对监视定时器装入初值(喂狗),监视定时器 T3 的这个功能是恢复软件故障的良好手段。设计程序时,必须在监视间隔内执行对监视定时器再装入的指令,即调看门狗 Watchdog 子程序。如果程序运行时出了问题,比如程序进入死循环,或因静电干扰或硬件故障使程序不按正常条件进行,因而没能在监视间隔内执行对监视定时器装入的指令,那么监视定时器 T3 就会溢出使系统复位。T3 的这种功能被称作“看门狗”。若系统复位后重新从 0000H 开始运行程序,则系统就能从故障中恢复过来,这个性能对一些控制器是很有意义的。

当前看门狗电路专用芯片本身是一个带清除端和溢出触发器的定时器。如果不清除它,它就以固定频率发出溢出触发脉冲。实际使用中,把这种触发输出引入到 MCU 的复位端,使用 MCU 的一个 I/O 口线控制它的清除端。看门狗的监控思路是:MCU 正常运行时,软件被设计成定时清除看门狗定时器;而一旦 MCU 死机或程序跑飞,这时 MCU 不再发出清除脉冲,看门狗定时器溢出,则自动复位 MCU。

单片机应用系统(或产品)的开发一定要考虑系统的可靠性设计。一般来说,系统的可靠性应从软件、硬件以及结构设计等方面全面考虑,如器件选择、电路板的布线、看门狗、软件冗余等。只有通过软/硬件的多方面设计,才能保证系统总体的可靠性指标,以满足系统在现场苛刻环境下的正常运行,而“看门狗”则是系统可靠性设计中的重要一环。在一个单片机应用系统中,所谓的“看门狗”是指在系统设计中通过软件或硬件方式在一定的周期内监控单片机的运行状况。如果在规定的时间内没有收到来自单片机的清除信号,也就是我们通常所说的没有及时“喂狗”,则系统会强制复位,以保证系统在受到干扰时仍然能够维持正常的工作状态。

看门狗的设计一般采用硬件和软件两种方式,这里我们主要介绍硬件看门狗的设计方法。

(2) 看门狗芯片的选择

提到看门狗,则必须提一下电源监控和上电复位电路。为了使用者的方便,现在芯片

都把上电复位、电源监控及"看门狗"集成到一起。近年来各厂家开发出多种看门狗芯片，如 MAXIM 公司的 MAX813/810，XICOR 公司的 X5045/5043 以及 CATALYST 公司的 24C021 等。与此同时，还开发出了多款内嵌看门狗的单片机，51 内核中比较典型的有 ATMEL 公司的 AT89C55WD、AT89S8252，WINBOND 公司的 W77E58，SST 公司的 SST89C58 以及 NXP 公司 87 系列的多种型号的单片机等。这里主要以 XICOR 公司的 X5045 为例来介绍看门狗芯片在单片机系统中的应用。其中 X5045 是 SPI 总线格式的具有看门狗、电压监控和 E^2PROM 数据存储的多功能芯片，目前应用较为广泛，使用者可以根据自己所选择的具体 MCU 来配置外围看门狗电路及电源监控。除了对功能的选择外，使用看门狗还应该注意它的复位门限电压，一定要确保 MCU 在看门狗芯片的最小复位门限电压下可以正常工作。表 8-1 列出的一些常用的看门狗芯片可以作为设计参考。

表 8-1 常用看门狗芯片

型　号	复位门限/V	低电平复位	高电平复位	看门狗周期/s	手动复位功能	E^2PROM 容量	接口类型	封装形式
IMP705	4.65	有		1.6	有			8-DIP/SO
IMP706	4.40	有		1.6	有			8-DIP/SO
IMP706P	2.63	有		1.6	有			8-DIP/SO
IMP813L	4.65		有	1.6	有			8-DIP/SO
X5043	4.25～4.50	有		可选		512 B×8	SPI	8-DIP/SO
X5043P	2.55～2.70	有		可选		512 B×8	SPI	8-DIP/SO
X5045	4.25～4.50		有	可选		512 B×8	SPI	8-DIP/SO
X5045P	2.55～2.70		有	可选		512 B×8	SPI	8-DIP/SO
CAT1161	可选	有	有	可选		2 KB×8	I^2C	8-DIP/SO

(3) X5045 与 8951 接口及程序设计

X5045 与 8951 的 SPI 接口电路如图 8-20 所示。

X5045 是 XICOR 公司生产的具有上电复位、电压监控、看门狗定时器以及 E^2PROM 数据存储 4 种功能的多用途芯片。

X5045 采用 SPI 串行接口，只要了解 SPI 原理和 X5045 的指令定义，就很容易对 X5045 进行操作。综合起来，读/写 X5045 有以下几条规则：

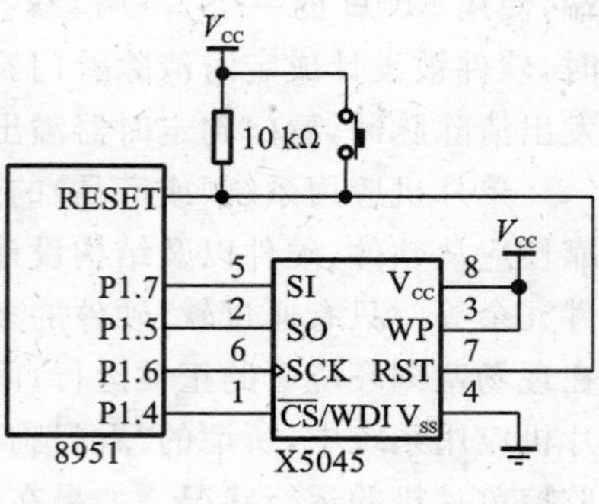

图 8-20 X5045 常用接线图

①SCK 由 1 变 0 时，从 SO 引脚读取 1 位数据；SCK 由 0 变为 1 时，向 SI 引脚发送的 1 位数据被采样。X5045 正是基于这一原理实现基本读/写操作的。

②在任何以字节为单位的读/写操作前，应先选中芯片，即复位 CS；置位 CS，则表示操作结束；为了防止误操作，每一次复位或置位 CS 时应复位 SCK。

③写操作前应先读取状态寄存器，判断 WIP 为 0 时，在写使能允许命令后就可以写状态寄存器或向 E^2PROM 写数据。

注意:喂狗(清除指令)一般在主程序大循环的适当位置喂狗,如图 8-21 所示。

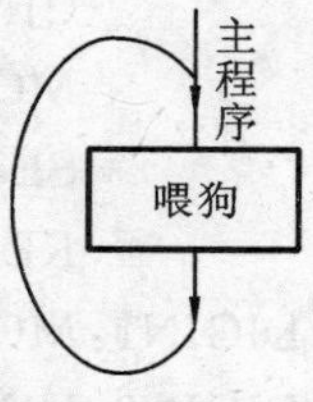

图 8-21 喂狗示意图

由 X5045 引脚功能中可知,$\overline{CS}$/WDI 引脚为双功能,看门狗定时器电路监测 WDI 的输入来判断微处理器是否工作正常。在设定的定时时间以内,微处理器必须在 WDI 引脚上产生一个由高到低的电平的变化,以清内部定时器,即“喂狗”;否则 X5045 将产生一个复位信号。在 X5045 内部的一个控制寄存器中有 2 位可编程位,决定了定时时间的长短。微处理器可以通过指令来改变这 2 个位,从而改变看门狗定时时间的长短。

思考与练习

1. 简述软件看门狗程序设计的原理。
2. 简述软件看门狗的工作原理。

任务五 输入/输出通道软件抗干扰

任务要求

✧掌握处理 I/O 通道软件抗干扰的方法

相关知识

上节所述的抗干扰措施是针对 CPU 本身的,还未涉及输入、输出通道。如果干扰只作用在系统的 I/O 通道上,CPU 工作正常,可用如下方法来使干优对数字信号的输入、输出影响减小或消失。

1. 数字信号的输入方法

干扰信号多呈毛刺状,作用时间短。利用这一特点,在采集某一数字信号时,可多次重复采集,直到连续两次或两次以上采集结果完全一致方为有效。若多次采集后,信号总是变化不定,可停止采集,给出报警信号。若数字信号为开关量,如限位开关和操作按钮等,对这些信号的采集不能用多次平均方法,必须绝对一致才行。典型的程序流程如图 8-22 所示。

程序消单如下:

```
DIGIN:  MOV    R2,#0H       ;初始化空信号
        MOV    R7,#0AH      ;最多采集10次
        MOV    R6,#0H       ;相同次数初始化
DIGIN0: ACALL  INPUT        ;采集一次数字信号
        XCH    A,R2         ;保存本次采集结果
        XRL    A,R2         ;与上次比较
        JNZ    DIGIN1       ;相同否?
        INC    R6           ;相同次数加1
```

```
        CJNE   R6,#3,DIGIN2   ;连续3次相同否?
        MOV    A,R2           ;采集有效,取结果
        SETB   F0             ;设定成功标志
        RET                   ;返回
DIGIN1: MOV    R6,#0          ;与上次不同,计数器清零
DIGIN2: DJNZ   R7,DIGIN0      ;限定总次数到否?
        CLR    F0             ;次数已到,宣告失败
        RET                   ;返回
```

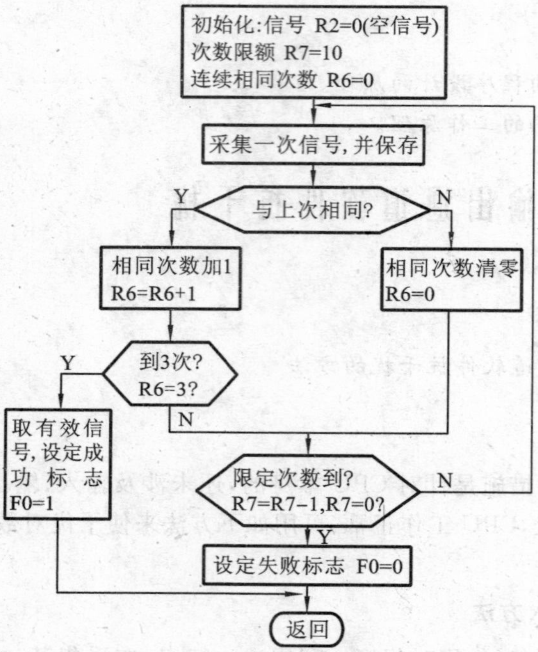

图 8-22　数字信号采集流程图

程序中 ACALL INPUT 是调用一个采集数字信号的过程,采集的结果为 8 位数字信号,并保存在累加器 A 中,如果这个采集过程很简单,应该直接将过程替代“ACALL INPUT”,例如各数字信号直接连在 P1 口上,便可用一条指令“MOV A,P1”来取代 ACALL INPUT。如果采集过程较复杂,可另编一个 INPUT 子程序。但要注意,该子程序中不要再使用 R2、R6、R7,或换工作寄存器区后再使用这 3 个寄存器,否则出错。如果数字超过 8 位,可按 8 位一组进行分组处理,也可定义多字节信息暂存区,按类似方法处理。在满足实时性要求的前提下,如果在各次采集数字信号之间延时处理一下,效果就会好一些,就能对抗较宽的干扰。延时时间在 10～100 μs。对于每次采集的最高次数限额和连续相同次数均可按实际情况适当调整。

2. 数字信号的输出方法

单片机的输出中,有很多是数字信号,例如显示装置、打印装置、通信装置、各种报警装置、步进电动机的控制信号、各种电磁装置(电磁铁、电磁离合器、中间继电器等)的驱动信

号。即使是模拟输出信号，也是以数字信号形式给出，再经 D/A 转换后才形成的。单片机给出正确的数据输出后，外部干扰有可能使输出装置得到错误的数据。这种错误的输出结果有时会造成严重后果，但如果措施得当，也是可以补救的。输出装置与 CPU 的距离越远（例如超过 10 m），连线就越长，受干扰的机会就越多。输出设备是电位控制型还是同步锁存型，对干扰的敏感性相差较大。前者有良好的抗“毛刺”能力，后者不耐干扰，当锁存线上出现干扰时，它就会盲目锁存当前的数据，而不管这时数据是否有效。输出设备的惯性（响应速度）与干扰的承受能力也有很大关系。惯性小的输出设备（如通信口、显示设备等）耐受干扰能力就差一些。

不同的输出装置对干扰的耐受能力不同，抗干扰措施也就不同，其措施如下：

①各类输出数据锁存器尽可能和 CPU 安装在同一电路板上，使传输线上传送的都是已锁存好的电位控制信号。有时这一点不一定能做到，例如用串行通信方式输出到远程显示器，一条线送数据，一条线送同步脉冲，这时就特别容易受干扰。

②对于重要的输出设备，最好建立检测通道，CPU 可以通过检测通道来检查输出的结果是否正确。

③软件上重复输出同一数据。只要有可能，其重复周期应尽可能短。当外部设备接受到一个被干扰的错误信息后，还来不及做出有效的反应，一个正确的输出信息又来到，就可以及时防止错误动作的产生。

有关输出芯片的状态在执行输出功能时也一并重复设置。例如 8155 芯片和 8255 芯片常用来扩展输入/输出功能，很多外设均通过它们来获得单片机的控制信息。这类芯片均应编程，以明确各端口的职能。由于干扰的作用，有可能在无形中改变芯片的编程方式。为了确保输出功能正确实现，输出功能模块在执行具体的数据输出之前，应该先执行芯片的编程指令，再输出有关数据。这样做也将对芯片端口重新定义，使输入模块得以正确执行。

对于以 D/A 转换方式实现的模拟输出，因本质上仍为数字量，同样可以通过重复输出的方式来提高模拟输出通道的抗干扰性能。在不影响反应速度的前提下，在模拟输出端连接一个适当的 RC 滤波电路（起到增加惯性的效果），配合重复输出措施便能基本消除模拟输出通道上的干扰毛刺。

3. 数字滤波

模拟信号都必须经过 A/D 转换后才能为单片机接收。若干扰作用于模拟信号，使A/D 转换结果偏离真实值。仅采样一次，是无法确定该结果是否可信的，必须多次采样，得到一个 A/D 转换的系列数据，通过某种处理后，才能得到一个可信度较高的结果。这种从系列数据中求取真值的软件算法，通常称为数字滤波算法。它的不足之处是占用 CPU 机时。

干扰信号分周期性和随机性两种，采用积分时间为 20 ms 整数倍的双积分型 A/D 转换方式能有效地抑制 50 Hz 工频干扰。对于非周期性的随机干扰，常采用数字滤波算法来抑制。它与模拟滤波器相比具有以下优点。

①数字滤波是用程序实现的，不需要增加任何硬件设备，也不存在阻抗匹配问题，可以多个通道共用。不但可以节约投资，还可以提高可靠性、稳定性。

②可以对频率很低的信号实现滤波，而模拟滤波电路由于受电容容量影响，频率不能

太低。

③灵活性好。可以用不同的滤波程序实现不同的滤波方法。

(1) 程序判断滤波

采样的信号,如因经常受到随机干扰的传感器不稳定而引起严重失真时,可以采用程序判断滤波。方法是:根据经验确定两次采样允许的最大偏差 ΔY,若两次采样信号的差值大于 ΔY,表明输入的是干扰信号,应该去掉,用上次采样值作为本次采样值。若差值小于、等于 ΔY,则表明没有受到干扰,本次采样值有效。例当前采样值存入 30H,上次采样值存入 31H,结果存入 32H。ΔY 根据经验确定,本例设为 01H,程序框图如图 8-23 所示。

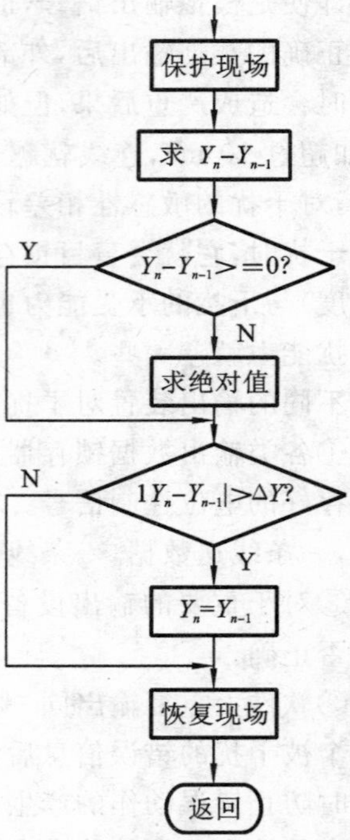

图 8-23 程序判断滤波程序框图

程序清单:

```
        ORG     8000H
        PUSH    ACC             ;保护现场
        PUSH    PSW
        MOV     A,30H           ;Yn→A
        CLR     C
        SUBB    A,31H           ;求 Yn-Yn-1
        JNC     LP0             ;Yn-Yn-1≥0 吗?
        CPL     A               ;Yn<Yn-1取反求绝对值
        ADD     A,#01H
LP0:    CLR     C
        CJNE    A,#01H,LP2      ;Yn-Yn-1>ΔY?
LP1:    MOV     32H,30H         ;等于 ΔY,本次采样值有效
        JMP     LP3
LP2:    JC      LP1             ;小于 ΔY,转本次采样值有效
        MOV     32H,31H         ;大于 ΔY,Yn=Yn-1
LP3:    POP     PSW             ;恢复现场
        POP     ACC
```

只有当本次采样值小于上次采样值才进行求补,保证本次采样值有效。

(2) 中值滤波

中值滤波就是连续输入 3 个检测信号,从中选择一个中间值作为有效信号。本例第 1 次采集的数据存入 R1,第 2 次采集的数据存入 R2,第 3 次采集的数据存入 R3。中间值存入 R0。

程序清单如下:

```
        PUSH    PSW             ;保护 PSW、A
        PUSH    A
```

```
         MOV    A,R1       ;第 1 次采集的数据送 A
         CLR    C          ;
         SUBB   A,R2       ;
         JNC    LOB01      ;第 1 次采集数大于第 2 次采集数?
         MOV    A,R1
         XCH    A,R2       ;第 1、2 次采集数互换
         MOV    R1,A
 LOB01:  MOV    A,R3
         CLR    C
         SUBB   A,R1
         JNC    LOB03      ;第 3 次采集数大于第 1 次采集数?
         MOV    A,R3
         CLR    C
         SUBB   A,R2
         JNC    LOB04      ;第 3 次数大于第 2 次数则转
         MOV    A,R2
         MOV    32H,A
LOB02:   POP    A          ;恢复现场
         POP    PSW
         RET
LOB03:   MOV    A,R1
         MOV    32H,A
         AJMP   LOB02
LOB04:   MOV    A,R3
         MOV    32H,A
         AJMP   LOB02
```

(3) 滑动平均值滤波

片外 RAM 单元 2000H～202FH 作为循环队列。每次数据采集时先扔掉队首一个数据，再把新数据放入队尾，然后计算平均值。程序框图如图 8-24 所示。

(4) 防脉冲干扰平均值滤波

连续进行 4 次数据采样，去掉其中最大值和最小值，然后求剩下的两个数据的平均值。R2、R3 存放最大值，R4、R5 存放最小值，R6、R7 存放累加和及最后结果。连续采样不仅限 4 次，可以进行任意次，这时只需改变 R0 的数值。程序框图与程序清单略。

(5) 一阶滞后滤波

变化过程比较慢的参数，可采用一阶滞后的滤波。

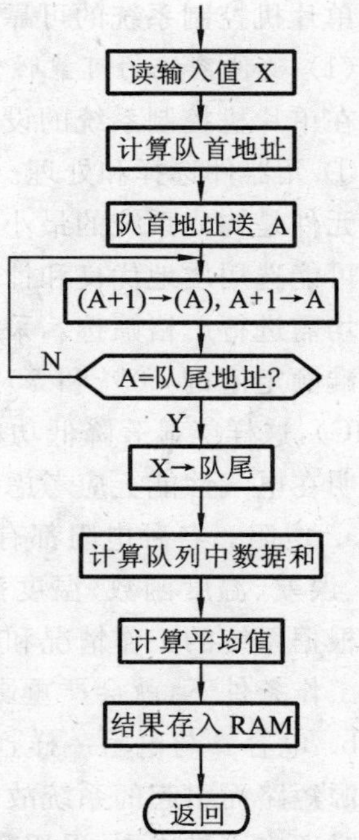

图 8-24　滑动平均值滤波程序框图

方法是第 n 次采样后滤波结果输出值是$(1-a)$乘第 n 次采样值加 a 乘上次滤波结果输出值：

$$Y_n=(1-a)X_n+aY_{n-1}$$

式中 a=滤波环节时间常数/(滤波环节时间常数+采样周期)。具体程序框图和程序清单略。

思考与练习

1. 采用什么程序设计的方法，使输入/输出的数字信号更准确、可靠？
2. 数字滤波的方法有哪些？
3. 用程序设计实现中值滤波和滑动平均值滤波。

任务六　系统可靠性与故障诊断

任务要求

◇了解系统可靠性设计的方法

◇掌握系统故障诊断的方法

相关知识

1. 可靠性设计

单片机控制系统的可靠性必须从硬件和软件两方面加以考虑。现具体介绍如下。

(1) 硬件系统的可靠性设计

在单片机控制系统的设计中，其硬件可靠性通常应注意考虑如下问题：

① 元器件选择和处理。

元件是构成系统的最小单位，也是系统可靠性分析的起点。在选用元器件时，设计者应尽可能选用质地优良和性能稳定的元器件。注意元件的电气性能，所有元器件在焊接安装前均需进行严格筛选。采用低额定值的原则，即将功率额定值与使用额定值分别控制在其标准额定值的 50%和 75%以内。另外，应尽量选用 CMOS 电路，采用专用集成电路(ASIC)，这样能显著降低功耗与减少外引线，大大提高可靠性。在此以几种常用的元件为例说明在电气性能上应考虑的问题。

a. 电阻。各种电阻都有其各自的特点、性能和适用场合，其主要电气特性有阻值、额定功率、误差、温度函数、温度范围、线性度、频率特性、信噪比、稳定性的指标，在选用电阻器时应根据系统的工作情况和要求，选用合适的类型，如选型不当，使电阻器工作在它不能胜任的工作条件下，就会严重影响其可靠性。

b. 电容。与电阻一样，电容器也有多种类型及其各自不同的参数，由于电容器失效造成电源短路而引起的系统故障在故障总和中占很大比例，因此，对电容器除应认真选型外，必要时还应不惜成本，采用高品质的产品。

c. 集成电路。在微机控制系统中大量使用各种集成电路芯片，在使用时，必须按照器件手册所提供的各种参数如工作条件、电源要求、逻辑特性等指标综合考虑，正确使用。下面以最常用的74系列芯片为例，说明其中几个主要问题。

- 应注意在工作温度范围内，器件的各项最大额定值，如电源电压、功耗等，使用时不要超过此限度。

- 应特别注意从高电平和低电平两种情况来考虑芯片的驱动能力。以74LS10为例，其低电平输出电流表示输出端为低电平时从下级负载上吸收电流的能力，下一级电路芯片的低电平输入电流之和应小于本级的输出电流，74LS10的低电平输入电流为8 mA，低电平输出电流为－0.4 mA，如果以74LS10驱动74LS10，则在低电平时可以驱动20个74LS10。另一方面，高电平输出电流之和应小于本级的输出电流，74LS10在高电平状态可驱动16个74LS10。对比低电平驱动能力，取其中较小的一个值，得出74LS10最多可驱动16个74LS10。

- 对于集电极开路的门电路，应根据不同的负载情况，选择适当的上拉电阻。

- 对于器件上未使用的闲置端，应将其接主电源端上，这样有利于消除内外引线的分布电容，可以获得最快的开关速度和最好的抗干扰能力。

②电路设计和结构设计。

在进行硬件电路设计时，设计者应仔细核实各个电路参数，充分考虑器件的公差，并给予较大的安全系数，甚至需要考虑系统的自我保护。接插件和各种开关采用双接点结构，并对其表面进行镍打底镀金处理。设计者应充分考虑元器件的布局、设备安装、通风、除湿和防尘等问题。选用式样新颖和线条优美的外形结构。单元级的可靠性设计中包括基本系统模块、I/O模块、调理模块、端子模块、电源模块等，因此，必须综合考虑其中的可靠性问题。为改善模块运行环境，机柜设计成防震、防电磁干扰、防潮的形式，特别是对机柜内部设备进行整体上的热设计，采用散热、恒温、加热等不同手段，使柜内各种电子设备运行在适宜的温度下，从而提高工作可靠性。

a. 模块结构。目前用于办公室条件的普通PC多采用大主板结构，而对于工作在工业现场的系统I/O接口来说，采用小板结构更为有利，这主要表现在以下几个方面：

- 小板结构中各个模块功能简单、易于维护，在发生故障时，便于发现故障位置，迅速更换，有利于缩短系统的平均维修时间，从而提高系统的利用率。

- 由于电路板面积小，使得电路板本身以及相应的机箱等具有较高的机械强度，从而提高了系统的抗冲击、震动的能力。

- 板上器件小，宜于散热。

b. 系统电源。实践证明，电源本身的波动以及各种干扰经电源进入系统对系统的影响特别严重，因此，一方面要对现场的电网情况提出要求，另一方面应采用高可靠的电源。采用了特别研制的工业电源，能够在恶劣条件下长时间连续运行。目前许多工业PC采用的是普通PC电源，这是不可取的。

有些应用情况要求I/O板为现场的设备（如仪表）提供电源，这些现场设备直接控制生产，因此，这部分的供电电源必须十分可靠，即使控制系统失效，电源也应正常工作，在先进的系统中都会对此类电源作双冗余处理。

③ 生产制造工艺。

生产工艺是系统可靠性因素中容易忽视的一个方面，而对系统可靠性的影响又很大，有时仅仅是由于一个小问题，就会导致整个系统不能正常工作。例如印刷电路板上线路因腐蚀引起的短路和开路、金属孔开裂和连接线断开、焊接点虚焊和线路的局部脱落、焊接时引起的毛刺和造成的线间短路、插头和插座间耦合松动、按钮开关和继电器触点的接触不良等。采用先进的制造工艺可以减少这类故障的发生，从而大大提高系统的可靠性。要提高系统的工艺水平须通过多方努力，例如：

a. 电路板布局应合理，走线和器件安排应有利于减少干扰、便于制造、利于散热等。

b. 印刷电路板的制造水平非常重要，除无粘连，金属化孔对位正确之外，还应具备良好的强度，经自动焊接线路不会起泡、脱落。

c. 安装工艺应严格控制，例如，焊点应饱满、无虚焊，在焊接 MOS 器件时，应采取接地措施，防止静电造成的击穿。安装工艺采用多层印制板高密度表面安装技术，以减少外引线数目和长度，从而减少印制板面积和提高抗干扰性能。

d. 包装和存储环境应符合要求。

④冗余。

在采取上述各种措施后，故障率已降到了尽可能低的程度，但一切小概率事件还是可能出现的。一旦系统全部或部分失去控制能力，将使被其控制的生产过程受到重大损失，因此生产系统的厂家无一例外地均采用了冗余技术，即在系统中的各关键环节采用了关联的冗余单元，有采用在线关联工作方式的，也有采用离线热备份方式工作的；当主模块出现故障时，备份件可立即接替全部工作，系统工作并不中断，而且故障模块可在系统正常运行情况下进行拆换。

冗余设计分为部件冗余和系统冗余两类。部件冗余是指系统自动通过软件切换故障部件，系统冗余实质上是一种双机并联的系统结构。在某些重要控制场合，如核电站、航空和航天装置以及潜艇等方面，冗余设计至关重要。采取冗余措施的有以下几方面。

a. 电源：如前所述，考虑到电源供应的重要性，在现场控制站中其交流电源与直流稳压电源一般均采用了 1∶1 冗余以在线关联方式工作，保证发生故障切换时干扰最小，在采用多个电源子模块的系统中，也有采用 N∶1 冗余方式的。

b. 主机：在要求特别高可靠性的系统中，一般采用 1∶1 冗余离线热备份工作方式。由一个主从控制电路协调双机的运行，实现状态互检和数据同步。当在线运行一方出现故障时，该电路可自动隔离故障一方，也可人为干预某现场双机切换，或在现场用手动开关切换。

c. 网络接口：通信网络在系统中是至关重要的神经中枢，为保证其可靠，网络接口（网卡）均采用了 1∶1 冗余结构，有的系统在 1∶1 冗余的主机内，每一侧还采用了两块互为冗余的网卡并各自通过切换开关与两个网分别连接，如图 8-25 所示。

⑤屏蔽。

解决导线间的相互耦合的主要方法就是屏蔽。系统中各个部分也都可能存在耦合干扰，从位置上分，有同一电路板内电路间的耦合、板间耦合、I/O 信号线间的耦合、电源线与系统的耦合等；从性质上分，往往同时存在着电场耦合与磁场耦合。其种类虽然很多，但解决耦合的手段从本质上说只有两种，一种是抑制干扰源，另一种是保护易受干扰的通道。

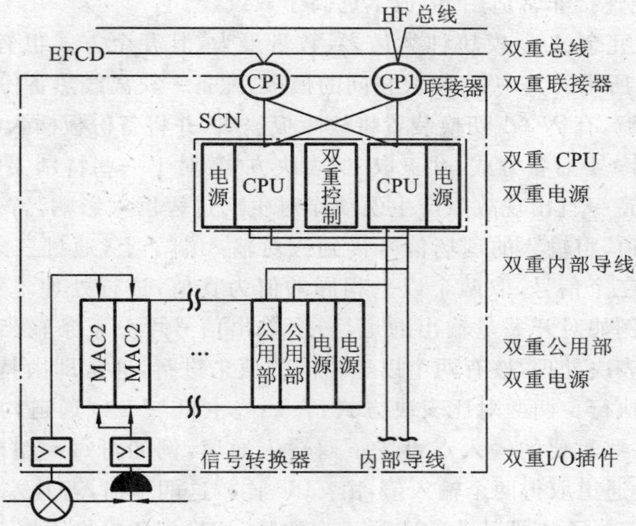

图 8-25　冗余结构

所谓屏蔽，就是这两种方法的结合。

a. 抑制干扰源。抑制干扰最有效的方法是将易受干扰的通道远离强干扰源，具体措施有：

- 在电路板内易受干扰的弱信号线应尽量避免与强信号线平行相邻走线，而应尽可能使两者分层正交，例如高频信号线与随机逻辑信号线之间、小信号与放大处理后的大信号之间均应采取这种措施。
- 电源线及驱动功率器件(如继电器)的信号线在板上及系统内应单独走线。
- 在各种 I/O 模块的同一电缆排内不允许混合安排强弱两种信号。
- 如难以实现正交走线，则采取平行走线时必须远离，通常距离至少是干扰导线内径的 40 倍以上。

抑制干扰源的另一个方法是对干扰源进行屏蔽。合理的屏蔽可以消除电场干扰，减小磁场干扰。对干扰源的屏蔽必须注意两个问题：

- 如采用同轴电缆对干扰源进行屏蔽，应采用单端接地的形式。
- 对系统各模板间的干扰可采用屏蔽板进行屏蔽，屏蔽板必须与系统数字地或机壳地一点相接，以构成等电位屏蔽，否则会引入新的不等电位干扰。

b. 保护易受干扰的通道。根据易受干扰的通道(或信号)所处的位置，应选择不同的保护方法。

- 对位于电路板上的易受干扰信号线或器件，常用的措施是在信号线两侧或器件周围加铺地网，对其进行屏蔽。例如板上高频晶体下应铺满地线，并留出焊接孔，安装晶体后以导线将晶体外壳与地网相连，构成对晶体的屏蔽。
- 对于系统中 I/O 设备与现场间的连线，常用双绞线或同轴电缆对其进行保护。其中双绞线通过将整个导线分为多个面积相等、方面相反的磁回路平抑制磁耦合，因此其绞纽形状必须十分规整。同轴电缆在屏蔽层一点接地的情况下对立场和磁场耦合都有良好的抑制作用,对长线连接非常适用,但成本远高于双绞线。

● I/O通道的冗余:I/O模块种类最多、数量最大,其冗余方式也有各种形式。$N:1$后备方式如图8-26所示。其中每N块相同的模板,配备一块离线热备份模板,一旦N块模板中有一块出现故障,有$N:1$切换装置将故障板隔离,并将备份板插入取代之。常见的有1∶1、3∶1、7∶1、11∶1后备方式。“三取二”表决方式:对于一些特别关键的输入/输出点,为避免单一I/O通道一旦出现故障产生误动作对生产过程巨大影响,常采用此方式。例如对于开关量输入通道,将输入的现场信号接到三对输入端子上,通过三条I/O输入通道输入,由CPU比较这三个信号,取两个以上相同的值为真值,进行处理。对于输出通道亦可采用类似的方法。例如对开关量输出通道,一个输出信号可分三条输出通道,然后由一专门装置“三取二”的表决处理,按有两个以上相同的值来进行,通常即由特殊的执行机构(如三线圈电磁阀),来执行。两两对比表决方式:在一些主机与I/O通道均采用了1∶1冗余方式的系统中,对一些重要的输入点设置了双输入通道,例如对每一路模拟量输入信号可通过两路A/D转换通道取得两个输入值,由CPU比较这两个值,若其差值小于预定的误差限,则认为输入值正确,否则即认为输入通道有故障,切换到备份机工作。

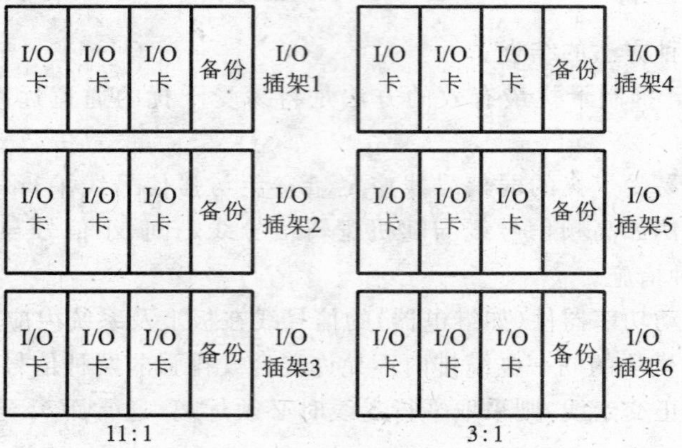

图8-26　几种冗余结构

为了尽量缩短故障修复时间,结构设计者都充分考虑到了系统的可维护性。互为冗余的部件均采用了完全一致的插件结构,输入、输出电缆一般设置在机架后方,模块前面板上只有运行状态指示灯和一些手动操作开关,系统自检中发现的故障模块可在面板上明显地标志出来。维护人员在系统运行中将故障模块拉出,插入备份件即完成了硬件的维修工作,整个过程仅需几分钟。

(2) 软件程序的可靠性设计

在单片机控制系统中,应用程序常由监控程序、显示程序、数据处理程序、算法程序和上下位机之间的通信程序等组成,这些程序的可靠性来自程序设计的正确性。为了确保程序可靠工作,设计者通常应注意如下几点:

①合理的控制策略。

在软件程序的设计中,设计者应根据数学模型、系统精度和系统功能采用合理的算法,并根据不同控制对象进行系统软件的设计。因为,系统的控制策略对系统功能和可靠性影响较大。

②合理的程序设计方法。

模块化程序设计可以把整个程序分成若干独立模块，每个独立模块均可完成一个子任务。设计者可以分头单独设计、调试和运行每个模块，然后进行联调。

③慎重使用中断。

在软件程序设计中，设计者在使用单片机中断功能时应注意主程序和中断服务程序的时间分配。因为，时间分配不当对程序可靠性影响颇大，甚至会导致程序不能正常工作。

总之，程序设计虽然没有规定统一格式，但设计者只要认真负责和灵活运用程序设计的基本方法和技巧是完全可以设计出可靠性高和功能齐全的优秀软件的。

2. 故障诊断

一个经过精心设计和采用先进工艺的单片机控制系统正式投入运行后也难免会出现故障，维修工作者应能在系统出现故障后迅速排除它，使之恢复正常工作。

单片机控制系统内部电路复杂，再加上接口、传感器和执行机构部件的差别较大，因此故障现象千变万化，常常不易捕捉。系统维修人员常常不是系统的设计者，他们通常只拥有万用电表、逻辑笔和示波器等一类常规测试工具，这也增加了故障诊断的难度。

(1) 诊断故障的方法

近年来，单片机控制系统的故障诊断方法已逐步形成共识。现把几种常用的系统故障诊断方法简述如下，以供读者参考。

①同类比较法。

在单片机控制系统中，常常有多个在结构和功能上完全相同的部件或插件。如果你怀疑其中某个部件或插件出现故障，则可将它和另一个互换，也可换一个备份的部件或插件，然后再观察故障是否已经跟踪转移。

②分段查找法。

当主控设备和被控对象相距较远时，可采用分段查找法。本方法可在信息传输通道上逐个设置观测点，以确定故障在该点之前还是之后出现，从而确定故障的实际位置。

③隔离压缩法。

根据故障现象以及主机对各分支线的相关性，采用暂时切断某条线路(封锁该线路上来的信息)来压缩故障范围，在图 8-27 中，若发现 2# 负载的输出不正常，则可断开 3# 负载的通道，然后再测试 2# 负载的输出状态。若变为正常，则说明 OC 门的驱动能力不够，应进行更换。

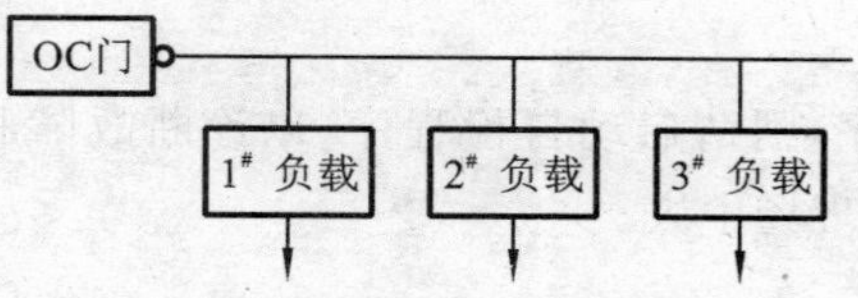

图 8-27 隔离压缩法故障诊断示意图

④故障跟踪法。

此方法的原理是从出错节点向后(或向前)查找故障，直到检测到正常状态的位置。本法同样适用于软件故障的查找。

⑤振动加固法。

对于电气连接性故障,可以轻轻敲击插件或设备的有关部位,使插件、芯片、电缆接头处受到轻微振动,从而查找出故障的实际位置。

⑥拉偏检测法。

对于元器件性能不好或自然老化等原因造成某些元器件有时工作在特性曲线的边缘状态,一旦环境条件变化或强磁场干扰下也会使系统出现功能性错误。对于这类故障,可采用条件拉偏(如拉低电源电压)法促使故障再现,以诊断故障的位置。

⑦直接检查法。

如果维修人员对单片机控制系统的硬件机理和软件流程十分清楚,那么也可以直接根据故障现象查找一些可疑部件。例如:调节 A/D 通道上的模拟输入电压,使其从 0 V 到满量程内变化,观察数字量的变化是否和该电压成正比。若不成正比,则说明 CPU 和该 A/D 通道的数据线有开路或 A/D 通道中出现了故障。

(2) 系统故障的诊断

控制系统的故障诊断实际上是一个非常复杂的过程,不同系统差别较大,至今也没有一个统一的标准。这不仅和系统本身所出现的故障性质有关,也和维修人员的工作经验有关。这里仅介绍故障分析的方法和思路,以供读者参考。

①当系统出现故障时,应立即关机或把有故障的系统从生产现场切换下来。

②首先对切换下来的系统进行静态检查,从外观上检测系统内有无异常现象。例如:有无断线、碰线、虚焊;有无元器件过热;有无烧焦的怪味等。

③然后对切换下来的系统进行加电检查,用万用表量测 CPU。EPROM 和其他芯片的电源引线是否符合要求,RESET 信号能否正常产生。

④用示波器观察 CPU 的时钟信号源是否正常,P0、P1、P2 和 P3 端口上是否有信号,必要时也可更换一片新的 CPU 芯片。

⑤用数字逻辑笔对逻辑信号和各控制信号进行追踪,判断驱动门和逻辑门电路的工作是否正常。

⑥对 EPROM 进行加电检查,读出和累加其中的信号,并把累加和同已存储的累加和进行比较。若两者相同,则 EPROM 中的程序和数据是正确的;否则要更换一片 EPROM 并进行程序和数据的重写。

⑦采用前述的故障系统诊断方法对系统各部分进行逐级和逐段检查,找出并排除所有故障。

⑧若系统配有自检程序,则请启动自检程序,以诊断故障和清除故障。只有自检合格后,方可把系统切换到控制现场中去。

3. 最短程序故障诊断

"最短程序"是指最简洁的主程序以及调用最少子程序的系统软件程序。

在实践过程中,"最短实验程序"对系统的运行调试很有帮助。特别是对经验较少的开发者,首先在自已的硬件系统上运行"最短程序"时,如果最短程序通过,则说明硬件问题不大;如果最短程序(即很明显没有错误的最基本模块程序)运行不能通过,则说明硬件有问题。这时就应该首先将硬件化简成最小系统或排除硬件故障后,再运行“最短程序”。如果运行通过,可逐步增加软件模块和硬件模块,反复试验。

图 8-28 的最短程序框图适合任何系统。它的功能是:判断有无键按下,如有就在一个 LED 上显示一 A 字。图中 DIS 为显示于程序,KS1 为判断有无键按下子程序。

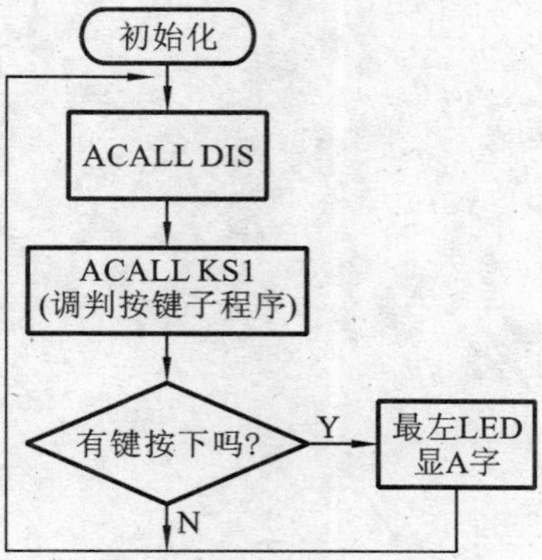

图 8-28 最短程序框图

思考与练习

1. 微机控制系统可靠性设计要注意哪几个方面?
2. 系统故障诊断的方法有哪些?

项目测试

一、填空题

1. 微机控制系统干扰源主要有________、________、________。
2. 干扰作用的形式不同分类干扰可分为________、________。
3. 掉电保护是________。
4. 软件陷阱是________。
5. 指令冗余是一种________抗干扰方法。

二、简答题

1. 电源干扰抑制的方法主要有哪些?
2. 过程通道干扰的抑制方法有哪些?
3. 微机控制系统故障诊断的方法有哪几种?

三、问答题

1. 简述硬件看门狗抗干扰的工作原理。
2. 数字滤波的方法有哪些?

3. 微机控制系统可靠性设计应注意哪几个方面?

四、程序设计

采用中值滤波技术从连续输入 3 个检测信号中选择一个中间值作为有效信号。对 ADC0809,第 0 路输入进行数据采集,采集 100 个数据放到内部数据冗余单元。

项目9

微机控制系统设计及发展趋势

知识目标

1. 了解微机控制系统开发的方法和步骤;
2. 了解微机控制系统的开发工具和环境;
3. 了解微机控制系统的发展趋势。

能力目标

1. 掌握微机控制系统的设计与开发。

任务一　微机控制系统设计

任务要求

✧了解微机控制系统设计的原则
✧了解微机控制系统功能划分的原则

相关知识

1. 微机控制系统设计

微机控制系统设计是一个理论知识与工程实际结合的综合运用过程,它不仅需要控制理论、电子技术、微机软硬件、传感器和接口技术等方面的知识,还必须具备一定的生产工艺知识,以及工业现场实际动手调试的能力。

由于系统被控对象的不同,要求计算机实现的控制功能也不同,因此它的组成规模及构成方式也是灵活多样的,但系统设计的基本方法和主要步骤大体上是相同的,即系统总体方案设计、计算机的选择、控制算法的确定、硬件设计和软件设计。一个成功的计算机控制系统还必须在设计时考虑到系统工作的可靠性。因此,计算机控制系统的抗干扰技术也是一个在设计和调试时必须解决的工程实际问题。

(1) 系统设计的基本要求

① 系统应具有优良的操作性能。

这是指满足用户使用方便和维修容易的要求。这不仅要求系统能方便操作人员使用，还要使操作顺序简单，并有较强的人机对话能力。在设计时要考虑到一旦发生故障，如何能尽快排除。因此软件设计要配置查询或诊断程序。以便在故障发生时能用软件来查找故障发生的部位，并通知操作人员排除。硬件设计方面应使系统控制开关不要太多、太复杂，操作要力求简单，安装位置应便于操作人员维修。

② 通用性好，便于扩充。

一个微机控制系统的控制设备不一定是一成不变的，设计时应考虑设备的更新，控制对象的增减，应使系统稍做改动就能适应新的要求，这就要求系统的可扩充性要好。设计时必须尽可能标准化，采用通用的系统总线结构，并使 CPU 的工作速度、存储器 RAM 和 EPROM 容量、I/O 接口通道路数留有一定余量。在系统工作速度允许的情况下，尽可能把接口硬件部分的操作功能用软件实现，这样可简化硬件结构，提高系统整体的可靠性。

③ 系统可靠性要高。

微机控制作为一个高度自动化的系统，一旦出现故障将造成整个生产过程的混乱，引起严重后果，特别是对采用的单片机的可靠性要求更应严格。所以在微机控制系统设计时，通常应考虑后援手段，如配备常规控制装置或手动控制装置作为后备，一旦微机控制系统出现故障，就自动切换到后备控制装置，以维持生产过程的正常运行，通常可采用双机主、从式或备份式工作方式。在工作时，主机一旦发生故障，从机或备份机自动投入工作。使局部故障对整个系统的影响降至最低，提高系统运行的整体可靠性。

④ 保密性。

微机控制的应用软件关系着设计人员的巨大劳动付出和经济利益，一旦编制成功，复制或翻版极其容易，为了增强自我保护功能，用户在设计时应考虑软件具有加密功能，使固化到单片机内的用户程序不能被非法读出和复制。

(2) 系统设计的特点

①设计人员必须把计算机控制系统要实现的任务和控制功能合理地分配给硬件或软件来实现，这就要考虑价格、工作速度、开发成本和可靠性等因素。一般来说，软件设计一次性开发投入成本高，但复制容易且成本低，因此，在系统生产批量大时，分摊到每一台设备的价格就低了；而用硬件实现其控制功能适用于单台或小批量生产，并且硬件的工作速度也比软件快。

②硬件设计应采用标准化系列大规模集成电路，这样可使系统组件减少，提高系统的可靠性。另外，还要考虑硬件芯片后备渠道是否稳定可靠，是否有代用品。选用专用和通用接口要和 I/O 口控制程序的设计结合在一起。

③设计微机控制系统时，因采用器件集成度高，没有信号观察点(或很少)，而系统硬件和软件又可能分别研制，在系统最后联机调试过程中，硬件和软件的故障往往混杂在一起，难以分析和排除，这就要求调试者有较高的素质和综合分析与解决问题的能力。

(3) 确定系统总体控制方案

微机控制系统设计的第一步是了解控制对象，熟悉控制要求，确定总的技术性能指标，然后构思系统的总体方案。论证引入微机的必要性，对引入微机控制系统后系统性能的改善程度、成本、可靠性、可维护性及经济利益等进行综合考虑并做出估计。

①控制系统是采用开环控制还是闭环控制。若采用闭环控制要确定系统的控制精度，考虑传感器、A/D 转换器的检测精度和满足系统稳定性所需要的调节器类型。

②考虑执行机构是采用电机驱动、液压驱动还是其他方式驱动，比较各种方案，择优而用。

③系统对快速性、控制精度和可靠性方面的具体要求。

④微机在整个控制系统中所起的作用是计算推理、闭环调节还是巡回检测。

通过整体方案考虑，最后画成系统组成粗框图，用流程图来描述控制过程和任务，并写出设计任务说明书，以此作为设计依据。

(4) 建立数学模型和确定控制算法

对任何一个具体控制系统进行分析、综合或设计，首先应建立该系统的数学模型。数学模型是描述控制系统运动规律的数学表达式，它反映了一个系统输入、内部结构和输出之间的数量和逻辑关系。有了数学模型，才能确定控制算法，计算机才能按照预定的规律去调节和控制系统的运动。

在工业生产中，计算机控制效果的优劣在很大程度上取决于建立控制对象的数学模型准确性。建立一个复杂的数学模型需要借助生产现场经验，结合应用数学的一些方法，才能得到较为准确的数学模型。有了数学模型，再根据系统要求的目标函数，进行动态计算，寻找出满足该目标函数的控制器方程。

对于已经计算出的控制器，首先将其离散化，变成适合 CPU 运算的差分方程，再编制应用软件程序。

(5) 微型机和接口电路的选择

由于单片机具有体积小、可靠性高、控制功能强等优点，故一般情况下现场控制级可考虑选用单片机。51 系列 8 位单片机有很多型号，并有增强型产品，适用于各类系统。目前上市较多的 AT89 系列产品，如 89C51、89C52、89C551、89C552(68 引脚)、89C2051(20 引脚)等，第三代单片机 C8051F 系列芯片更具优势，都与 51 系列产品完全兼容，各档次芯片都有，各种特性较全，适于选用。不论何种芯片，选择时可参考如下一些标准：

①字长。字长定义为并行数据总线的宽度，对于运算精度高的可采用 16 位 CPU 的微机。

②运算速度。可考虑指令的平均执行时间，指令系统的功能。另外，CPU 的工作速度与字长的选择可一起考虑。对于同一算法，同一精度要求，如果 CPU 的位数少，就要采用多字节运算，程序执行时间就会增长。为保证实时控制，就必须选主频高的微机。同理，当 CPU 的字长足以保证运算精度要求时，不必用多字节运算，CPU 执行程序时间短。用户在选用速度较高的微机时，要注意其外围接口芯片与其在工作速度上的配合。

③存储器容量。一般工业控制所用单片机最大可扩展存储容量都能满足用户要求。这里要注意在外部扩展时(包括 I/O 口扩展)，要留有一定的余量，这主要取决于应用软件控制算法的简繁、存储的信息量、运算量的大小。

④中断处理功能。微机系统必须具有较强的实时控制能力。实时控制包含两个意思：

一是在系统正常运行时的实时控制能力，二是考虑发生紧急要求或故障时的随机处理能力。因此要求CPU具有较完善的中断处理功能，如中断优先权排队的级数、中断嵌套的能力、允许中断源的个数和外扩中断源的能力。

⑤可靠性。微机作为控制系统的核心，其可靠性影响到系统全局，应选择可靠性高的工业控制用微机。从抗干扰性、平均无故障时间、软件运行时的自我保护能力、元器件过载能力和集成度等方面综合考虑。

单片机内部资源越多，系统外接的部件就越少，从而大大提高系统的可靠性。

(6) 系统总体设计

总体设计是系统控制方案的具体实施步骤，通过这一步的设计要绘制出系统构成的总体框图，这里要涉及硬件和软件功能分配、接口通道的设计和可靠性设计等问题。

①硬件和软件功能的分配与协调。

微机控制系统是由软、硬件共同组成的。对于某些既可用硬件实现，又可用软件实现的功能，在进行设计时，应充分考虑硬件和软件的特点，合理地分配与协调其功能。

软件可以减少硬件的数量，提高系统的可靠性，增加系统控制的灵活性。但系统的工作速度要相应降低，而且软件初次研制成本较高，因此它适用于大批量生产。

硬件可以减少软件设计工作量，提高系统的速度。但因连接点数增加而使故障点增多，从而不可靠因素也随之增多，并且使单台成本增加。

②控制软件设计。

一个完整的能独立运行的控制程序，应包括以下部分：

a. 人机联系通信程序。这是面板操作管理程序，包括键盘、开关、拨码盘等信息输入程序；LED显示器、指示灯、监视器和打印机输出程序，还有事故报警程序等。

b. 数据采集和处理程序。包括模拟量A/D转换、开关量数字量等采集程序、数字滤波程序、非线性补偿和外推程序等。

c. 控制算法程序。这是微机控制系统的核心程序，其内容由控制系统类型和所选择的算法所确定，一般包括顺序控制程序、插补计算程序、PID算法控制程序、纯滞后环节对象的控制程序、最优算法程序。

在程序设计技术方面，根据实际需要，可采用模块程序设计或自顶向下的程序设计。

③过程通道和中断处理方式的确定。

这部分主要是硬件设计，通常应根据控制对象所要求的输入、输出参数的个数和性质来选择I/O接口芯片，要注意选择芯片的通用性和可扩展性。要解决信号的转换、滤波、放大等一系列问题，并要和操作台一起来考虑。

中断方式的确定和优先级排队应根据中断源的性质、控制对象的要求、服务的频繁程度及重要性来决定。一般用硬件处理中断响应速度比较快，但要配备中断控制部件。用软件程序处理中断响应速度要慢一些，但比较灵活，一旦情况变化，改变也容易一些。

微机控制系统的硬件和软件设计必须同时考虑，两者相辅相成。

④系统软件和硬件连机调试。

a. 软件调试方法。常见软件错误有：堆栈溢出；工作单元和存储器分配有冲突；系统初始化程序不完全或有错误，造成不响应中断，输入/输出不正常现象；补码运算溢出或误差大；软件和硬件没有配合好等。软件的错误只有在运行中才会完全暴露出来，因此主要用开发系统提供的各种运行程序命令，分段进行调试。

b. 硬件调试方法。常见硬件故障有：由于设计错误和加工工艺造成的各种错线、开路、短路、接触不良等故障，以及元器件失效或性能不符合要求。硬件故障的排除应先在断电的情况下测试线路的正确性，排除一些明显的故障；然后再联机仿真调试，即系统除微机外，插上所有元器件，和仿真器相连进行调试。依次对各个部件进行读、写操作，检查结果的正确性。

在硬件和软件分别通过调试正常之后，就要进行系统联调。联调可分两步进行，第一步在实验室的模拟装置上进行，尽量创造条件，使模拟装置接近于实际控制系统的环境，这一步要证明整个控制系统的设计基本正确、合理并达到了预定的性能指标。第二步是在现场进行工业试验，要考虑系统的安全性、可靠性和抗干扰问题，进一步完善和修改控制程序，记录和测试各项性能指标，直到系统投入正常运行。

微机控制系统的设计、调试是一个不断完善的过程，常常需要反复多次修改补充，才能得到一个较为理想的设计方案并调试出一个性能良好的微机控制系统。

上述设计步骤如图 9-1 所示。

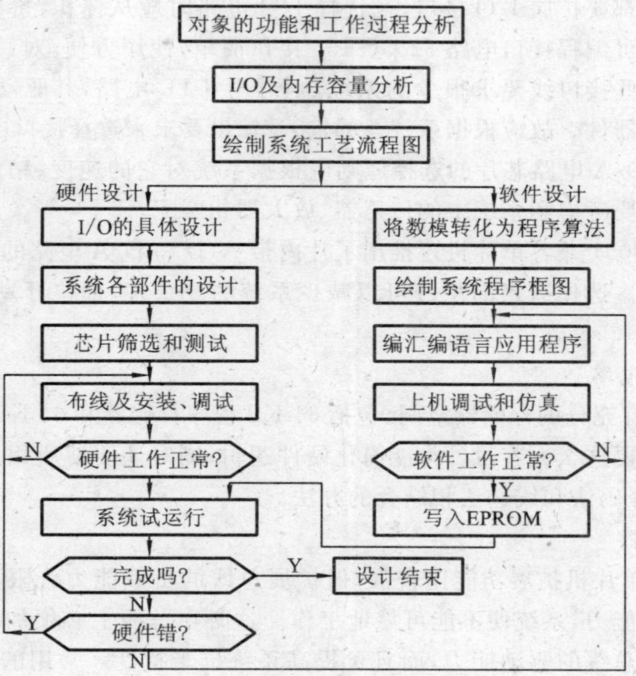

图 9-1　微机控制系统设计流程图

2. 硬件设计

硬件设计的任务是根据总体设计要求，在所选择机型的基础上，确定系统扩展所要用的存储器、I/O 电路、A/D 电路以及有关外围电路等，然后设计出系统的电路原理图。下面介绍硬件设计的各个环节。

(1) 程序存储器

内部无程序存储器单片机(如8031),必须外接存储器。外接的程序存储器芯片可选用EPROM或E^2PROM。

常用的EPROM程序存储器容量为2～64 KB,而芯片之间的价格却相差不多,在容量选择上可以不必受太多的限制,以充分满足软件的需要。EPROM的可靠性高、价格便宜,适于已成熟的应用系统的批量使用。

E^2PROM程序存储器与相应型号的EPROM存储器容量相同,但可以在线改写,便于修改调试,适用于开发过程中的调试阶段。

近年来,一些片内含有可重复编程快闪存储器(Flash ROM)的8051兼容单片机广为流行,可以作为优选机型予以考虑。

(2) 数据存储器和输入/输出接口

对于数据存储器的容量要求,各个系统之间的差别比较大。像有的测量仪器和仪表只需扩展少量的RAM即可,此时可选用RAM和I/O扩展芯片8155。对于要求较大容量RAM的系统,这时RAM电路的选择原则根据实际需要,选择合适容量的芯片。常用的RAM芯片容量为2～64 KB。

应用系统一般都要扩展I/O接口,在选择I/O电路时应从体积、价格、功能、负载等几方面考虑。标准的可编程接口电路8255、8155接口简单,使用方便,对总线负载小,因而应用很广泛。但对有些接口线要求很少的系统,则可用TTL电路,其驱动能力较大,可直接驱动发光二极管等器件。故应根据系统总的输入/输出要求来选择接口电路。

对于A/D和D/A电路芯片的选择原则应根据系统对它的速度、精度和价格的要求而确定。除此之外还要考虑和系统中的传感器、放大器相匹配。

近年来,一些8051兼容单片机还推出了片内带A/D和D/A电路的产品,有多种规格,价格上也很有优势。选择适当的型号可以减少系统的复杂性,加快开发周期,提高可靠性和降低研制费用。

(3) 地址译码电路

MCS-51系统有充分的存储器空间,包括64 KB程序存储器和64 KB数据存储器,在应用系统中一般不需要这么大容量。为能简化硬件逻辑,同时还要使所用到的存储器空间地址连续,通常采用译码法和线选法相结合的办法。

(4) 总线驱动器

MCS-51系统单片机扩展功能比较强,但扩展总线的负载能力有限。若所扩展的电路负载超过总线负载能力,系统便不能可靠地工作。这时在总线上必须加驱动器。总线驱动器不仅能提高端口总线的驱动能力,而且可提高系统抗干扰性。常用的总线驱动为双向8路三态缓冲器74LS245、单向8路三态缓冲器74LS244。

(5) 其他外围电路

由于单片机的优点很多,它被大量地应用于工业测控系统。在测量和控制系统中,经常需要对一些现场物理量进行测量或者将其采集下来进行信号处理之后再反过来控制被测对象或相关设备。在这种情况下,应用系统的硬件设计就应包括与此相关的外围电路。例如键盘、显示器、打印机、开关量输入/输出设备、模拟量/数字量的转换设备、采样、放大等外围电路，要进行全盘合理设计。

(6) 可靠性设计

单片机应用系统的可靠性是一项最重要最基本的技术指标，这是硬件设计时必须考虑的一个指标。可靠性通常是指在规定的条件下，在规定的时间内完成规定功能的能力。

规定的条件包括环境条件（如温度、湿度、振动等）、供电条件等；规定的时间包括平均故障时间、平均无故障时间、连续正常运转时间等。所规定的功能随单片机应用系统的不同而不同。

单片机应用系统在实际工作中，可能会受到各种外部和内部的干扰，使系统工作产生错误或故障。为减少这种错误和故障，就要采取各种提高可靠性的措施。常用措施如下。

① 提高元器件的可靠性。

a. 在系统硬件设计和加工时应注意选用质量好的电子元器件、接插件，并进行严格的测试、筛选。

b. 设计时技术参数（如负载）应留有余量。

② 提高印刷电路板和组装的质量。设计电路板时布线及接地方法要符合要求。

③ 对供电电源采取抗干扰措施。

a. 用带屏蔽层的电源变压器。

b. 加电源低通滤波器。

c. 电源变压器的容量应留有余地。

④ 输入/输出通道抗干扰措施。

a. 采用光电隔离电路。光电隔离器作为数字量、开关量的输入/输出，这种隔离电路效果很好。

b. 采用双绞线。双绞线抗共模干扰的能力较强，可以作为接口连接线。

3. 软件设计

在应用系统研制中，软件设计一般是工作量最大、最重要也最困难的任务。下面介绍软件设计的一般方法与步骤。

(1) 系统定义

系统定义是指在软件设计前，首先要明确软件所要完成的任务，然后结合硬件结构，进一步弄清软件承担的任务细节。

① 定义和说明各输入/输出口的功能，是模拟信号还是数字信号、电平范围、与系统接口方式、占有口地址、读取和输入方式等。

② 在程序存储器区域中，合理分配存储空间，包括系统主程序、常数表格、功能子程序块的划分、入口地址表等。

③ 在数据存储器区域中，考虑是否有断点保护措施、定义数据暂存区标志单元等。

④ 面板开关、按键等控制输入量的定义与软件编制密切相关，系统运行过程的显示、运算结果的显示、正常运行和出错显示等也是由软件赋值，所以事先也必须给以定义，作为编程的依据。

(2) 软件结构设计

合理的软件结构是设计出一个性能优良的单片机应用系统软件的基础，必须予以充分重视。

由系统的定义,可以把整个工作分解为几个相对独立的操作,根据这些操作的互相联系及时间关系,设计出一个合理的软件结构。

对于简单的应用系统,通常采用顺序设计方法,这种系统软件由主程序和若干个中断服务程序所构成。根据系统各个操作的性质,制定哪些操作由主程序完成,哪些操作由中断服务程序完成,并指定各中断的优先级。

对于复杂的实时控制系统,应采用实时多任务操作系统,这种系统往往要求对多个对象同时进行实时控制,要求对各个对象的实时信息以足够快的速度进行处理并做出快速响应。这就要提高系统的实时性、并行性。为达到此目的,实时多任务操作系统应具备任务调度、实时控制、实时时钟、输入/输出和中断控制、系统调用、多个任务并行运行等功能。

在程序设计方法上,模块程序设计是单片机应用中最常用的程序设计技术。这种方法是把一个完整的程序分解为若干个功能相对独立的较小的程序模块,对各个程序模块分别进行设计、编制和调试,最后将各个调试好的程序模块连成一个大的程序。

这种方法的优点是:单个程序模块的设计和调试比较方便、容易完成,一个模块可以为多个程序所共享。缺点是各个模块的连接有时有一定难度。

还有一种方法是自上向下程序设计。此方法是先从主程序开始设计,主程序编好后,再编制各从属的程序和子程序。这种方法比较符合人们的日常思维。其缺点是上一级的程序错误将对整个程序产生影响,一般为较小的程序设计系统所采用。

(3) 程序设计

在软件结构设计确定之后就可以进行程序设计了,一般程序设计过程如下。

根据问题的定义,描述出各个输入变量和各个输出变量之间的数学关系,即建立数学模型。然后根据系统功能及操作过程,先列出程序的简单功能流程框图(粗框图),再对粗框图进行扩充和具体化,即对存储器、寄存器、标志位等工作单元作具体的分配和说明。把功能流程图中每一个粗框转变为具体的存储单元、寄存器和I/O口的操作,从而绘制出详细的程序流程图(细框图)。

在完成流程图设计以后,便可编写程序。单片机应用程序一般采用汇编语言编写,编写完后用机器汇编成MCS-51的机器码,经调试正常运行后,再固化到EPROM中去,完成系统的设计。

4. 应用系统调试

一个单片机应用系统从提出任务到正式投入运行的过程,称为单片机的开发。开发过程所用的设备即开发工具。

单片机造价低,功能强,简单易学,扩展方便,可以组成十分灵活的应用系统。但单片机的软件和硬件支持能力有限。单片机本身没有自开发功能(通用计算机系统具有这种功能,用户可以在上面研制应用软件或对系统进行扩展),亦给单片机应用系统的研制带来很大的困难,因此单片机应用系统的研制必须借助于开发工具来排除目标系统(指调试中的应用系统)样机中的硬件故障,生成目标程序,并排除程序错误。当目标系统调试成功以后,还需要用开发工具把目标程序固化到单片机内部或外部EPROM芯片中。

现代微机系统的硬件和软件调试,仅靠万用表和示波器等常规工具是不够的,通常要采用自动化调试手段,即用计算机来调试计算机,单片机的开发工具通常是一个特殊的计算机系统,称为单片机开发系统简称开发机(也可称仿真器)。

单片机开发系统和一般通用计算机系统相比,在硬件上增加了目标系统的在线仿真器、编程器等部件,所提供的软件除有类似一般计算机系统的简单操作系统之外,还增加了目标系统的汇编和调试程序等。不同的开发系统,软件功能差别较大。单片机开发系统有通用和专用两种类型。单片机开发工具还可包括简单的开发装置和具有自开发功能的单片单板机。此外,通用的逻辑分析仪也可以作为单片机的开发工具来使用。

(1) 单片机系统的功能设计

单片机应用系统的研制周期和单片机开发系统的性能优劣有着密切的关系。单片机开发系统的功能可从以下几方面分析。

① 仿真器与在线仿真功能。

单片机的仿真器本身就是一个单片机系统,它具有与所要开发的单片机应用系统相同的单片机芯片,例如8031或8051等。

当一个单片机用户系统接线完毕后,由于自身无调试能力,无法验证好坏,这时,可以把应用系统中的单片机芯片拔掉,插上在线仿真器提供的仿真头,如图9-2所示。

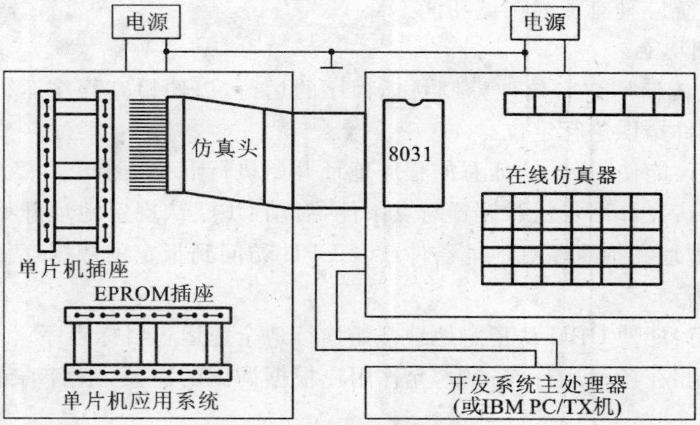

图 9-2　在线仿真的示意图

所谓"仿真头"实际只是一个40引脚的插头,它是仿真器的单片机芯片信号的延伸,即单片机应用系统与仿真器共用一块单片机芯片,当在开发系统上通过在线仿真器调试单片机应用系统时,就像使用应用系统中真实的单片机一样,这种觉察不出的"替代"称之为"仿真",而在线仿真器简称ICE(In Circuit Emutour)。

ICE是由一系列硬件构成的设备。开发系统中的在线仿真器应能仿真应用系统中单片机,并能模拟应用系统中的ROM、RAM和I/O端口的功能。使在线仿真的应用系统的运行环境和脱机运行的环境完全"逼真",以实现应用系统的一次性开发。

在线仿真时,开发系统应能将在线仿真器中的单片机完整地出借给目标系统,不占用目标系统单片机的任何资源,使目标系统在联机仿真和脱机运行时的环境(工作程序、使用的资源和地址空间)完全一致,实现完全的一次性仿真。

单片机的资源主要包括:片上的CPU、RAM、SFR、定时器、中断源、I/O口以及外部可扩充的程序存储器和数据存储器地址空间。这些资源应允许目标系统充分自由地使用,不应受到任何限制,使应用系统能根据单片机固有的资源特性进行硬件和软件的设计。

在开发目标系统的过程中,单片机的开发系统允许用户使用它内部的 RAM 存储器和输入/输出来替代目标系统中的 ROM 程序存储器、RAM 数据存储器和输入/输出,使用户在目标系统样机还未完全配置好以前,便可以借用开发系统提供的资源进行软件的开发。

其中最重要的是目标机程序存储器的模拟功能。因为在研制目标系统开始的初级阶段,目标程序还未生成,更谈不上已固化的目标程序。因此用户的目标程序必须存放在开发系统 RAM 存储器内,以便于在调试过程中对程序作修改。开发系统所能出借的可作为目标系统程序存储器的 RAM,我们常称之为仿真 RAM。开发系统中仿真 RAM 的容量和地址映射应和目标机系统完全一致。对于 MCS-51 系列单片机开发系统,最多能出借 64 K 字节的仿真 RAM,并保持原有复位入口和中断入口地址不变,要注意的是不同的开发系统所出借的仿真 RAM 容量不一定相同。

② 调试功能。

开发系统对目标系统软、硬件的调试功能强弱,将直接关系到开发的效率。性能优良的单片机开发系统应具有下列调试功能。

a. 运行控制功能。

开发系统应能使用户有效地控制目标程序的运行,以便检查程序运行的结果,对存在的硬件故障和软件错误进行定位。

- 单步运行:能使 CPU 从任意的程序地址开始执行下一条指令后停止运行。
- 断点运行:允许用户任意设置断点条件,启动 CPU 从规定地址开始运行后,当碰到断点条件(程序地址和指定断点地址条件或者 CPU 访问到指定的数据存储器单元等条件)符合以后停止运行。
- 连续运行:能使 CPU 从指定地址开始连续地全速运行目标程序。
- 启动控制:在各种运行方式中,允许用户根据调试的需要,来启动或者停止 CPU 执行目标程序。

b. 对目标系统状态的读出修改功能。

当 CPU 停止执行目标系统的程序后,允许用户方便地读出或修改目标系统所用资源的状态,以便检查程序运行的结果、设置断点条件以及设置程序的初始参数。可供用户读出/修改的目标系统资源包括:

- 程序存储器(开发系统中的仿真 RAM 存储器或目标机中的程序存储器);
- 单片机片内资源(工作寄存器、特殊功能寄存器、I/O 口、RAM 数据存储器、位单元);
- 系统中扩展的数据存储器、I/O 口。

c. 跟踪功能。

高性能的单片机开发系统具有逻辑分析仪的功能,在目标程序运行过程中,能跟踪存储目标系统总线上的地址、数据和控制信号的状态变化,跟踪存储器能同步地记录总线上的信息,用户可以根据需要显示跟踪存储器搜集到的信息,也可以显示某一位总线状态变化的波形。使用户掌握总线上状态变化的过程，对各种故障的定位分析特别有用，可大大提高工作效率。

d. 程序固化功能。

当单片机应用系统程序调试完后，加适当的编程电压，把程序写入到只读存储器中，这个过程称为程序固化。

一般开发系统都具有以不同速度固化不同容量 EPROM 芯片的功能，有些开发系统也可以固化 E^2PROM 芯片。

③ 辅助设计功能。

软件辅助设计功能的强弱也是衡量单片机开发系统性能高低的重要标志。单片机应用系统软件开发的效率在很大程度上取决于开发系统的辅助设计功能。

a. 程序设计语言。

单片机的程序设计语言有机器语言、汇编语言和高级语言。

机器语言只在简单的开发装置中才使用，程序的设计、输入、修改和调试都很麻烦。只用来开发非常简单的单片机应用系统，多见于单片单板机类的开发工具。

汇编语言具有使用灵活、程序容易优化的特点，故是单片机中最常用的程序设计语言。但是用汇编语言编写程序还是比较复杂，只有对单片机的指令系统非常熟悉，并具有一定的程序设计经验，才能研制出功能复杂的应用程序。

高级语言通用性好、程序设计人员只要掌握开发系统所提供的高级语言的使用方法，就可以直接用该语言编写程序。MCS-51 系列单片机的编译型高级语言主要有 C-51 等。高级语言对不熟悉单片机指令系统的用户比较适用，这种语言的缺点是不易编写出实时性很强的、高质量的、紧凑的程序。

b. 程序编辑。

几乎所有的单片机开发系统都能与 PC 机连接，允许用户用 PC 机的编辑程序编写汇编语言或高级语言编写程序。例如 PC 机上的 EDIT(行编辑)和一些屏幕编辑等程序，可使用户方便地将源程序输入到计算机开发系统中，生成汇编语言或高级语言的源文件。然后利用开发系统提供的汇编或编译系统在 PC 机上，将源程序编译成可在目标机上直接运行的目标程序。由于开发型单片机一般都具有能和 PC 机串行通信的接口，在 PC 机上生成的目标程序可通过命令直接传输到开发机的 RAM 中。这大大减轻了人工输入机器码的繁重劳动。

④ 其他软件功能。

一些单片机的开发系统还提供反汇编功能，并提供用户宏调用的子程序库，以减少用户软件研制的工作量。

(2) 单片机应用系统调试

在完成了用户系统样机的组装和软件设计以后，便进入系统的调试阶段。调试单片机应用系统的一般方法如下。

① 硬件调试方法。

单片机应用系统的硬件调试和软件调试是分不开的，许多硬件故障是在调试软件时才发现的。但通常是先排除系统中明显的硬件故障后才和软件结合起来调试。

a. 常见的硬件故障。

- 逻辑错误。样机硬件的逻辑错误是由于设计错误和加工过程中的工艺性错误所造成的。这类错误包括:错线、开路、短路、相位错等几种。

- 元器件失效。元器件失效的原因有两个方面,一是器件本身已损坏或性能不符合要求;二是由于组装错误造成的元器件失效,如电解电容、二极管的极性错误,集成块安装方向错误等。

- 可靠性差。引起系统不可靠的因素很多,如金属化孔、接插件接触不良会造成系统时好时坏,经不起振动;内部和外部的干扰、电源纹波系数过大、器件负载过大等造成逻辑电平不稳定;另外,走线和布局的不合理等也会引起系统可靠性差。

- 电源故障。若样机中存在电源故障,则加电后将造成器件损坏。电源的故障包括:电压值不符合设计要求,电源引出线和插座不对应,电源功率不足、负载能力差等。

b. 硬件调试方法。

- 脱机调试。

脱机调试是在样机加电之前,先用万用表等工具,根据硬件电气原理图和装配图仔细检查样机线路的正确性,并核对元器件的型号、规格和安装是否符合要求。应特别注意电源的走线,防止电源之间的短路和极性错误,并重点检查扩展系统总线是否存在相互间的短路或与其他信号线的短路。

对于样机所用电源事先必须单独调试,调试好后,检查其电压值、负载能力、极性等均符合要求,才能加到系统的各个部件上。在不插芯片的情况下,加电检查各插件上引脚的电位,仔细测量各点电位是否正常,尤其应注意单片机插座上的各点电位是否正常,若有高压,联机时将会损坏开发机。

- 联机调试。

通过脱机调试可排除一些明显的硬件故障。有些硬件故障还是要通过联机调试才能发现和排除。

联机前先断电,把仿真插头插到样机的单片机插座上,检查一下开发机与样机之间的电源、接地是否良好。一切正常,即可打开电源。

通电后执行开发机读写指令,对用户样机的存储器、I/O端口进行读写操作、逻辑检查,若有故障,可用示波器观察有关波形(如选中的译码输出波形、读写控制信号、地址数据波形以及有关控制电平)。通过对波形的观察分析,寻找故障原因,并进一步排除故障。一般情况下,可能的故障有:线路连接上有逻辑错误、有断路或短路现象、集成电路失效等。

在用户系统的样机(主机部分)调试好后,可以插上用户系统的其他外围部件如键盘、显示器、输出驱动板、A/D、D/A板等,再对这些部件进行初步调试。

在调试中若发现用户系统工作不稳定,可能有下列情况:

电源系统供电电流不足,联机时公共地线接触不良;用户系统主机板负载过大;用户系统各级电源滤波不完善等。

对于工作不稳定的问题一定要认真查出原因,加以排除。

② 软件调试方法。

软件调试与所选用的软件结构和程序设计技术有关。如果采用模块程序设计技术,则逐个模块调好以后，再进行系统程序总调试。如果采用实时多任务操作系统，一般是逐个任务进行调试。下面进一步予以说明。

对于模块化结构程序，要一个个子程序分别调试。调试子程序时，一定要符合现场环境，即入口条件和出口状态。调试的手段可采用单步运行方式和断点运行方式，通过检查用户系统 CPU 的现场、RAM 的内容和 I/O 口的状态，检测程序执行结果是否符合设计要求。通过检测，可以发现程序中的死循环错误、机器码错误及转移地址的错误，同时也可以发现用户系统中的硬件故障、软件算法及硬件设计错误。在调试过程中逐步调整用户系统的软件和硬件。

各程序模块通过后，可以把有关的功能模块联合起来一起进行整体程序综合调试。在这个阶段若发生故障，可以考虑各子程序在运行时是否破坏现场，缓冲单元是否发生冲突，标志位的建立和清除在设计上是否失误，堆栈区域是否溢出，输入设备的状态是否正常等。若用户系统是在开发机的监控程序下运行时，还要考虑用户缓冲单元是否和监控程序的工作单元发生冲突。

单步和断点调试后，还应进行连续调试，这是因为单步运行只能验证程序的正确与否，而不能确定定时精度、CPU 的实时响应等问题。待全部调试完成后，应反复运行多次，除了观察稳定性外，还要观察用户系统的操作是否符合原始设计要求、安排的用户操作是否合理等，必要时还要作适当修正。

对于实时多任务操作系统的调试方法与上述方法有很多相似之处，只是实时多任务操作系统的应用程序是由若干个任务程序组成，一般是逐个任务进行调整，在调整某一个任务时，同时也调试相关的子程序、中断服务程序和一些操作系统的程序。逐个任务调试好以后，再使各个任务同时运行，如果操作系统中没有错误，一般情况下系统就能正常运转。

在全部调试和修改完成后，将用户软件固化于 EPROM 中，插入用户样机后，用户系统即能脱离开发机独立工作，至此系统研制完成。

思考与练习

1. 单片机应用系统的一般开发过程是怎样的？
2. 单片机开发系统包含哪些基本部分？

任务二　现代微机控制系统

任务要求

✧了解集散型控制系统
✧了解现场总线控制系统

相关知识

1. 集散型控制系统(DCS)

集散型控制系统，也叫分散型控制系统(Distributed Control System，DCS)，采用分散控制、集中操作、分级管理、分而自治和综合协调的设计原则，把系统从下到上分为过程控制级、控制管理级、生产管理级等若干级，形成分级分布式控制，其结构如图 9-3 所示。

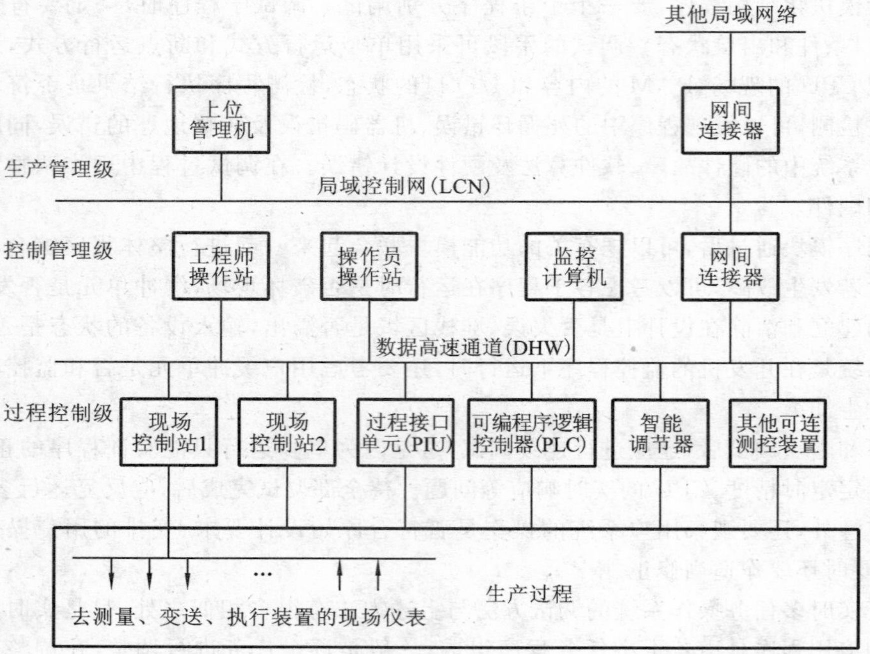

图 9-3　DCS 的组成结构图

三级系统由数据高速通道(DHW)和局域控制网(LCN)两级通信线路相连。控制管理级与过程控制级为操作站-控制站-现场仪表三层结构模式，由现场控制站、输入/输出过程接口单元(PIU)、CRT 显示操作站、数据高速通道、监控计算机 5 部分组成。在数据高速通道上可以挂接可编程控制器(PLC)、智能调节器或其他可连测控装置。控制管理级的监控计算机通过协调各控制站的工作，达到生产过程的动态最优化控制。生产管理级的上位机具有制定生产计划和工艺流程以及产品、财务、人员的管理等功能，以实现生产管理的优化。生产管理级可具体细分为工段、车间、厂、公司等几层，由上层其他局域网络互相连接，传递信息，进行更高层次的管理、协调工作。

2. 现场总线控制系统(FCS)

现场总线控制系统(Fieldbus Control System，FCS)是新一代分布式控制结构，如图 9-4 所示。该系统克服了 DCS 系统成本高和由于各厂商的产品通信标准不统一而造成的不能互联等弱点，采用工作站-现场总线智能仪表的二层结构模式，实现了 DCS 中三层结构模式的功能，降低了成本，提高了可靠性。国际标准统一后，可实现真正的开放式互连体系结构。

近年来，智能传感器的发展，导致须用数字信号取代 4～20 mA(DC)模拟信号，为形成现场总线创造了必要条件。现场总线是连接工业过程现场仪表和控制系统之间的全数字化、双向、多站点的串行通信网络。现场总线不单单是一种通信技术，也不仅仅是用数字仪表代替模拟仪表，它是用新一代现场总线控制系统(FCS)代替分散型控制系统(DCS)，从而

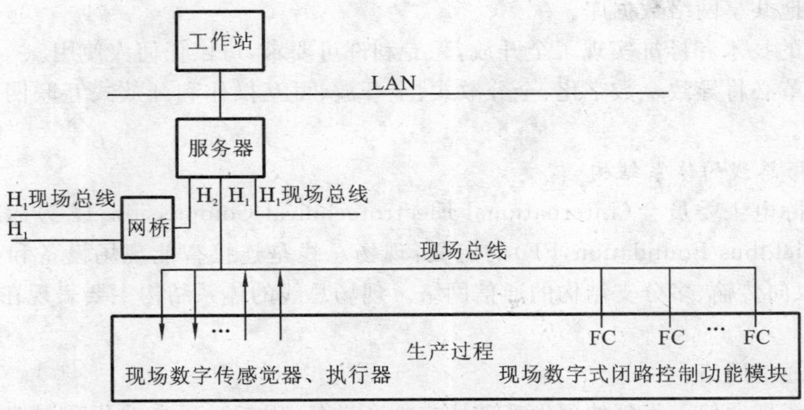

图 9-4 现场总线控制系统结构图

实现现场总线通信网络与控制系统的集成。现场总线被称为21世纪工业控制网络标准。

现场总线有两种应用方式分别用代码 H_1 和 H_2 表示。H_1 方式主要用于代替直 4～20 mA以实现数字传输，它的传输速度较低，每秒几千波特，但传输距离较远，可达 1900 m，称为低速方式；H_2 方式主要用于高性能的通信系统，它的传输速度高，达到 1 Mb/s，传输距离一般不超过 750 m，称为高速方式。信号形式有电压方式和电流方式两种，以电压方式居多。

3. 现场总线及其体系结构

(1) 现场总线对微机控制领域的变革

现场总线对当今的微机控制领域带来以下7个方面的变革：

①用一对通信线连接多台数字仪表代替一对信号线只能连接一台仪表；

②用多变量、双向、数字通信方式代替单变量、单向、模拟传输方式；

③用多功能的现场数字仪表代替单功能的现场模拟仪表；

④用分散式的虚拟控制站代替集中式的控制站；

⑤用现场总线控制系统(FCS)代替传统的分散型控制系统(DCS)；

⑥变革传统的信号标准、通信标准和系统标准；

⑦变革传统的自动化系统体系结构、设计方法和安装调试方法。

这场深广而前所未有的变革，必将开创微机控制领域的新纪元。

(2) 现场总线对DCS的变革

①FCS的信号传输实现了全数字化，从最底层的传感器和执行器就采用现场总线网络，逐层向上直至最高层均为通信网络互联。

②图9-4所示的FCS的系统结构是全分散式，它摒弃了图9-3所示的DCS的输入/输出单元和控制站，由现场设备或现场仪表取而代之，即把DCS控制系统的功能化整为零，分散地分配给现场仪表，从而构成虚拟控制站，实现彻底的分散控制。

③FCS的现场设备具有互操作性，不同厂商的现场调和既可互连也可互换，并可以统一组态，彻底改变传统DCS控制层的封闭性和专用性。

④FCS的通信网络为开放式互联网络，既可同层网络互联，也可以每层网络互联，用户

可极其方便地共享网络数据库。

⑤FCS的技术和标准实现了全开放,无专利许可要求,可供任何人使用。

以上变革必将导致全数字化、全分散式、全开放、可互操作和开放式互联网络的新一代FCS的出现。

(3) 现场总线的体系结构

根据国际电工委员会(International Electrotechnical Commission,IEC)标准和现场总线基金会(Fieldbus Foundation,FF)的定义:现场总线是连接智能现场设备和自动化系统的数字式、双向传输、多分支结构的通信网络。现场总线的体系结构主要表现在以下6个方面。

①现场通信网络。

现场总线把通信一直延伸到生产现场或生产设备,用于过程自动化和制造自动化的现场设备或现场仪表互连的现场通信网络,如图9-5所示,该图代表了FF现场总线控制系统的网络结构。

②现场设备互连。

现场设备或现场仪表是指变送器、执行器、服务器和网桥、辅助设备、监控设备等,这些设备通过一对传输线互连(见图9-5),传输可使用双绞线、同轴电缆、光纤和电源线等,并可根据需要因地制宜地选择不同类型的传输介质。

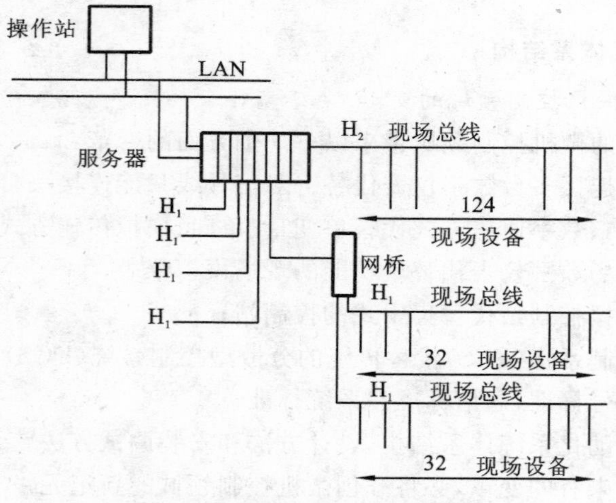

图 9-5　新一代 FCS 控制层

a. 变送器。常用的变送器有温度、压力、流量、物位和分析5大类,每类又有多个品种。变送器既有检测、转换和补偿功能,又有PID控制和运算功能。

b. 执行器。常用的执行器有电动和气动两大类,每类又有多个品种。执行器的基本功能是控制信号的驱动和执行,还内含调节阀输出特性补偿、PID控制和运算功能,另外还有阀门特性自动校验和自诊断功能。

c. 服务器和网桥。服务器下接 H_1 和 H_2,上接局域网(LAN);网桥上接 H_2,下接 H_1(见图9-5)。

d. 辅助设备。辅助设备有 H_1/气压转换器、H_1/电流转换器、电流/H_1转换器、安全栅、总线电源、便携式编程器等。

e. 监控设备。监控设备主要有工程师站、操作员站和计算机站，工程师站提供现场总线控制系统组态，操作员站供工艺操作与监视，计算机站用于优化控制和建模。

③互操作性。

现场设备或现场仪表种类繁多，没有任何一家制造商可以提供一个工厂所需的全部现场设备，所以，不同厂商产品的交互操作与互换是不可避免的。用户不希望为选用不同的产品而在硬件或软件上花费力气，而希望选用各厂商性能价格比最优的产品集成在一起，实现"即接即用"，用户希望对不同品牌的现场设备统一组态，构成所需要的控制回路，这就是现场总线设备互操作性的含义。现场设备互连是基本要求，只有实现了互操作性，用户才能自由地集成FCS。

④分散功能块。

FCS废弃了DCS的输入/输出单元和控制站，把DCS控制站的功能块分散地分配给现场仪表，从而构成虚拟控制站。由于功能分散在多台现场仪表中，可统一组态，并可供用户灵活选用各种功能块，构成所需控制系统实现彻底的分散控制，如图9-6所示。其中差压变送器含有模拟量输入功能块(AI110)，调节阀含有PID控制功能块(PID110)及模拟量输出功能(AO110)，这3个功能块构成流量控制回路。

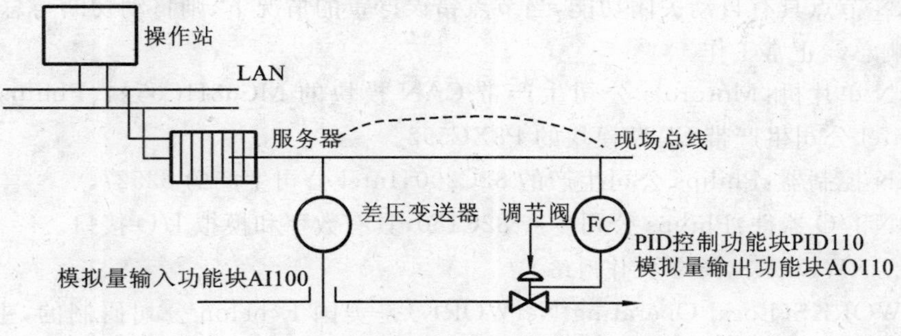

图9-6　FCS中的分散功能块

⑤通信线供电。

通信线供电方式允许现场仪表直接从通信线上摄取能量，这种方式提供用于本质安全环境的低功耗现场仪表，与其配套的还有安全栅。众所周知，许多生产现场都有可燃性物质，因此所有现场设备必须严格遵守安全防爆标准，现场总线设备也不例外。

⑥开放式互联网络。

现场总线为开放式互联网络，既可与同层网络互联，也可与不同层网络互联。开放式互联网络还体现在网络数据库共享，通过网络对现场设备和功能块统一组态，使不同厂商的网络及设备融为一体，构成统一的FCS，如图9-5所示。

4. 总线的分类

目前，世界上出现了多种现场总线企业、集团或国家标准。由于技术和商业利益的原因，暂时没有形成统一的标准。目前较流行的现场总线主要有以下5种：CAN、LONWORKS、PROFIBUS、HART和FF。

(1) CAN(控制器局域网络)

控制器局域网络(Controller Area Network,CAN)是由德国 Bosch 公司为汽车监测和控制而设计的,逐步发展到用于其他工业领域的控制。CAN 已成为国际标准化组织 ISO 11898 标准。CAN 具有如下特性。

①CAN 通信速率为 5 kbps/10 km、1 Mbps/40 m,节点数为 110 个,传输介质为双绞线或光纤等。

②CAN 采用点对点、一点对多点及全局广播几种方式发送接收数据。

③CAN 可实现全分布式多机系统,且无主从之分;每个节点均主动发送报文,利用此特点可方便地构成多机备份系统。

④CAN 采用非破坏性总线优先级仲裁技术,当两个节点同时向网络上发送信息时,优先级低的节点主动停止发送数据,而优先级高的节点可不受影响地继续发送信息;按节点类型分成不同的优先级,可以满足不同的实时要求。

⑤CAN 支持 4 类报文帧:数据帧、远程帧、出错帧和超载帧。采用短帧结构,每帧的有效字节数为 8 个。这样传输时间短,受干扰的概率低,且具有较好的检错效果。

⑥CAN 采用循环冗余校验(Cyclic Redundancy Check,CRC)及其他检错措施,保证了极低的信息出错率。

⑦CAN 节点具有自动关闭功能,当节点错误严重的情况下,则自动切断与总线的联系,这样不影响总线正常工作。

⑧CAN 单片机:Motorola 公司生产带 CAN 模块的 MC68HC05x4、Philips 公司生产 82C200、Intel 公司生产带 CAN 模块的 P8XC592。

⑨CAN 控制器:Philips 公司生产的 82C200,Intel 公司生产的 82527。

⑩CAN I/O 器件:Philips 公司生产 82C150,具有数字和模拟 I/O 接口。

(2) LONWORKS(局部操作网络)

LONWORKS(Local Operating NetWORK)是美国 Echelon 公司研制的,主要有如下特性:

①LONWORKS 通信速率为 78 kbps/2700 m、1.25 Mbps/130 m,节点数 32 000 个,传输介质为双绞线、同轴电缆、光纤、电源线等。LONWORKS 采用 LonTalk 通信协议,该协议遵循国际标准化组织(ISO)定义的开放系统互联(Open System Interconnection,OSI)参考模型。

②LONWORKS 的核心是 Neuron(神经元)芯片,内含 3 个 8 位的 CPU:第 1 个 CPU 为介质访问控制处理器,实现 LonTalk 协议的第 1 层和第 2 层;第 2 个 CPU 为网络处理器,实现 LonTalk 协议的第 3 层至第 6 层;第 3 个 CPU 为应用处理器,实现 LonTalk 协议的第 7 层,执行的编写的代码及用户代码调用的操作系统服务。

③Neuron 芯片的编程语言为 Neuron C,它是从 ANSI C 派生出来的。LONWORKS 提供了一套开发工具 LonBuilder 与 NodeBuilder。

④LonTalk 协议提供了 5 种基本类型的报文服务:确认(Acknowledged)、非确认(Unacknowledged)、请求/响应(Request/Response)、重复(Repeated)和非确认重复(Unacknowledged Repeated)。

⑤LonTalk 协议的介质访问控制子层(MAC)对 CSMA 作了改进,采用一种新的称作 Predictive P-Persistent CSMA 算法。该算法可根据总线负载随机调整时间槽 $n(1\sim63)$,从而在负载较轻时使介质访问延迟最小化,在负载较重时将冲突的可能性降至最小。

(3) PROFIBUS(过程现场总线)

PROFIBUS(Process Field Bus)是德国标准,1991 年在 DIN 19245 中公布了该标准。PROFIBUS 有几种改进型,分别应用于不同的场合,例如:

①PROFIBUS-PA(Process Automation)用于过程自动化,通过总线供电,提供本质安全,可用于危险防爆区域。

②PROFIBUS-FMS(Fieldbus Message Specification)用于一般自动化控制。

③PROFIBUS-DP 用于加工自动化,适用于控制分散的外围设备。

PROFIBUS 引入了功能模块的概念,不同的应用需要使用不同的模块。在一个确定的应用中,按照 PROFIBUS 规定来定义模块,写明其软件硬件的性能,规范设备功能与 PROFIBUS 通信功能的一致性。

PROFIBUS 为开放系统协议,为了保证产品质量,在德国建立了 FZI 信息研究中心,对制造厂和用户开放,对其产品进行一致性检测和实验性检测。

(4) HART(可寻址远程传感器数据通道)

HART 是由美国 Rosemout 公司开发的,HART 协议参照 ISO/OSI 模型的第 1、2、7 层,即物理层、数据链路层和应用层协议,主要有如下特性。

①物理层:采用基于 Bell 202 通信标准的 FSK 技术,即在 4～20 mA(DC)模拟信号上叠加 FSK 数字信号,逻辑 1 为 1200 Hz,逻辑,0 为 2200 Hz,波特率为 1200 bps,调制信号为±0.5 mA 或 0.25 $V_{p\text{-}p}$(250 Ω 负载)。用屏蔽双绞线单台设备距离 3000 m,而多台设备互连距离 1500 m。

②数据链路层:数据帧长度不固定,最长 25 个字节。可寻址地址为 0～15,当地址为 0 时,处于 4～20 mA(DC)与数字通信兼容状态;当地址为 1～15 时,则处于全数字通信状态。通信模式为"问答式"或"广播式"。

③应用层:规定了 3 类命令,第 1 类是通用命令,适用于遵守 HART 协议的大部分产品;第 2 类是普通命令,适用于遵守 HART 协议的大部分产品,这类命令包括最常用的现场设备功能库;第 3 类是特殊命令,适用于遵守 HART 协议的特殊产品。另外,为用户提供了设备描述语言(Device Description Language,DDL)。

(5) FF 现场总线

FF 是国际公认的唯一不附属于某企业的公正的非商业化的国际标准化组织,其宗旨是制定统一的现场总线国际标准,无专利许可要求,可供任何人使用。现场总线标准参照 ISO/OSI 模型的第 1、2、7 层,即物理层、数据链路层和应用层,另外增加了一层,即用户层。FF 推行的现场总线标准以 IEC/ISA SP-50 标准为蓝本。

5. FF 现场总线的主要技术标准

FF 现场总线标准共有 4 层协议,即物理层、数据链路层、应用和用户层协议。下面简单介绍该标准各层协议的主要技术内容。对用户而言,物理层和用户层比较重要,因为前者与系统安装的若干规定有关,后者与组态的内容有关。

(1) 物理层(Physical Layer)

物理层标准已通过多年。其标准号是IEC1158-2。目前已有7家公司生产出低速总线H_1标准的专用芯片(ASIC),并可出售,它们是Smar、YOKOGAWA、Shipstar、Borst、Automation、Fuji和VSLI。物理层的任务是接收来自数据链路层的数据经再加工变为电信号进行传输,或接收到信号后进行相反的处理并将数据送交数据链路层。

物理层定义了传送数据帧的结构,信号波形的幅度限制,以及传输介质、波特率、功耗和网络拓扑结构。

①传输可以采用有线电缆、光纤和无线通信。目前采用有线电缆作为传输介质已给出标准,见ISA-SP50.02 Port2。例如,使用屏蔽双绞线:H_1标准(31.25 kbps)为#18AWG;H_2标准1 Mbps)为#22AWG;H_2标准(2.5 Mbps)为#22AWG。

②通过有线电缆传送信号的波特率定义了两种速率标准。

- H_1:31.25 kbps低速率网络。采用H_1标准,可以利用现有的有线电缆,能满足本质安全要求和利用同一电缆向现场装置供电。采用H_1标准在同一电缆上连接2~6台现场装置时,可以满足本质安全要求。采用H_1标准在同一电缆上可连接7~12台现场装置时,但不满足本质安全要求。

- H_2:1 Mbps/2.5 Mbps高速网络。H_2标准大大提高了传输波特率,但不能用信号线供电。

③H_1标准最大传输距离为1900 m(无需中继器),最多可串接4台中继器。H_2标准在1 Mbps波特率下,最大传送距离750 m;在2.5 Mbps波特率下,最大传送距离500 m。

④现场总线协议支持总线型、树形和点对点型3种拓扑结构。其中,树形结构仅支持低速H_1版本。

⑤编码方式和报文结构。

控制设备的数据交换采用同步串行半双工方式,设备可在同一传输介质中发送和接收数据,但发送和接收过程不能同时进行。现场总线数据信号采用自时钟曼彻斯特(Manchester)编码方式。由于数据传输过程是同步的,因此每帧数据无需起始位和停止位。在曼彻斯特码中,编码时钟和数据结合在一起。每一个波特时间分为两半,波特“0”在前半期为低电平,后半期为高电平;波特“1”在前半期为高电平,后半期为低电平。所以上升沿代表逻辑0,下降沿代表逻辑1。二进制的每一个波特时间都有中位翻转,每一个波特时间都采样两次,以此保证信息确切无误。

每帧报文的格式由前同步符(preamble)、首定界符(sart delimiter)、数据段和尾定界符(end delimiter)4部分组成,如图9-7所示,波形如图9-8所示。前同步符相当于电话信号中的振铃信号;用于唤醒接收设备,并使之与发送设备保持同步。每段报文中数据段的开头和结尾部分由定界符标出。这样可以有效地标明数据段的范围。前同步符和定界符由发送设备中的物理层自动加到报文中,并在接收设备的物理层中被自动去掉,只剩下数据部分送到应用层。

在图9-8中,时钟脉冲波形的每个波特时间用竖虚线隔开,前同步符按规定为二进制的10101010,共8个波特,其曼彻斯特编码的波形特点是,无论“0”或“1”,都在每个波特的中央有电平翻转,“0”是从低到高,“1”是从高到低。首定界符规定为1 N+N− 1 0 N− N+ 0,

前同步符	首定界符	数据段	尾定界符

图 9-7　现场总线报文结构

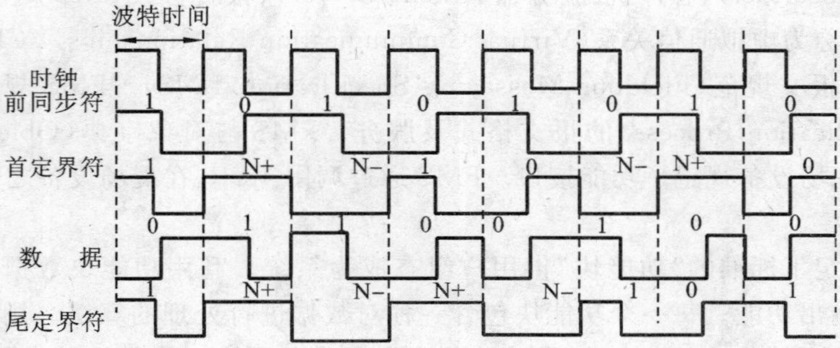

图 9-8　现场总线帧报文格式 4 部分波形

也是 8 个波特，但其中除了"0"和"1"外，还含有非二进制数的 N＋及 N－，N＋的波形是整个波特时间高电平，脉冲波形的前沿后沿都在波特时间的边界上。N－的波形相反，整个波特时间低电平。N＋和 N－都没有中位翻转。数据部分完全按照曼彻斯特编码规律，图 9-8 是以二进制数 01100100 为例画出的波形。尾定界符规定为 1 N＋ N－ N＋ N－ 1 0 1，这 8 个波特和首定界符规定不一样，但波形产生规律相同。

(2) 数据链路层(Data Link Layer)

这一层由上下两部分组成：下层部分功能是对传输介质传送的信号进行发送、接收控制；上层部分功能是对数据链路进行控制，保证数据传送到指定的装置。

在现场总线网络中的装置可以是主站，也可以是从站。主站有控制发送、接收数据的权力，从站仅有响应主站访问的权力。

现场总线为实现对传送的信号进行发送、接收控制，采用了令牌和查询通信方式为一体的技术。在一个网络中可以有几个主站。初始化时，仅允许一个站处于讲工作状态。讲工作状态传来后，主站查询从站，并用特殊的帧结构把讲工作状态送给另一主站。

在网络中的装置均要有不冲突的站地址。所有的帧中都包含目标地址和源地址。

为了满足系统的可靠性，传送的数据必须可靠，所以在发送站的每一帧中加了两个字节的帧检查序列码(FCS)。在接收站进行解码，可以判断数据是否有错。

在现场总线系统有两类信息：工作信息和背景信息。工作信息是指在装置之间传送的数据，例如，过程变量。背景信息是指在某装置与操作台之间传送的数据，例如，组态和诊断。

总之，数据链路层的任务是保证数据的完整性和决定何时与谁进行对话，数据链路帧格式如图 9-9 所示。

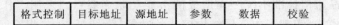

格式控制	目标地址	源地址	参数	数据	校验

图 9-9　数据链路帧格式

(3) 应用层(Application Layer)

现场总线访问子层和现场总线报文规范两部分构成了应用层。

现场总线访问子层(Fieldbus Access Sublayer，FAS)提供3类服务：发布/索取(Publisher/Subscriber)、客户机/服务器(Client/Server)、报告分发(Report Distribution)，这3类服务被称为虚拟通信关系(Virtual Communication Relationships，VCR)。

现场总线报文规范(Fieldbus Messaging Speciflcation，FMS)。FMS规定了访问应用进程AP(Application Process)的报文格式及服务。FMS与对象字典(Obiect Dictionary，OD)配合，为现场设备规定了功能接口。FMS通过调用VCR，在现场设备之间传递报文。

(4) 用户层

用户层规定了标准的"功能块"供用户组态成为系统。利用功能块数据结构执行数据采集、控制和输出功能。每一个功能块包含一种对数据进行处理的算法。用户为每一个功能块定义一个名称，称为块标记。在同一网络中名称必须唯一。数据被分解成输入、输出和内部变量。

利用句法、标记、参数名称在整个现场总线网络中寻找功能块。现场装置对用户在功能块中读写的数据按预先的算法进行处理，并具有将改变了的特性下载到了整个现场总线网络的应用层的能力。

FF规定了如下基本功能块：模入AI，控制选择CS，模出AO，开入DI，P、PD控制，开出DO，手动ML，PID、PI、I控制，偏置/增益BG，比率RA。它还规定如下可选功能模块：脉冲输入、步进输出PID、输入选择、复杂模出、装置控制、信号特征、复杂开关出、设定值程序发生、定时、分离器、运算、模拟接口、超前滞后补偿、积算、开关量接口、死区、模拟报警、算术运算、开关量报警等。

思考与练习

1. 微机控制系统设计步骤是什么？
2. 微机控制系统软件、硬件调试方法有哪些？

项目小结

微机控制系统设计的原则是系统总体方案设计，计算机的选择，控制算法的确定，硬件设计和软件设计。一个成功的计算机控制系统还必须在设计时考虑到系统工作的可靠性。因此，计算机控制系统的抗干扰技术也是一个在设计和调试时必须解决的工程实际问题。

目前微机控制系统的主流是集散型控制系统和现场总线控制系统。

集散型控制系统遵循"集中操作"、"分级管理"，分而自治和综合协调的设计原则。

现场总线控制系统，是新一代分布式控制结构，该系统克服了集散控制系统成本高和由于各厂商的产品通信标准不统一而造成的不能互联等弱点。采用工作站-现场总线智能仪表的二层结构模式，实现了中三层结构模式的功能，降低了成本，提高了可靠性。国际标准统一后，可实现真正的开放式互联体系结构。

项目测试

1. 画出微机控制系统设计流程图。
2. 微机控制系统软、硬件设计方法。
3. 微机控制系统设计调试的方法与步骤。
4. 集散控制系统的特点有哪些？
5. 现场总线控制系统的特点有哪些？
6. 现场总线系统与集散系统相比较有哪些优点？